超声水表原理与技术

姚 灵 编著

中国质量标准出版传媒有限公司
中 国 标 准 出 版 社

北 京

图书在版编目(CIP)数据

超声水表原理与技术/姚灵编著.—北京:中国质量标准出版传媒有限公司，2022.10
ISBN 978-7-5026-5095-7

Ⅰ.①超… Ⅱ.①姚… Ⅲ.①超声换能器—应用—水表—研究 Ⅳ.①TB552②TH814

中国版本图书馆 CIP 数据核字(2022)第 117894 号

内容提要

本书较为详细地介绍了超声水表的工作原理、性能评价、安装使用、测量不确定度分析与特性校准等内容，还介绍了传感器基本特性、带电子装置水表、超声物理基础、超声换能器等与超声水表技术密切相关的基础知识。

本书内容丰富、实用性强，可供超声水表制造企业、计量技术机构、供排水企业等单位的人员使用，也可供高校相关专业教学参考使用。

中国质量标准出版传媒有限公司
中　国　标　准　出　版　社　出版发行
北京市朝阳区和平里西街甲 2 号（100029）
北京市西城区三里河北街 16 号（100045）
网址：www.spc.net.cn
总编室：（010）68533533　发行中心：（010）51780238
读者服务部：（010）68523946
中国标准出版社秦皇岛印刷厂印刷
各地新华书店经销
*
开本 787×1092　1/16　印张 16.75　字数 360 千字
2022 年 10 月第一版　　2022 年 10 月第一次印刷
*
定价　89.00　元

序

PREFACE

水表作为国家重点管理的计量器具，在用水量计量、贸易结算以及科学用水等方面发挥着十分重要的作用。经过多年来的技术发展，水表产品目前已处在第二代智能水表（即电子水表）的应用阶段，其中超声水表尤为瞩目，市场前景普遍看好。

超声水表具有计量准确度高、流量测量范围宽、压力损失小、能耗低、使用寿命长、性价比高等特点，是用水计量器具的“新成员”，也是电子水表产品中的“生力军”。

超声水表能否被广泛使用，能否茁壮成长与发展，是与产品的设计制造者、使用维护者、监督管理者等相关人员对超声水表的工作原理、技术性能、使用特性、工作环境等知识的理解与掌握程度密切相关的。为此，我们迫切需要有一本能够阐述超声水表工作原理与基础技术的学习教材，供各相关方人员参考与学习之用。

由宁波水表（集团）股份有限公司首席科学家兼中国计量协会水表工作委员会秘书长、教授级高级工程师姚灵先生编著的《超声水表原理与技术》一书，正是为了满足行业内外希望了解和学习超声水表技术与产品的相关人员的需要而编写的一本通俗易懂的学习教材。本书深入浅出，内容较为丰富，既有广度又有深度，基本囊括了当前超声水表及相关技术的主要内容和水表行业所关注的热点问题。

希望本书的出版能加快超声水表产品及技术的普及，让更多的人能比较全面准确地了解超声水表的工作原理、结构、性能及相关技术，提高水表行业人员对水流量传感与信号处理新技术的认知水平，共同推进我国超声水表事业的健康发展。

宁波水表（集团）股份有限公司董事长

中国仪器仪表行业协会副理事长

张　琳

2021年11月14日

前言

PREFACE

经过数十年的努力和付出，我国超声水表终于从超声流量计产品中脱颖而出，如今形成了具有成批生产能力和批量化市场应用的可喜局面。回顾十数年前，随着等同采用 ISO 4064-1～4064-3：2005 的 GB/T 778.1～778.3—2007《封闭满管道中水流量的测量　饮用冷水水表和热水水表》的正式发布与实施，超声水表等电子水表产品正式确立了相应的“地位和身份”。从那时起，以超声水表、电磁水表和射流水表为代表的新一代电子水表产品的研发与生产也逐步进入“快车道”，前景一片向好。

超声水表的产生与发展，离不开用水量准确计量的工作需求，离不开国家科学用水与节约用水政策的引导与推动，离不开水资源的精细化管理，也离不开精密计时芯片和高性能超声换能器的研发与使用，更离不开水表行业内外广大科技人员在超声水表的产品研发、性能提升，以及持续改善产品长期工作稳定性与可靠性方面所做出的努力与奉献。

水表产品的发展经历了从机械水表至智能水表 1.0 产品（即第一代智能水表，亦称为带电子装置的机械水表）再到智能水表 2.0 产品（即第二代智能水表，亦称为电子水表）的过程，智能水表 3.0 产品（即第三代智能水表，亦称为多参数水表）已在商用化研制中。水表产品技术的更新与换代，为数据远传、自动抄表、管网用水与漏损监测、计量性能提升、涉水多参数测量及预警等智慧供水新业务的应用提供了新的设备与手段，也大大丰富了水务物联网感知终端的功能和内涵。

发展智能水表 2.0 产品的出发点是优化水表计量性能，扩展流量测量范围，延长使用寿命，增加附加使用功能，最终为供水企业提供高性价比的新一代高性能智能水表新产品。智能水表 2.0 产品建立在现代流量传感与信号处理技术之上，内置嵌入式计算机系统，是具有数据远传、网络接入及阀控功能的电子水表。超声水表则是电子水表中性价比较高的产品，具有结构简单、稳定可靠、测量范围宽、电源能耗低等特点，是我国近中期重点推广应用的电子水表新产品。

超声水表的测量原理及研制技术与其他电子水表产品相比，复杂程度较高。在传感技术方面，涉及高频超声换能器的设计与制造技术，需要“电-机-声”专业知识的融合；在精密计时方面，需要有皮秒级的计时准确度和稳定可靠的专用芯片；在特性校准与数据处理方面，需要对被测流体特性及渡越时间法测量原理有深刻理解，并能掌握相关的解决方案。综上所述，要设计并制造出性能优良的超声水表产品，需要牢固掌握好以下三方面关键核心技术：高性能超声换能器的设计和制造技术、高分辨力精密计时芯片的应用技术、科学合理的数据处理方法。

超声水表能否大面积推广应用、能否成为水表中的主流产品，除了产品本身要有强大的竞争力（如长期稳定可靠的工作特性、优良的计量性能、较高的产品性价比等）外，还需要产品的设计制造者、使用维护者、监督管理者对产品的工作原理、性能指标和使用特性等有较深入的认识与理解。为此，需要有系统介绍超声水表原理与技术的普及资料或学习教材，供各相关方学习使用。

早在2015年，我就在多年研究超声水表原理与技术的基础上开始撰写本书，由于当时工作繁忙以及相关知识储备不够充分，认识也有一定的偏颇，因此总是写写停停、停停写写。随着超声水表技术的逐步成熟，用户对该产品的认识在不断提高，超声水表的市场已进入到大面积应用前夕。这种情形之下我再次动笔，经过一段时间的辛勤付出，终于在2021年完成了此书的编撰工作，实现了自己曾经许下的诺言：为超声水表的推广应用做些小贡献。

为了传播超声水表基础知识，推进超声水表产品的研究与应用，让更多人士关注、了解并掌握超声水表的工作原理、基本结构及相关知识，我在多年积累基础上编撰了本书。希望本书能抛砖引玉，让更多的专业人员来共同参与这项有意义的工作，关心和推进超声水表事业的进步与发展。

本书部分章节引用的有关文献，使本书更具实用性和指导性，在此向作者表示衷心的感谢。

在本书的编撰过程中，我要特别感谢我的妻子，没有她长期以来对我工作的理解与支持，以及生活上的关心与照顾，我就没有足够的时间和精力进行业余研究和写作，也不能专心致志地思考与学习。今天又是她的生日，我要再次祝她健康、幸福、快乐，永远年轻、漂亮。与此同时，我也要感谢宁波水表（集团）股份有限公司董事长张琳女士，没有她对我的充分信任、支持和包容，我就不可能在退休之后还能在如今的技术岗位上从事工作，参与企业多项重要项目的研究，培养企业博士后，也就不能积累起相关的知识与经验。此外，我更要感谢我的同事和助手，尤其是王欣欣高级工程师，她全力配合我的各项工作，帮我查阅重要资料，进行试验验证，共同参与关键问题的分析与研究，并分担了我很大一部分日常工作，让我能够集中精力思考与研究，完成本书的编撰。

由于本人学识有限，书中的疏漏及不妥之处在所难免，敬请广大读者与同行给予批评指正，不吝赐教。

宁波水表（集团）股份有限公司

姚 灵

2021年11月14日

目 录

CONTENTS

第一章

传感器基本特性

超声水表技术主要包括传感技术与信号处理技术两部分。因此，要了解与学习超声水表的工作原理与特性，首先应搞清楚一般传感器的基本特性。本章通过介绍传感器的静态特性、动态特性、可靠性等内容，使读者能够较好地理解并掌握与传感器有关的专业知识。

传感器的各项性能指标都是根据其输入量和输出量的对应关系描述的，因此输入输出特性是传感器最基本的特性。传感器的特性研究，可以从理论上指导传感器或仪器仪表的设计、制造、校准和使用。

被测量通常处于两种状态：一种是静态，即被测量处于稳态或准稳态，在这种情况下，被测量不随时间变化或随时间变化得很缓慢；另一种是动态，即被测量处于周期性变化状态或瞬态，在这种情况下，被测量随时间变化而改变。当传感器面对不同状态的被测对象时，表现出的输入输出特性就会不一样，因此传感器的特性就有静态特性和动态特性之分。

1.1 静态特性

1.1.1 传感器静态模型

传感器静态模型是在稳态信号作用下（即输入量对时间 t 的各阶导数等于零），传感器输入量与输出量关系的数学表达式。如果不考虑滞后、蠕变等效应，传感器静态模型可用 n 次代数方程来表示：

$$y=f(x)=a_0+\sum_{i=1}^{n}a_ix^i=a_0+a_1x+a_2x^2+\cdots+a_nx^n \tag{1-1}$$

式中：

x——传感器输入量；

y——传感器输出量；

a_0——输入量为零时的输出量；

a_i——传感器的标定系数，反映传感器静态特性曲线的形状。

传感器静态模型通常有下列三种特殊的情况：

1）线性特性

若 $a_2=a_3=\cdots=a_n=0$，$y=a_0+a_1x$，a_1 为静态传递系数，则线性特性曲线是一条斜率为 a_1 的不过零直线，见图 1—1。

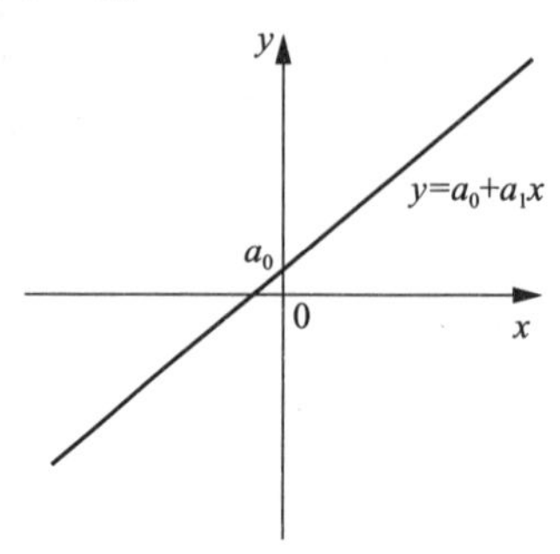

图 1—1　传感器在 $a_0\neq0$ 时的线性特性曲线

若 $a_0=a_2=a_3=\cdots=a_n=0$，$y=a_1x$，则线性特性曲线是一条斜率为 a_1 的过零直线，见图 1—2。这是传感器的理想特性曲线。

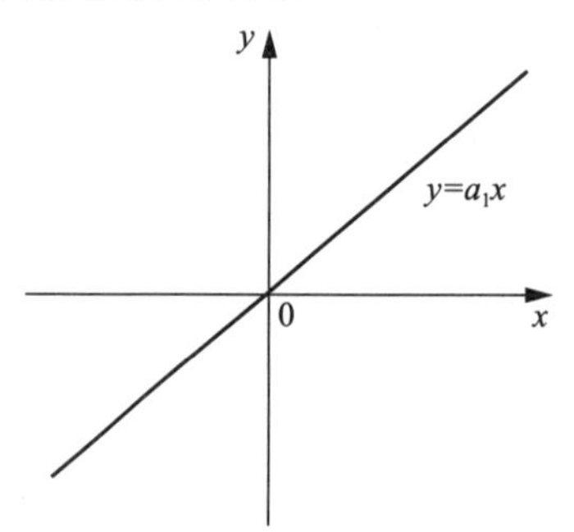

图 1—2　传感器理想特性曲线

2）仅有偶次项的非线性特性

具有这种特性的传感器，其线性范围很窄，输入输出特性方程可表示为

$$y=a_2x^2+a_4x^4+\cdots+a_nx^n\text{（}n\text{ 为偶数）}\tag{1—2}$$

传感器仅有偶次项（$n=2,4,6,\cdots$）的非线性特性曲线见图 1—3。

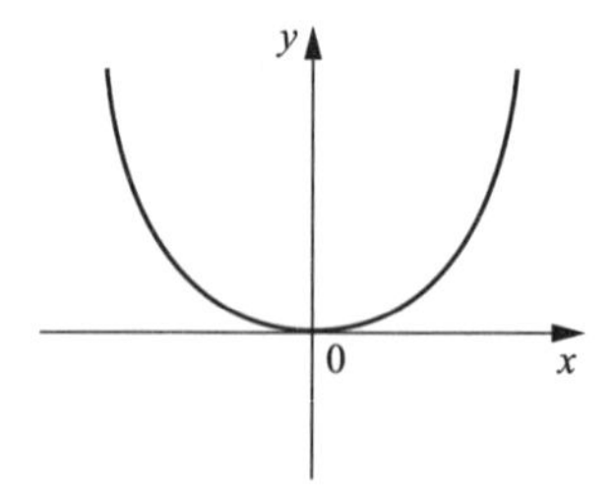

图 1—3　传感器仅有偶次项的非线性特性曲线

3）仅有奇次项的非线性特性

具有这种特性的传感器，在较宽的输入范围内其输出具有近似线性的特征。其输入输出特性方程可表示为

$$y=a_1x+a_3x^3+a_5x^5\cdots+a_nx^n（n\text{ 为奇数}） \tag{1－3}$$

传感器仅有奇次项（$n=1,3,5\cdots$）的非线性特性曲线见图1－4。

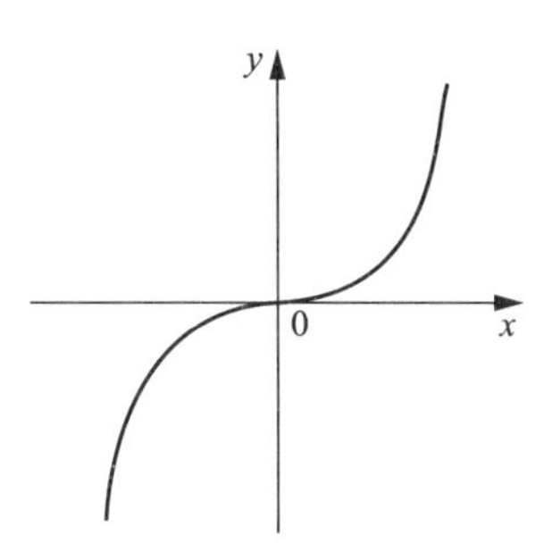

图1－4　传感器仅有奇次项的非线性特性曲线

对于传感器的非线性特性，可以采取各种有效的线性化补偿办法和相应的校准措施使其近似为线性特性。

1.1.2　传感器静态性能指标

以流量传感器为例，传感器静态性能指标主要可以分为：静态特性曲线、仪表系数、量程、测量范围、非线性误差、重复性、准确度等级或最大允许误差、测量误差、灵敏度、分辨力、阈值、稳定性、漂移、迟滞和压力损失等。

1. 静态特性曲线

静态特性曲线是流量传感器仪表系数 K 随流量 q 或雷诺数 Re 变化的曲线，曲线的纵坐标为仪表系数，横坐标为流量或雷诺数，见图1－5。

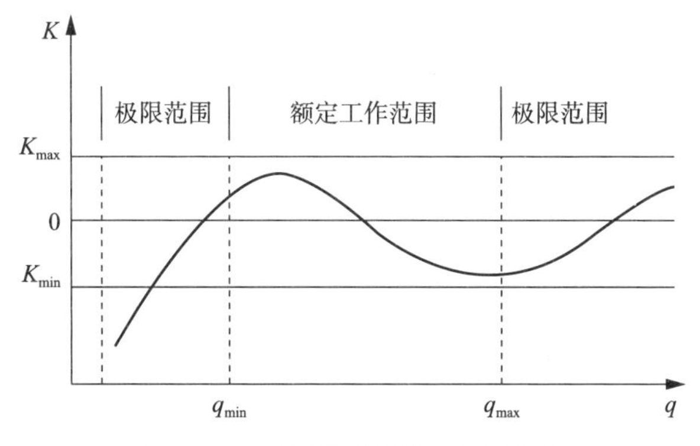

图1－5　流量传感器静态特性曲线

流量传感器静态特性曲线通常是在流量校验装置上用实验方法获得的，实验流体应符合下述条件：

(1) 具有充分发展的轴对称速度分布；

(2) 是充满封闭满管道的单相牛顿流体；

(3) 其流动是无旋的定常流。

现场应用时，流体往往不能同时满足上述的流动条件，因此流量传感器静态特性曲线就会发生相应的变化。

2. 仪表系数

单位体积流体流过流量传感器时传感器发出的脉冲信号数，或单位体积流体流过流量传感器时传感器发出的频率，称为传感器的仪表系数 K，用下式表示：

$$K=\frac{N}{V}, K=\frac{f}{q_V} \tag{1-4}$$

式中：

K——流量传感器的仪表系数，m^{-3}；

N——传感器发出的脉冲信号数，个；

V——流过流量传感器的流体体积，m^3；

f——传感器发出的频率，Hz；

q_V——流过流量传感器的体积流量，m^3/s。

仪表系数是脉冲(频率)输出型流量传感器的主要技术参数，可由水流量测量装置对其标定而获得。

3. 量程与测量范围

测量范围是指传感器在规定的测量条件下能对被测变量实施准确测量的范围。传感器所能测量的最大被测量数值称为测量上限，最小被测量数值称为测量下限，测量上下限之间的区间称为测量范围。测量上限和测量下限的代数差称为量程。

流量测量范围通常是指流量传感器的额定工作范围，它是由最大流量(即常用流量)和最小流量所限定的测量区间所构成，见图 1－6。在该区间内，流量传感器的示值误差不应超过最大允许误差(MPE)。

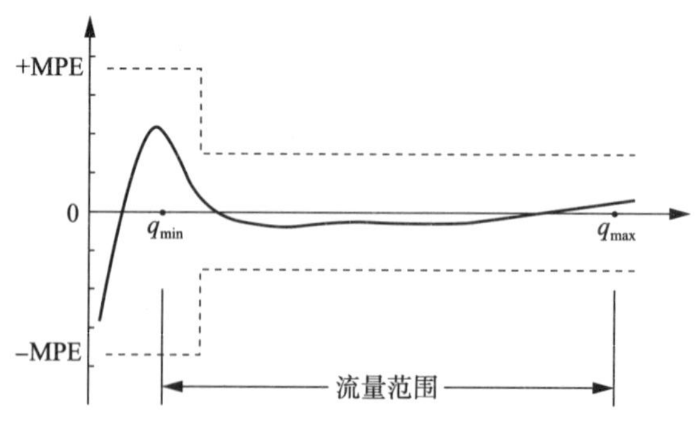

图 1－6　流量传感器测量范围示意图

4. 非线性误差(线性度)

非线性误差又称线性度，用于表征传感器特性曲线与拟合直线之间偏离程度，通常用相对误差形式来表示：

$$e_L = \pm \frac{\Delta_{max}}{Y_{FS}} \times 100\% \tag{1-5}$$

式中：

e_L——非线性误差；

Δ_{max}——传感器特性曲线与拟合直线间的最大拟合偏差；

Y_{FS}——传感器满量程输出值。

图 1-7 为传感器非线性误差示意图。

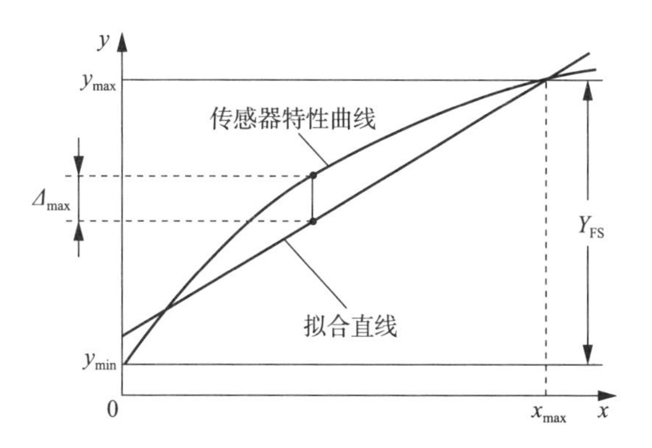

图 1-7　传感器非线性误差示意图

非线性误差是以拟合直线为基准计算的。由于拟合直线确定方法的不同，因此非线性误差的数值也不同。目前常用的拟合直线确定方法有：理论线性度、端基线性度、独立线性度、最小二乘法线性度等，其中尤以最小二乘法线性度和理论线性度应用最普遍。

1）最小二乘法线性度拟合直线的确定

设拟合直线方程为

$$y = b + kx \tag{1-6}$$

则第 j 个标定点 y_j 与拟合直线上相应值的偏差为

$$\Delta L_j = (b + kx_j) - y_j \tag{1-7}$$

最小二乘法线性度拟合直线的确定原则是式(1-7)的均方值 $f(b,k)$[见式(1-8)]为最小值。

$$\frac{1}{n}\sum_{j=1}^{N}(\Delta L_j)^2 = f(b,k) \tag{1-8}$$

现令 $f(b,k)$的一阶偏导数为零：

$$\frac{\partial f(b,k)}{\partial b} = 0 \tag{1-9}$$

$$\frac{\partial f(b,k)}{\partial k} = 0 \tag{1-10}$$

可得两个方程，并可解得两个未知数 b、k，见式(1－11)和式(1－12)。

$$b=\frac{\sum_{i=1}^{n}y_i\sum_{i=1}^{n}x_i^2-\sum_{i=1}^{n}y_ix_i\sum_{i=1}^{n}x_i}{n\sum_{i=1}^{n}x_i^2-\left(\sum_{i=1}^{n}x_i\right)^2} \tag{1-11}$$

$$k=\frac{n\sum_{i=1}^{n}y_ix_i-\sum_{i=1}^{n}y_i\sum_{i=1}^{n}x_i}{n\sum_{i=1}^{n}x_i^2-\left(\sum_{i=1}^{n}x_i\right)^2} \tag{1-12}$$

最小二乘法线性度拟合原理见图 1－8。

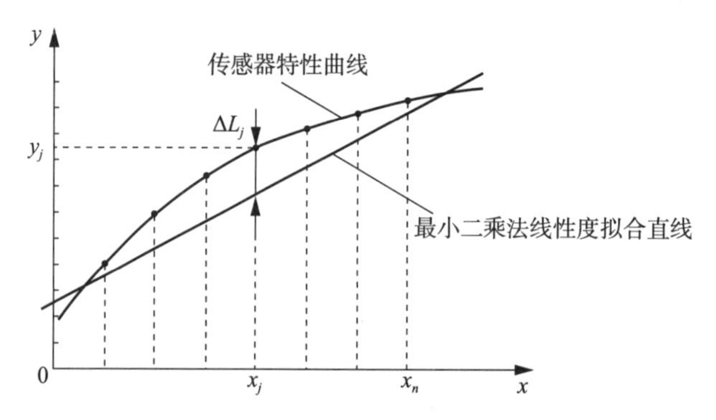

图 1－8　最小二乘法线性度拟合原理示意图

2) 理论线性度拟合直线的确定

理论线性度拟合直线的起点为坐标原点($x=0$，$y=0$)，终点为输入与输出的上限值(x_{FS}，y_{FS})。理论线性度拟合原理见图 1－9(图 1－9 中：ΔL_1 为最小二乘法线性度拟合直线的最大拟合偏差；ΔL_2 为理论线性度拟合直线的最大拟合偏差)。

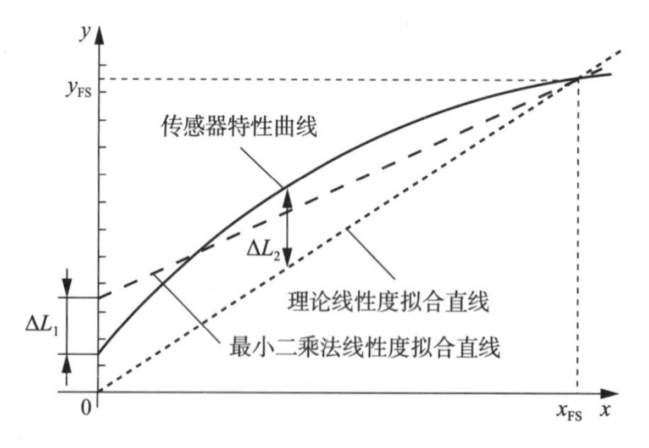

图 1－9　理论线性度拟合原理示意图

5. 重复性

在相同测量条件下，对同一被测量进行连续多次测量所得结果之间的一致程度称为重复性。在做重复性测量时应满足重复性测量条件，即保证测量程序、人员、仪器、环境等的相同与一致，以及必须在很短的时间内完成重复性测量工作。

重复性是用测量结果的分散性来定量表达的，通常由实验标准偏差 s 来表征，用贝塞尔公式计算：

$$s=\sqrt{\frac{\sum_{i=1}^{n}(x_i-\overline{x})^2}{n-1}} \tag{1—13}$$

式中：

s——实验标准偏差；

x_i——第 i 次观测值（$i=1,2,\cdots,n$）；

$\overline{x}$——n 次观测值的算术平均值；

n——测量次数。

用贝塞尔公式计算得到的实验标准偏差 s 是有不确定度的，其相对标准不确定度 $u_{\mathrm{rel}}(s)$ 可用下式来表示：

$$u_{\mathrm{rel}}(s)=\frac{u(s)}{s}=\frac{1}{\sqrt{2(n-1)}} \tag{1—14}$$

式中：

$u(s)$——实验标准偏差 s 的标准不确定度。

实验（测量）次数 n 越多，实验标准偏差的不确定度就越小，实验标准偏差就越可靠。

传感器的重复性评定还可采用最大残差法和极差法两种方法。

1）最大残差法

由每个观测值与算术平均值之差得到残差，从残差中找出最大残差值，实验标准偏差按下式计算：

$$s=c_n\left|v_{i\max}\right| \tag{1—15}$$

式中：

c_n——最大残差系数；

$v_{i\max}$——最大残差值。

c_n 可根据测量次数 n 从表 1—1 中查得。

表 1—1　最大残差系数 c_n

n	2	3	4	5	6	7	8	9	10	15	20
c_n	1.77	1.02	0.83	0.74	0.68	0.64	0.61	0.59	0.57	0.51	0.48

2）极差法

找出观测值中的最大值和最小值，两者之差为极差，按下式计算实验标准偏差：

$$s=\frac{x_{\max}-x_{\min}}{d_n} \tag{1-16}$$

式中：

$x_{\max}$——观测值中的最大值；

$x_{\min}$——观测值中的最小值；

d_n——极差系数。

d_n可根据测量次数n从表1—2中查得。

表1—2　极差系数d_n

n	2	3	4	5	6	7	8	9	10	12	15
d_n	1.13	1.69	2.06	2.33	2.53	2.70	2.85	2.97	3.08	3.26	3.47

用最大残差法或极差法计算的实验标准偏差的不确定度大于用贝塞尔公式计算的不确定度。最大残差法或极差法只适用于呈正态分布的测量数据，当偏离正态分布较大时，应当采用贝塞尔公式计算。

6. 准确度等级与最大允许误差

传感器给出接近于真值的测量结果的能力称为准确度。传感器的准确度越高，其误差就越小，其示值也越接近于真值。符合一定的计量要求，使误差保持在规定极限范围内的等别和级别称为传感器的准确度等级。准确度等级通常是按约定的数字或符号来标注，称为等级指标。实际应用中，可以用最大允许误差或实际值的测量不确定度等指标来确定准确度等级。

对给定传感器，标准、计量技术规范等技术文件规定的所允许的误差极限值称为传感器的最大允许误差（有时也称为传感器的允许误差限）。当传感器的最大允许误差采用引用误差或相对误差表示时，可采用推荐的等级数值系列，如0.05级、0.1级、0.2级、0.3级、0.5级、1.0级、2.0级等，相应地，它们表示传感器的最大允许误差分别为：±0.05%，±0.1%，±0.2%，±0.3%，±0.5%，±1.0%，±2.0%等。

7. 测量误差

传感器的测量误差是系统误差与随机误差的综合。它反映了传感器在一定置信概率下实际输出对其参考特性的偏离范围，是在测量范围内任意一点输出值相对其理论值的可能偏离度。它表示该传感器进行静态测量时所得数值的不确定性。

通常将传感器的静态误差（如非线性、迟滞、重复性等误差）按均方根法或代数法进行综合：

$$e_{\mathrm{S}}=\pm\sqrt{e_{\mathrm{L}}^2+e_{\mathrm{H}}^2+e_{\mathrm{R}}^2+\varepsilon^2} \tag{1-17}$$

或

$$e_{\mathrm{S}}=\pm(e_{\mathrm{L}}+e_{\mathrm{H}}+e_{\mathrm{R}}+\varepsilon) \tag{1-18}$$

式中：

e_{S}——静态综合误差；

e_L——非线性误差；
e_H——迟滞；
e_R——重复性误差；
ε——其他静态误差。

8. 灵敏度

灵敏度 S 是传感器在稳态下其输出增量 $\Delta y(\mathrm{d}y)$ 与输入增量 $\Delta x(\mathrm{d}x)$ 之比：

$$S=\frac{\Delta y}{\Delta x}=\frac{\mathrm{d}y}{\mathrm{d}x} \tag{1—19}$$

对于线性系统，传感器的灵敏度就是其静态特性曲线斜率，为常数；对于非线性误差较小的传感器，其灵敏度为一变量，通常用拟合直线的斜率来表示；对于非线性误差较大的传感器，其灵敏度则用 $\mathrm{d}y/\mathrm{d}x$ 来表示，或用某一较小输入量区间的拟合直线的斜率来表示。

当激励和响应为同种量时，灵敏度也可称为放大比或放大倍数。

图 1—10 为在线性系统和非线性系统，测量传感器灵敏度的示意图。

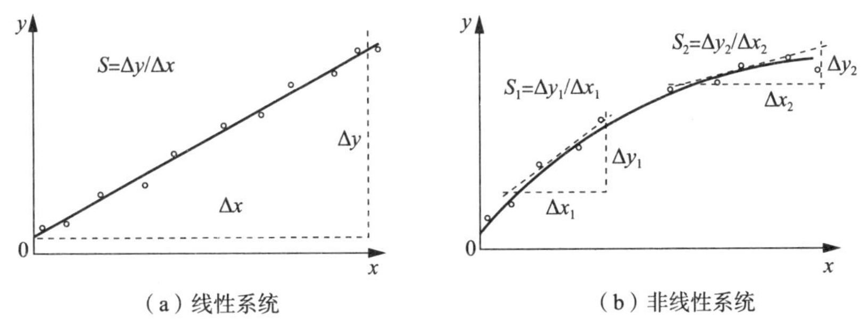

图 1—10　传感器的灵敏度示意图

9. 分辨力与阈值

传感器输入输出特性在整个测量范围内不可能处处连续，当输入量变化太小时，输出量不会发生相应的变化，只有当输入量变化到一定程度时，输出量才会发生变化。从微观上看，传感器的实际输入输出特性是由许多微小起伏变化构成的，传感器分辨力示意图见图 1—11。

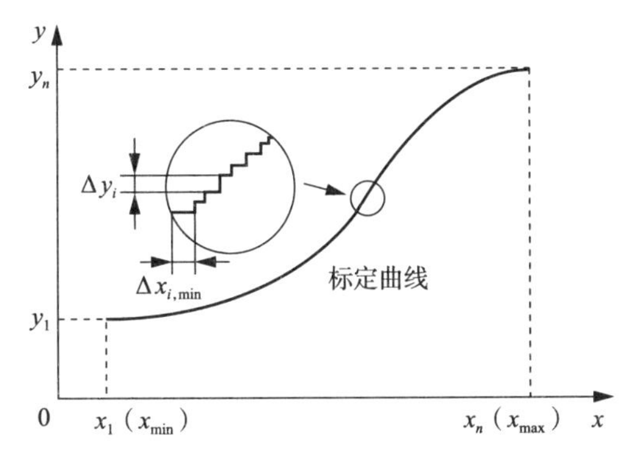

图 1—11　传感器分辨力示意图

分辨力是在规定测量范围内传感器的输出显示装置所能显示出的被测输入量的最小变化值。当传感器的输入量缓慢变化时，只有在超出某一输入增量后传感器的输出显示装置才会显示出变化来，这个输入量的增量称为传感器的分辨力。

传感器的分辨力即在传感器全部工作范围内都能观测的输出量变化所对应的最小输入变化量，常用满量程输入值的百分数表示：

$$R_x=\frac{|\Delta x_{i,\min}|_{\max}}{x_{\max}-x_{\min}}\times 100\% \tag{1-20}$$

式中：

R_x——传感器分辨力；

$|\Delta x_{i,\min}|_{\max}$——全部工作范围内测得的各个最小输入量变化中的最大值($i=1,2,\cdots,n$)；

$x_{\max}-x_{\min}$——满量程输入值。

分辨力反映了传感器检测输入量微小变化的能力，对正、反行程都适用。造成传感器分辨力有限的因素很多，如机械运动部件的干摩擦及卡滞，以及电路系统中的储能元件、A/D 转换器的位数等。高分辨力可以降低读数误差，减小读数误差对测量结果的影响。数字显示传感器的分辨力为最低位数字的最小可变化量。

传感器在测量起始点处的分辨力通常称为阈值或死区，它其实是传感器在正行程测量时的零点分辨力。有的传感器在零点附近有严重的非线性，形成所谓的“死区”。虽然“死区”的大小通常作为阈值使用，但在更多情况下，阈值的大小主要取决于传感器的噪声电平。

10. 稳定性与漂移

稳定性是传感器的特性随时间不发生变化的能力，稳定性有短时稳定性和长期稳定性之分。通常用长期稳定性指标来考核传感器的稳定性。传感器的稳定性是指在参比温度下，经过规定的时间间隔后传感器的输出与其标定的输出之间的差。

传感器的漂移分为温漂和时漂两种。由外界温度变化引起传感器输出量变化的称为温漂。传感器零点处的温漂，反映了温度变化引起传感器特性曲线平移而斜率不变的漂移，可用式(1－21)表示；传感器满量程处的温漂对线性传感器而言，可以用灵敏度漂移来表达，它是反映传感器特性曲线斜率变化的漂移，可用式(1－22)表示。

$$\alpha=\frac{\overline{y}_0(t_2)-\overline{y}_0(t_1)}{\overline{y}_{FS}(t_1)(t_2-t_1)}\times 100\% \tag{1-21}$$

式中：

α——传感器零点处的温漂；

$\overline{y}_0(t_2)$——在规定温度(高温或低温)t_2 下保温 1h 后，传感器零点输出的平均值；

$\overline{y}_0(t_1)$——在参比温度 t_1 下，传感器零点输出的平均值；

$\overline{y}_{FS}(t_1)$——在参比温度 t_1 下，传感器满量程输出的平均值。

$$\beta=\frac{\overline{y}_{FS}(t_2)-\overline{y}_{FS}(t_1)}{\overline{y}_{FS}(t_1)(t_2-t_1)}\times 100\% \tag{1-22}$$

式中：

β——传感器满量程处的温漂；

$\overline{y}_{FS}(t_2)$——在规定的温度(高温或低温)t_2 下保温 1h 后，传感器满量程输出的平均值。

当传感器工作环境温度不变时，输出量随时间的变化称为时漂，考查传感器时漂的时间指标通常为数小时、数天或数月不等。当传感器特性随时间呈线性变化，漂移曲线为直线，该直线的斜率即漂移率。在测得传感器输出量随时间变化的一系列漂移观测值后，可以用最小二乘法拟合得到最佳直线，并计算出漂移率。最佳直线方程为

$$y=a+bt \tag{1-23}$$

按照式(1—24)和式(1—25)计算直线截距 a 及漂移率 b。

$$a=\frac{\sum_{i=1}^{n}y_i\sum_{i=1}^{n}t_i^2-\sum_{i=1}^{n}y_it_i\sum_{i=1}^{n}t_i}{n\sum_{i=1}^{n}t_i^2-(\sum_{i=1}^{n}t_i)^2} \tag{1-24}$$

$$b=\frac{n\sum_{i=1}^{n}y_it_i-\sum_{i=1}^{n}y_i\sum_{i=1}^{n}t_i}{n\sum_{i=1}^{n}t_i^2-(\sum_{i=1}^{n}t_i)^2} \tag{1-25}$$

式中：

a——直线的截距；

b——直线的斜率，即漂移率；

y_i——对应于 t_i 时的观测值；

n——观测值的个数；

t_i——第 i 次观测的时刻。

线性条件下传感器漂移示意图见图 1—12。

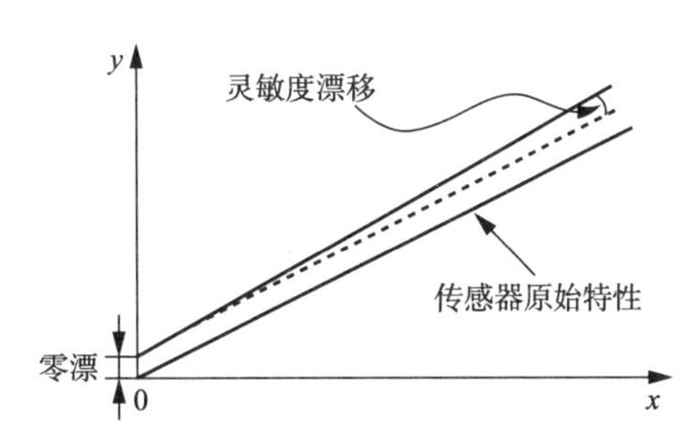

图 1—12　线性条件下传感器漂移示意图

11. 迟滞

迟滞特性有时也称为回差、滞特性，是反映传感器正、反行程期间输入输出曲线不重合的程度，传感器迟滞特性示意图见图 1—13。造成迟滞的原因有很多，如传感器机械结构的摩擦和间隙、敏感材料等的缺陷，以及磁性材料的磁滞特性等。

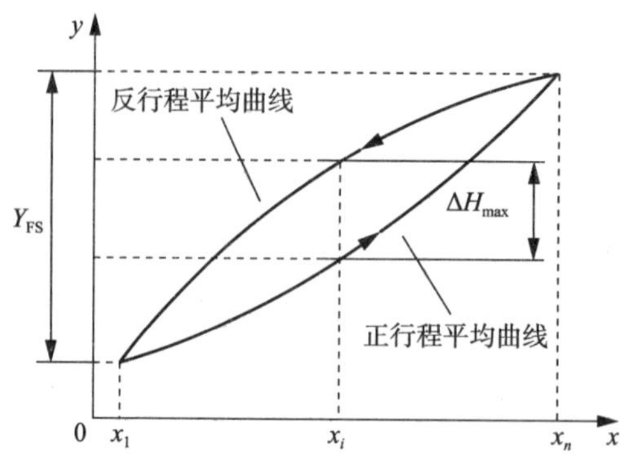

图 1—13 传感器迟滞特性示意图

迟滞大小一般可通过实验方法加以确定。迟滞实际用传感器正、反行程输出的最大偏差与满量程输出之比的百分数表示：

$$e_H = \pm \frac{\Delta H_{max}}{Y_{FS}} \times 100\% \tag{1-26}$$

式中：

e_H——迟滞；

ΔH_{max}——正、反行程输出的最大偏差；

Y_{FS}——满量程输出。

12. 压力损失

流体流过流量传感器时产生的不可恢复的压力降称为压力损失。压力损失一般是指在最大流量时流量传感器进口和出口两端的压力差。

水流量传感器的压力损失会消耗供排水系统外加的电能。压力损失小，能耗就小。因此，对供排水系统来说，该项指标是选择水流量传感器的一项重要经济技术指标。

1.2 动态特性

当被测量随时间变化时，要求传感器的输出量能实时地、无失真地跟踪被测量的变化，并对其做出正确的分析与评价。建立动态数学模型可以研究传感器的动态特性，并在变化的输入量作用下，获得输出量随时间变化的规律。建立动态数学模型的主要方法有时域的微分方程法和状态变量法，以及频域的传递函数法等。

传感器输入信号随时间变化的形式非常之多，很难逐一对其开展研究。多数做法是将某些标准信号作用于传感器输入端，同时测出其输出随时间变化的规律，进而获得各项动态技术指标值。

影响传感器动态特性的根本因素是传感器及测量系统中存在储能元件和能量梯度，如：电感、电容、热容等储能元件，质量惯性元件等。

1.2.1　微分方程

在研究传感器动态特性时，一般都忽略传感器的非线性及随机变化等复杂因素，而把传感器视为一个线性的定常系统来考虑，即用线性常系数微分方程来描述传感器输出 $y(t)$ 与输入 $x(t)$ 之间的动态关系，其数学表达式为

$$a_n\frac{\mathrm{d}^n y}{\mathrm{d}t^n}+a_{n-1}\frac{\mathrm{d}^{n-1} y}{\mathrm{d}t^{n-1}}+\cdots+a_1\frac{\mathrm{d}y}{\mathrm{d}t}+a_0 y=b_m\frac{\mathrm{d}^m x}{\mathrm{d}t^m}+b_{m-1}\frac{\mathrm{d}^{m-1} x}{\mathrm{d}t^{m-1}}+\cdots+b_1\frac{\mathrm{d}x}{\mathrm{d}t}+b_0 x \tag{1-27}$$

式(1－27)中，$a_0,a_1,\cdots,a_n;b_0,b_1,\cdots,b_m$ 是取决于传感器结构参数的常数。对于大多数传感器，除 $b_0\neq0$ 外，一般 $b_1=b_2=\cdots=b_m=0$。

对于常见传感器，其动态模型通常都忽略高阶项（如 $n\geqslant3$），而用零阶（$n=0$）、一阶（$n=1$）或二阶（$n=2$）的常微分方程来描述，分别称为零阶、一阶和二阶传感器，其方程为式(1－28)、式(1－29)和式(1－30)。

零阶传感器：

$$a_0 y=b_0 x \tag{1-28}$$

一阶传感器：

$$a_1\frac{\mathrm{d}y}{\mathrm{d}t}+a_0 y=b_0 x \tag{1-29}$$

二阶传感器：

$$a_2\frac{\mathrm{d}^2 y}{\mathrm{d}t^2}+a_1\frac{\mathrm{d}y}{\mathrm{d}t}+a_0 y=b_0 x \tag{1-30}$$

零阶传感器在测量上是个理想环节，即无论输入量 $x=x(t)$ 随时间怎样变化，传感器的输出总是与输入成确定的比例关系，在时间上也无滞后，故又称为比例环节或无惯性环节。但严格来讲，这种零阶传感器是不可能存在的，只是在一定工作范围内将某些传感器系统近似地看成是零阶传感器。经常遇到的传感器系统多数是由一阶和二阶传感器组合成的。对于 $n\geqslant3$ 的高阶传感器，通常则由多个低阶传感器串联或并联而成。

1.2.2　传递函数

对于初始条件为零的线性定常传感器系统，式(1－27)两边取拉普拉斯变换得

$$Y(s)(a_n s^n+a_{n-1}s^{n-1}+\cdots+a_0)=X(s)(b_m s^m+b_{m-1}s^{m-1}+\cdots+b_0)$$

系统输出 $y(t)$ 的拉普拉斯变换 $Y(s)$ 与系统输入 $x(t)$ 的拉普拉斯变换 $X(s)$ 之比称为传感器的传递函数，用 $H(s)$ 表示：

$$H(s)=\frac{Y(s)}{X(s)}=\frac{b_m s^m+b_{m-1}s^{m-1}+\cdots+b_1 s+b_0}{a_n s^n+a_{n-1}s^{n-1}+\cdots+a_1 s+a_0} \tag{1-31}$$

式(1－31)中，$s=\sigma+j\omega$ 是个复数，称为拉普拉斯变换的自变量。

用传递函数 $H(s)$ 作为动态模型描述的传感器动态响应特性具有下列特点：

(1) 传递函数 $H(s)$ 反映的是传感器系统本身的固有特性，只与系统结构参数 a_i、b_j 有关，而与输入量 $x(t)$ 无关。

(2) 只要知道 $X(s)$、$Y(s)$、$H(s)$ 三者中的任意两者，就可以方便地计算出第三者，因为 $Y(s)=H(s)\cdot X(s)$。

(3) 相同的传递函数可以用来表征多个完全不同的物理系统，说明它们具有相似的传递特性。但不同的系统有不同的系数量纲，是由系数 a_i 和 b_j 反映的。

(4) 多环节串、并联组成的传感器系统，如各环节的阻抗匹配适当，可忽略相互之间的影响，则传感器的等效传递函数可由代数方程求解得到。

由 n 个环节串联而成的传感器系统如图 1－14 所示，其等效传递函数为

$$H(s)=\frac{Y(s)}{X(s)}=\prod_{i=1}^{n}H_i(s)=H_1(s)\cdot H_2(s)\cdot\cdots\cdot H_n(s) \tag{1-32}$$

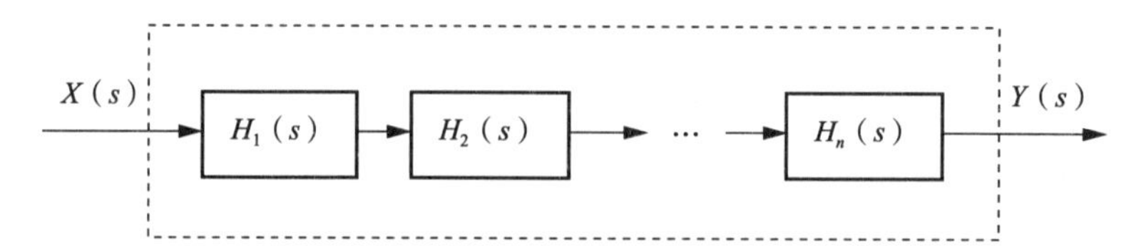

图 1－14 多环节串联的传感器系统

由 n 个环节并联而成的传感器系统，见图 1－15，其等效传递函数为

$$H(s)=\frac{Y(s)}{X(s)}=\sum_{i=1}^{n}H_i(s)=H_1(s)+H_2(s)+\cdots+H_n(s) \tag{1-33}$$

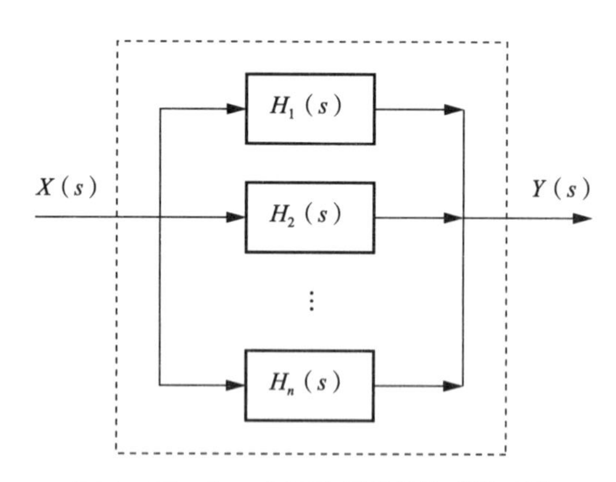

图 1－15 由 *n* 个环节并联的传感器系统

(5)当传感器结构比较复杂或传感器的基本参数不易获知时，通常可用实验方法求得传递函数。

1.2.3　传感器动态性能指标

现实中的传感器往往比简化的数学模型要复杂，因此传感器的动态特性一般并不直接给出其微分方程、状态方程或传递函数，而是通过实验得出传感器的动态性能指标，并用这些指标来反映其动态特性。

研究传感器动态特性主要是为了分析测量时产生动态误差的原因。传感器动态误差包括：①达到稳定状态后的输出量与理想输出量之间的差别；②当输入量突变时，输出量从一稳定状态向另一稳定状态过渡状态中的变化。采用阶跃函数作为输入信号研究传感器动态特性的方法，称为瞬态响应法；采用正弦函数作为输入信号研究传感器动态特性的方法，称为频率响应法。这两种方法分别从时域和频域角度来分析传感器的动态误差，给出传感器动态特性指标。

1. 阶跃响应与时域性能

定义单位阶跃函数为

$$x(t)=\begin{cases}0 & t<0\\ 1 & t\geqslant 0\end{cases} \tag{1-34}$$

当该信号作用于传感器输入时，传感器输出特性成为阶跃响应特性。其响应曲线如图 1—16 所示。

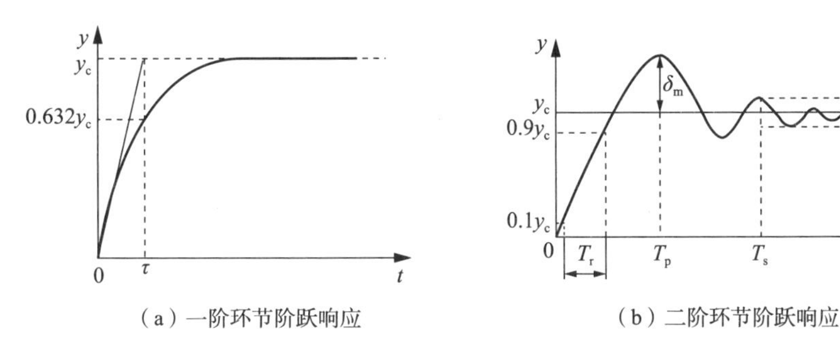

（a）一阶环节阶跃响应　　（b）二阶环节阶跃响应

图 1—16　传感器阶跃响应特性

衡量阶跃响应的指标主要有：

（1）时间常数 τ：输出值由零上升到稳态值 y_c 的 63.2%所需的时间。该值越小，表明传感器响应就越快。

（2）上升时间 T_r：输出值从稳态值 y_c 的 10%上升到 90%所需的时间。

（3）响应时间 T_s：响应曲线衰减到与稳态值之差的相对值不超过$\pm\Delta\%$（2%或 5%）所需的时间。

（4）超调量 δ_m：响应曲线第一次超过稳态值之峰高，$\Delta_m=y_{max}-y_c$，用相对值 $\delta_m=\frac{y_{max}-y_c}{y_c}\times 100\%$表示。

(5) 峰值时间 T_p:响应曲线超过稳态值到第一个峰值所需的时间。

(6) 稳态误差 e_{ss}:无限长时间后传感器的稳态输出值 δ_{ss} 与目标值 y_c 的相对值 $e_{ss}=(\delta_{ss}/y_c)\times 100\%$。

对于上述一阶、二阶传感器的时域响应,并非每个指标都要给出,往往只给出认为重要的性能指标就可以了。

2. 频域响应与频域性能

将传递函数 $H(s)$ 中的变量 s 用 $j\omega$ 替换即可得到频率响应函数 $H(j\omega)$,见下式:

$$H(j\omega)=\lim_{\sigma\to 0}H(s) \tag{1-35}$$

频率响应函数是个复函数,它的模就是传感器系统的幅频特性 $K(\omega)$,见式(1—36);它的复角即相频特性 $\varphi(\omega)$,见式(1—37)。

$$K(\omega)=|H(j\omega)|=\sqrt{R^2(\omega)+I^2(\omega)} \tag{1-36}$$

$$\varphi(\omega)=\arctan[H(j\omega)]=\arctan\frac{I(\omega)}{R(\omega)} \tag{1-37}$$

式中:

$R(\omega)$——频率响应函数的实部;

$I(\omega)$——频率响应函数的虚部。

当 $\omega=0$ 时,即输入为直流信号时传感器频率响应函数应有 $K(0)=k,\omega(0)=0$,即频率响应特性应等于灵敏度 S,相位差为零。

1) 一阶传感器频率响应

一阶传感器的微分方程为

$$a_1\frac{dy(t)}{dt}+a_0y(t)=b_0x(t) \tag{1-38}$$

可以改写成:

$$\frac{a_1}{a_0}\frac{dy(t)}{dt}+y(t)=\frac{b_0}{a_0}x(t) \tag{1-39}$$

式中:

$\frac{a_1}{a_0}$——传感器的时间常数(一般记为 τs);

$\frac{b_0}{a_0}$——传感器的灵敏度 S,为讨论方便设 $S=1$。

这类传感器的传递函数、频率响应特性、幅频特性和相频特性分别见式(1—40)、式(1—41)、式(1—42)和式(1—43)。

传递函数:

$$H(s)=\frac{1}{\tau s+1} \tag{1-40}$$

频率响应特性：

$$H(j\omega)=\frac{1}{\tau(j\omega)+1} \tag{1-41}$$

幅频特性：

$$K(\omega)=\frac{1}{\sqrt{1+(\omega\tau)^2}} \tag{1-42}$$

相频特性：

$$\varphi(\omega)=-\arctan(\omega\tau) \tag{1-43}$$

一阶传感器的频率响应特性见图 1—17。

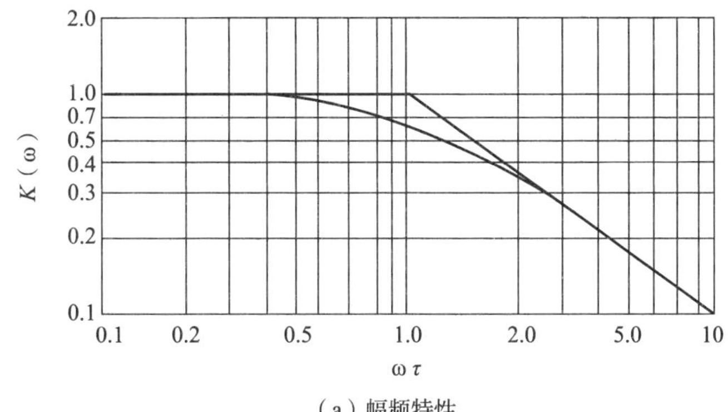

（a）幅频特性

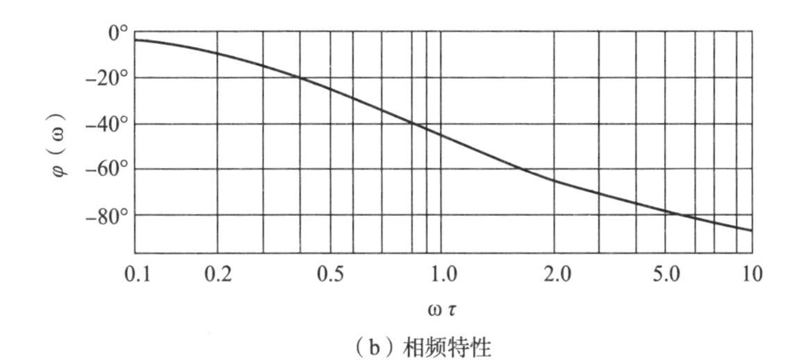

（b）相频特性

图 1—17 一阶传感器的频率响应特性

从式(1—42)、式(1—43)可以看出，时间常数 τ 越小，此时 $K(\omega)$越接近常数 1，$\varphi(\omega)$越接近 0，因此传感器频率响应特性就越好。当 $\omega\tau \leqslant 1$ 时，$K(\omega)\approx 1$，传感器输出与输入的幅值几乎相等，表明传感器的输出与输入为线性关系。$\varphi(\omega)$很小时，$\tan\omega=\omega$，$\varphi(\omega)\approx\omega\tau$，$\varphi(\omega)$与 ω 成线性关系。这时可保证传感器对被测量的测量无失真，输出$y(t)$反映了输入 $x(t)$的变化规律。

2）二阶传感器频率响应

典型的二阶传感器的微分方程为(同样可令灵敏度 $S=1$)：

$$a_2\frac{d^2y(t)}{dt^2}+a_1\frac{dy(t)}{dt}+a_0y(t)=b_0x \tag{1-44}$$

即

$$\frac{a_2}{a_0}\frac{\mathrm{d}^2 y(t)}{\mathrm{d}t^2}+\frac{a_1}{a_0}\frac{\mathrm{d}y(t)}{\mathrm{d}t}+y(t)=\frac{b_0}{a_0}x(t) \tag{1—45}$$

其传递函数、频率响应特性、幅频特性和相频特性分别见式(1—46)、式(1—47)、式(1—48)和式(1—49)。

传递函数：

$$H(s)=\frac{\omega_{\mathrm{n}}^2}{s^2+2\xi\omega_{\mathrm{n}}s+\omega_{\mathrm{n}}^2} \tag{1—46}$$

频率响应特性：

$$H(\mathrm{j}\omega)=\frac{1}{\left[1-\left(\frac{\omega}{\omega_{\mathrm{n}}}\right)^2\right]+2\mathrm{j}\xi\left(\frac{\omega}{\omega_{\mathrm{n}}}\right)} \tag{1—47}$$

幅频特性：

$$K(\omega)=\sqrt{\left[1-\left(\frac{\omega}{\omega_{\mathrm{n}}}\right)^2\right]^2+4\xi^2\left(\frac{\omega}{\omega_{\mathrm{n}}}\right)^2} \tag{1—48}$$

相频特性：

$$\varphi(\omega)=-\arctan\frac{2\xi\left(\frac{\omega}{\omega_{\mathrm{n}}}\right)}{1-\left(\frac{\omega}{\omega_{\mathrm{n}}}\right)^2} \tag{1—49}$$

式中：

ω_{n}——传感器的固有角频率，$\omega_{\mathrm{n}}=\sqrt{\frac{a_0}{a_1}}$；

ξ——传感器的阻尼系数，$\xi=\frac{a_1}{2\sqrt{a_0a_2}}$。

$\xi<1$，$\omega_{\mathrm{n}}\geqslant\omega$ 时，$K(\omega)\approx1$(常数)，$\varphi(\omega)$很小，$\varphi(\omega)\approx\omega\tau$，$\varphi(\omega)$与 ω 成线性关系。此时，系统的输出 $y(t)$真实准确地再现输入 $x(t)$的波形。

在 $\omega=\omega_{\mathrm{n}}$ 附近时，系统发生共振，频率响应特性受阻尼系统影响极大，实际测量时应避开此情况。

通过上面的分析可得出结论：为了使测试结果能精确地再现被测信号波形，在传感器设计时，必须使其阻尼系数 $\xi<1$，固有角频率 ω_{n} 至少应大于被测信号角频率 ω 的 3 倍，即 $\omega_{\mathrm{n}}\geqslant3\omega$。

二阶传感器的频率响应特性见图 1—18。

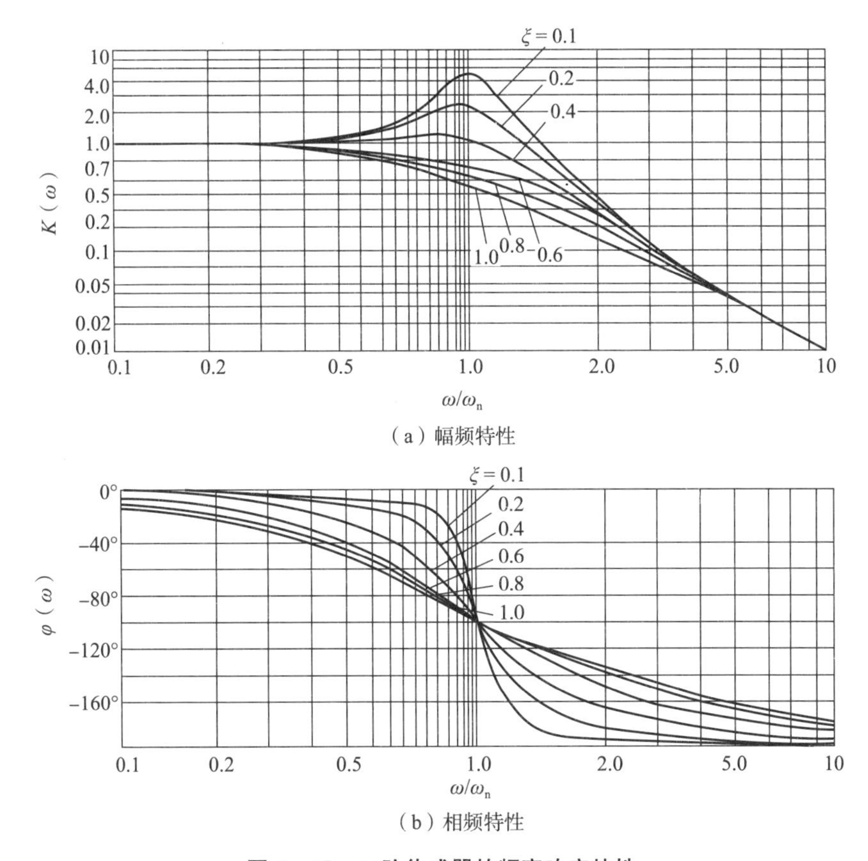

图 1—18　二阶传感器的频率响应特性

频域特性指标主要有：截止频率、通频带和工作频带，谐振频率和固有频率，幅值频率误差和相位频率误差等。

1.3　产品可靠性及电磁兼容性

1.3.1　产品可靠性

产品可靠性的定义：产品在规定条件下和规定时间内，完成规定功能的能力。传感器的可靠性指标主要从耐环境特性和使用寿命特性两方面来评价。

1. 耐环境特性

耐环境特性主要指传感器在外界气候环境条件下的工作特性（如耐高温、低温、交变湿热等的能力），外界机械环境条件下的工作特性（如在非包装情况下传感器耐机械冲击、振动、跌落等的能力），以及外界电磁环境条件下的工作特性（如耐射频电磁场辐射、静电放电、电脉冲群及浪涌等的能力）。传感器耐环境特性能力一般可通过设置相关的试验项目及严酷度指标来评价。

2. 使用寿命特性

通常含义下，产品的寿命往往指产品总的可使用时间。不可修复产品的寿命指发生失效前的实际工作时间，用平均寿命时间（MTTF）来表示；可修复产品的寿命则指相邻两故障时间的工作时间，用平均无故障时间（MTBF）来表示。

传感器的使用寿命是通过寿命指标评价的。寿命指标由统计方法得到，由于具体计算依据及统计方法不同，其结果会相差很大。目前一般使用失效率、平均无故障时间等指标作为传感器的使用寿命指标。

1）失效率

所谓失效率指工作到某时刻尚未失效的产品，在该时刻后单位时间内发生失效的概率。

在实际进行失效率评估时，一般假定失效率维持不变，因此可用某一产品每单位寿命测度（如时间、周期等）内的失效数与保持完好的产品数之比来测算。假定在 t 时刻，N 个产品中有 $N_s(t)$ 个产品保持完好，在时间间隔 $(t,\ t+\mathrm{d}t)$ 内，有 $N_f(t)$ 个产品失效，则失效率为

$$\lambda(t)=\frac{1}{N_s(t)}\frac{\mathrm{d}N_f(t)}{\mathrm{d}t} \tag{1-50}$$

在任意时刻 t 的可靠工作的概率（即可靠度）可表示为

$$R(t)=\lim_{N\to\infty}\frac{N_s(t)}{N} \tag{1-51}$$

由于实际评估时的 N 始终是有限值，因此 $R(t)$ 只能是估计值。由于在 $t=0$ 与随后任意时刻 t 之间的任何时间间隔内，该产品或保持完好或可能失效，因此：

$$N=N_s(t)+N_f(t) \tag{1-52}$$

将式（1—52）代入式（1—51）进行微分，并应用式（1—50）则有

$$\frac{\mathrm{d}R(t)}{\mathrm{d}t}=-\frac{1}{N}\frac{\mathrm{d}N_f(t)}{\mathrm{d}t}=-\frac{\lambda(t)N_s(t)}{N}=-\lambda(t)R(t) \tag{1-53}$$

即

$$\frac{\mathrm{d}R(t)}{R(t)}=-\lambda(t)\mathrm{d}t \tag{1-54}$$

对式（1—54）两边进行积分，可得

$$\int_0^t\frac{\mathrm{d}R(t)}{R(t)}=-\int_0^t\lambda(t)\mathrm{d}t \tag{1-55}$$

对式（1—55）求解，得

$$\ln R(t)-\ln R(0)=-\int_0^t\lambda(t)\mathrm{d}t \tag{1-56}$$

考虑到 $t=0$ 时所有元器件都是新的，即此时 $\ln R(0)=1$，对式（1—56）变换后得

$$R(t)=\mathrm{e}^{-\int\lambda(t)\mathrm{d}t} \tag{1-57}$$

因此，产品的可靠度可根据失效率来计算。如认为失效率为常数，则该产品的可靠

度符合指数分布：

$$R(t)=e^{-\lambda t} \tag{1-58}$$

2）平均无故障时间

可修复产品的可靠性指标可用平均无故障时间（MTBF，也可用 θ 代表）来表示。对于符合指数分布的产品，其平均无故障时间为失效率的倒数：

$$\text{MTBF}=\theta=\frac{1}{\lambda} \tag{1-59}$$

由于平均无故障时间是个统计指标，其数学上的意义为产品寿命的数学期望，因此在使用这一指标时需要同时考虑具体的寿命分布形式。平均寿命（即平均无故障时间）指标相同的产品，如果其寿命分布不同，则可靠度是不同的，两者无可比性。

我们很容易将平均无故障时间误解为在该时间段内的产品几乎是不会失效的，以下分析可以给出一个明确的答案。如某产品寿命分布符合指数分布模型，其累计失效概率（即不可靠度）$F(T\leqslant t)$ 为

$$F(T\leqslant t)=1-e^{-\lambda t}=1-e^{-t/\theta} \tag{1-60}$$

可靠度：

$$R(t)=e^{-\lambda t}=e^{-t/\theta} \tag{1-61}$$

可靠寿命：

$$t(R)=\frac{1}{\lambda}\ln\frac{1}{R} \tag{1-62}$$

失效率：

$$\lambda(t)=\frac{\mathrm{d}F(t)/\mathrm{d}t}{R(t)}=\frac{1}{\theta} \tag{1-63}$$

设产品平均无故障时间为 1 年，当该产品工作到 1 年时，其累计失效率将会达到：

$$F_{(1年)}=1-e^{-t/\theta}=0.632$$

可靠度仅为

$$R_{(1年)}=e^{-t/\theta}=0.368$$

因此，该产品在规定条件下 1 年内（$\theta=1$）可靠工作的概率仅为 0.368。如将可靠度设定为 0.99，则其可靠寿命将会大大减少：

$$t_{(0.99)}=\theta\frac{1}{\ln R}\ln\frac{1}{0.99}=0.01\text{ 年}$$

现举一个产品示例。设某台超声水表的可靠度服从指数分布，其平均无故障时间为 70 000h（约 8 年），现要获知：（1）该超声水表使用 52 500h（约 6 年）的可靠度；（2）该超声水表可靠度为 0.90 时，其能够可靠使用的最长时间。

解：

（1）由 $R(t)=e^{-\lambda t}$ 及 $\text{MTBF}=\frac{1}{\lambda}=70\ 000\text{h}$，$\lambda=(1/70\ 000)\text{h}^{-1}$，可得 $t=52\ 500\text{h}$，该超声水表的可靠度为

$$R_{(52\ 500\text{h})}=\text{e}^{-\frac{52\ 500\text{h}}{70\ 000\text{h}}}=\text{e}^{-0.75}$$

(2) 已知 $R(t)=\text{e}^{-t/70\ 000\text{h}}=0.90$,可计算得到

$$t_{(0.90)}=70\ 000\text{h}\times\ln\frac{1}{0.90}\approx 7\ 375\text{h}\approx 307\text{d}$$

3. 产品失效率曲线

产品失效率随工作时段不同而有明显差异,见图 1—19。

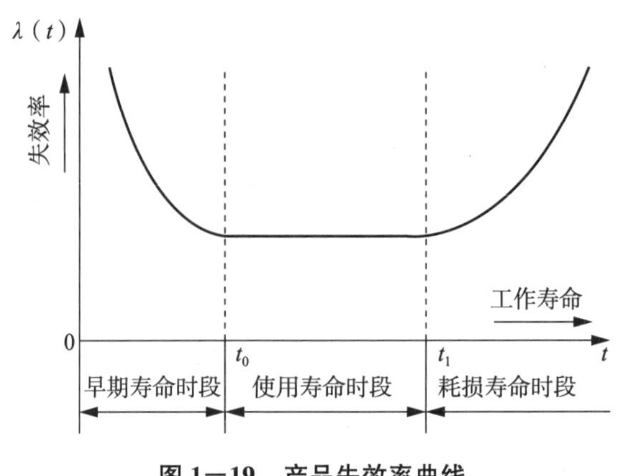

图 1—19　产品失效率曲线

1) 早期寿命时段

早期寿命时段的产品失效率曲线呈递减特性。产品投入使用的早期,失效率很高但很快就下降,主要是由产品的设计、制造、储运等不当所造成的缺陷引起的。当这些缺陷引起的失效充分暴露并剔除后,失效率就趋于稳定,到 t_0 时失效曲线开始变平。

2) 使用寿命时段

使用寿命时段的产品失效率曲线具有恒定特性,即从 t_0 到 t_1 的失效率近似为常数且失效率很低。失效产生的主要原因是非预期的过载、误操作、意外事故,以及一些尚不清楚的偶然因素。由于失效原因多属偶然,因此使用寿命时段也称偶然失效期。

3) 耗损寿命时段

耗损寿命时段的产品失效率曲线呈递增特性。在 t_1 以后失效率上升较快,这是由产品开始老化,使用寿命即将到期造成的。通常可采用报废更换或维修调整部分失效产品的方法来确保整个系统的正常工作。

1.3.2　电磁兼容性

电磁兼容性(EMC)是指设备或系统在其电磁环境中能正常工作,且不对该环境中的任何设备产生无法承受的电磁干扰的能力。电磁兼容性包括电磁干扰度(EMI)和电磁抗扰度(EMS)两部分。

电磁干扰指标是规定电子产品在正常运行过程中对所在环境产生的电磁干扰不能

超过某一限定值;电磁耐受性指标是要求产品在完成应有功能的过程中应具备不受周围电磁环境干扰的能力,即应有一定的抗扰度。

电磁干扰主要有两大来源,即自然干扰源和人为干扰源。自然干扰源最常见的有:雷电、太阳辐射的电磁噪声、物质中电子在热力状态下无规则运动形成的噪声等。人为干扰源主要来自:无线电通信设备,工业、科学、医疗设备,电力系统,点火系统,家用电器、电动工具及电气照明,信息技术设备,以及人体等的静电放电。

提高传感器的电磁兼容能力,应从设计开始就予以重视。特别应关注与电磁兼容性能有关的三要素,即电磁干扰源、干扰传播通道和对干扰敏感的器件和电路。提高电磁兼容性的方法不外乎三方面,一是削弱电磁干扰强度,二是切断电磁干扰通道,三是提高传感器及信号处理电路本身的抗干扰能力。传感器在设计、制造、安装和调试过程中,消除上述三要素中的任何一因素,电磁干扰即可消除。常用的方法有:

(1) 屏蔽。控制电场或磁场从空间的一个区域到另一个区域的传播,是克服电场耦合干扰、磁场耦合干扰及电磁辐射干扰最有效的手段。屏蔽的目的是利用导电材料或高导磁率材料来减小磁场、电场或电磁场的强度。屏蔽技术既可应用于对干扰源的屏蔽,也可应用于对敏感器件和电路的屏蔽。

(2) 接地。屏蔽与接地是抑制外来电磁干扰最基本也是最重要的手段,两者组合起来,可解决大部分干扰问题。接地方式主要有:输入信号回路接地、电源回路接地和数字系统接地。

(3) 隔离。在电磁干扰比较严重的场合,隔离是一种非常重要的措施。对于不可能实现一点接地原则的场合,或者对于安全起见两端必须分别接地的情况,如果测量系统中存在着较大的地电位差噪声,则隔离是克服这种共模噪声的最有效措施。隔离技术主要有光电耦合隔离、隔离放大器、变压器隔离等。

(4) 滤波。滤波方法通常适合于噪声频率与信号频率相差较大的条件下使用。常用的滤波器有高通滤波、低通滤波和带通滤波等,均可用模拟或数字的方法去实现。模拟滤波法,通常可采用无源或有源滤波电路组成的滤波器;数字滤波法,则需要在数字计算机的配合下,采用软件的算法去实现。

对传感器而言,更关注的是电磁抗扰度特性。目前抗扰度试验指标及严酷度等级指标是由各相关基础标准和产品标准规定的。

第二章

带电子装置水表

GB/T 778.1～778.3—2007《封闭满管道中水流量的测量　饮用冷水水表和热水水表》首次将带电子装置水表产品列入产品序列中。带电子装置水表产品分为带电子装置的机械水表和电子水表两类，并习惯上将它们统称为“智能水表”。如将智能水表产品按照出现次序划分代数，可将带电子装置的机械水表称为第一代智能水表，也就是智能水表1.0产品；而将电子水表称为第二代智能水表，也就是智能水表2.0产品。

智能水表2.0产品是今后一段时间内水表的发展趋势和方向，它主要包括超声水表、电磁水表、射流水表等。本章简要介绍智能水表1.0产品和2.0产品的基本功能、附加使用功能，以及计量特性等内容，可以为读者了解和学习超声水表原理和技术，以及使用特性等提供必要的帮助和参考。

2.1　水表产品概述

2.1.1　水表产品现状

水表是水流量测量仪表中数量最大、品种规格最多的一种仪表，主要用于用水量的贸易结算和用水量的计量与测量。传统意义上的水表通常是指带有机械测量装置和示数装置的叶轮式水表或旋转活塞式水表，它的唯一功能就是对用水量进行测量。这类水表具有结构简单、安装方便、使用可靠、成本低廉、人工抄表等特点。一百多年来，纯机械结构水表在人类的用水管理和促进节约用水等方面发挥了重要的作用，其技术研究也为封闭满管道内水流体的测量技术与仪表研究积累了丰富的经验。

随着时代的进步和发展，尤其是电子技术、计算机技术、通信技术、材料技术、信息技术等的快速发展和应用，为进一步提升水表的计量准确度和测量可靠性，在水表原有基础上拓展其附加使用功能打下了扎实的基础。采用新理念、新技术、新方法设计制造新一代水表，并将信息化、网络化、自动化、智能化等先进技术融入水表测量技术的物质基础和必要条件已基本具备，并还在逐步完善中。

GB/T 778.1～778.3—2007首次将水表的技术与应用领域做了较大范围的拓展，除了适用于传统的速度式和容积式机械水表外，该标准还适用基于电的或电子原理，以及基于机械原理的带电子装置水表，并从结构原理上将水表分为机械水表、带电子装置的机械水表和电子水表三类。这就从标准的角度确立了新一代带电子装置的机械水表和电子水表的身份和地位，也为这类水表的设计、制造、验收和使用提供了明确的技术指标和要求。

2.1.2　智能水表定义

所谓智能水表，是当前行业内外对带电子装置的机械水表和电子水表的一种约定俗成的称呼。其实，迄今为止我国还没有正式发布过智能水表的定义。本书作者曾在《我国智能水表技术标准体系的研究与构建》一文中提出了智能水表的定义：以流量传感与信号处理部件、内置嵌入式计算机系统和算法、各类输入-输出接口及(或)电控执行器等为平台，具有或部分具有流量参数检测、数据处理(如滤波、运算、统计、储存、自检与自校)、数据显示、数据通信、电控阀受控启闭以及网络接入等功能的带电子装置的水表。

“智能”两字从广义上理解，指智慧和能力的综合。智慧是指辨析、判断与发明创造的能力，而能力则代表能胜任某项工作或事物的主观条件。从狭义上理解，所谓“智能”至少应具有对事物的识别、判断、记忆、联想、推理、决策等能力。如今，只有在人们的理论知识和实践经验指导下，通过电子计算机和相关的模型与算法[如人工智能(AI)]等的参与与实践，才能实现上述的能力，具备所谓的“智能”特性。

上述定义中提到的智能水表与传统水表之间的主要区别在于，智能水表内置有嵌入式计算机系统、各类相关的信号处理与控制算法软件、输入-输出接口及(或)机电转换装置和电控执行器，具有数据处理、数据通信、电控阀受控启闭以及网络接入等功能。因此，智能水表除了具有传感、信号采集、数据传输、显示(或示数)等功能外，还必须要有嵌入式计算机软硬件的参与，以实现对采集到的流量测量信号进行识别、运算、滤波、储存，并在此基础上完成推理、决策、执行等。智能水表基本组成框图见图 2—1。

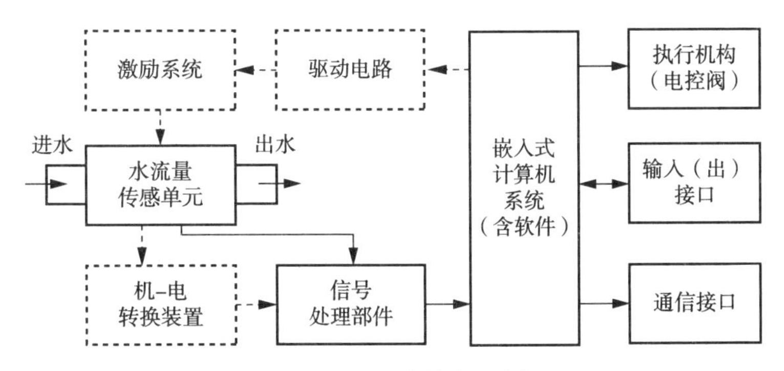

图 2—1　智能水表基本组成框图

2.1.3　水表产品分类

综上所述，用于封闭满管道中水流量测量的饮用冷水和热水水表，按其工作原理和主要结构特征可以分为机械水表、带电子装置的机械水表和电子水表三类。

所谓机械水表，即水表中的水流量传感器采用的是由机械运动机构构成的传感装置

（主要有速度式的叶轮旋转机构和容积式的活塞旋转机构等形式），水表中的积算器通常也是由齿轮传动机构的减速装置与示数装置等构成。通过这些装置，机械水表可以完成对管道内水流体的流速（流量）测量、比例运算和测量结果示数等任务，实现水的测量。大口径水平螺翼式机械水表和小口径多流束旋翼式机械水表的内部结构与外形分别见图 2—2和图 2—3。机械水表根据测量原理和主要结构特征可以有如图 2—4 所示的分类。

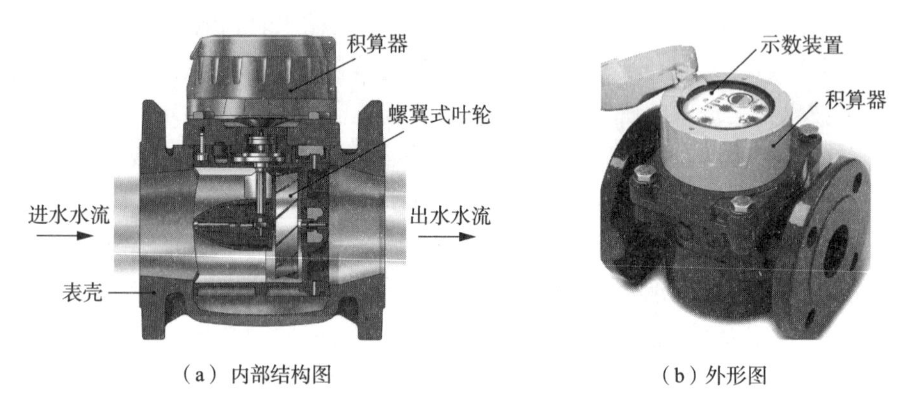

（a）内部结构图　　（b）外形图

图 2—2　大口径水平螺翼式机械水表

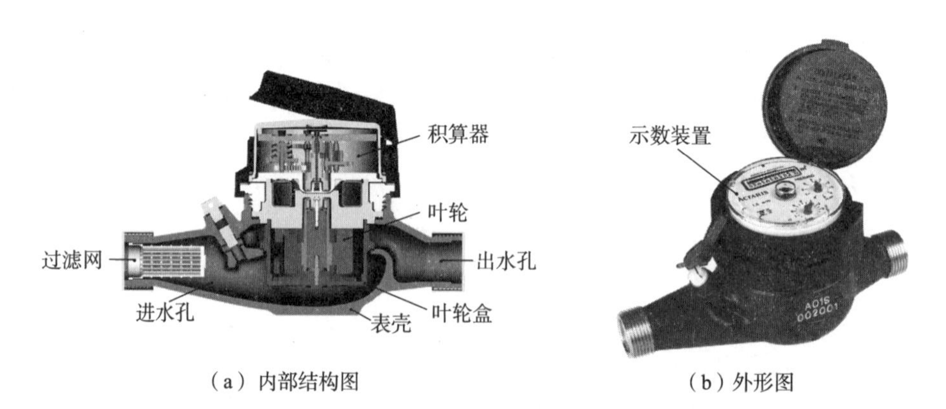

（a）内部结构图　　（b）外形图

图 2—3　小口径多流束旋翼式机械水表

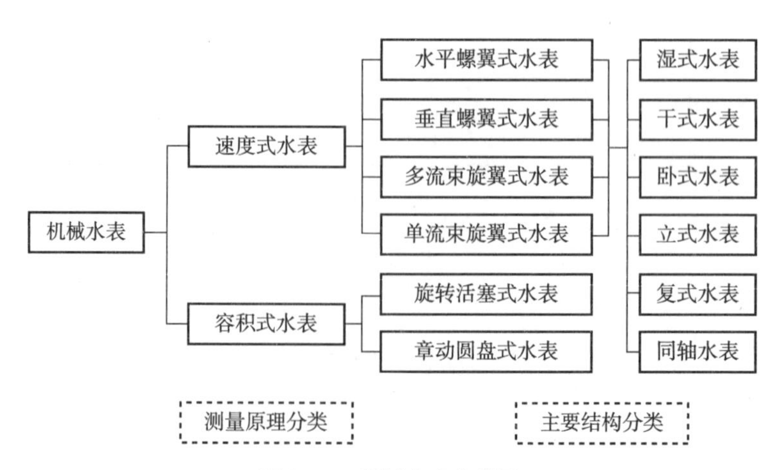

图 2—4　机械水表分类图

所谓带电子装置的机械水表是在机械水表内设置机电转换装置，将机械水表工作时叶轮（或活塞）的旋转量转换成增量编码形式的脉冲电信号，或将机械示数装置的字轮位置量转换成位置编码形式的数字电信号，并在机械水表内设置有信号处理与接口等电子装置或（和）电控阀等执行器，实现计量数据远传、预付费用水、定量控制用水和网络阀控等功能。带电子装置的机械水表内部构成图见图 2—5。根据使用功能的不同，带电子装置的机械水表也可以按图 2—6 做出相应的功能分类。

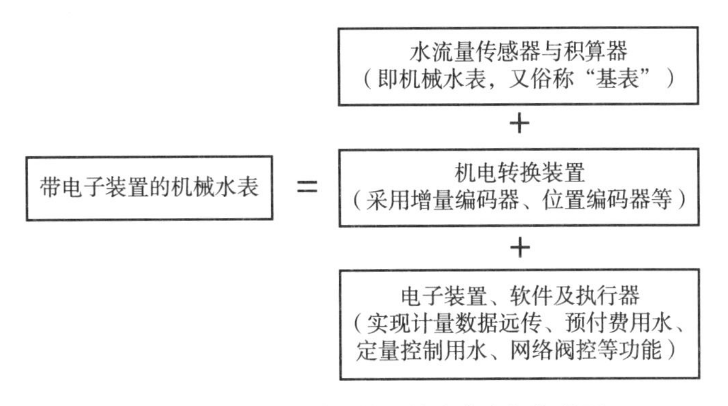

图 2—5　带电子装置的机械水表内部构成图

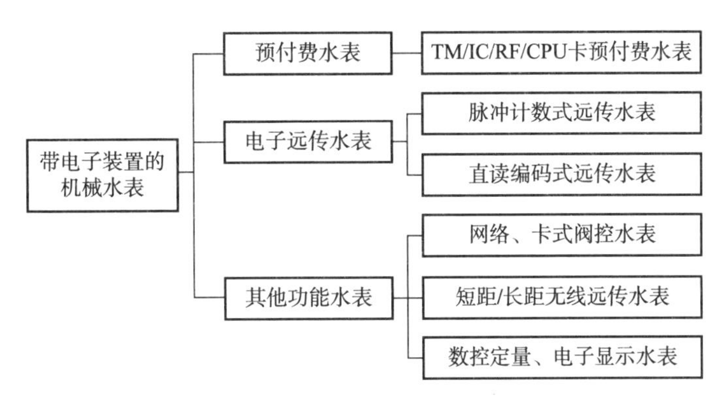

图 2—6　带电子装置的机械水表功能分类图

图 2—7 是不同带电子装置的机械水表外形图，包括了预付费水表、电子远传水表、网络阀控水表、数控定量水表和电子显示水表等产品的外形。

所谓电子水表，就是流量传感器采用了无机械运动机构的物理传感原理及结构，如电磁水表利用了法拉第电磁感应定律，超声水表利用了超声波渡越时间法，射流水表利用了射流附壁效应与反馈振荡方法等。这些流量传感器将管道内的非电量流速值转换成电信号，经信号处理后可以直接完成各种规定的使用功能，因此可靠性相对较高，使用寿命较长。电子水表根据测量原理和主要结构特征可以有如图 2—8 所示的分类。

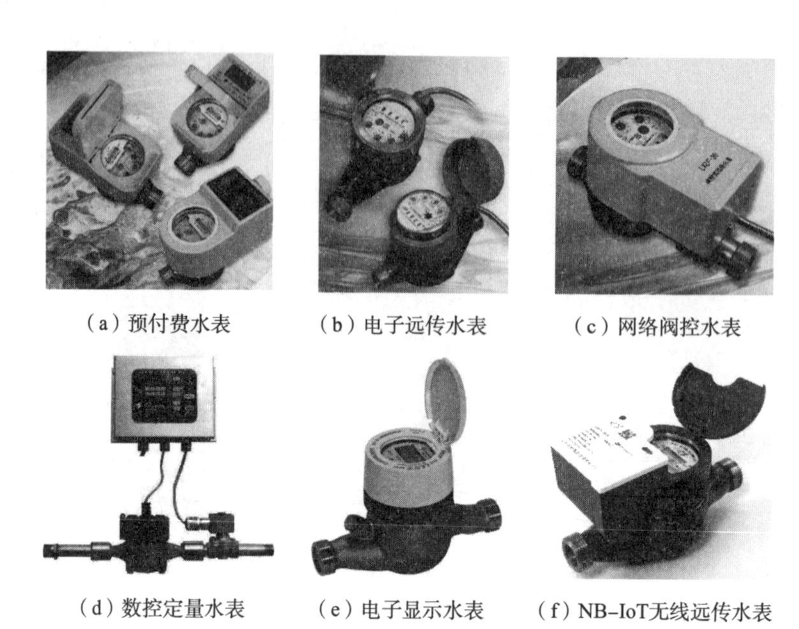

(a) 预付费水表　(b) 电子远传水表　(c) 网络阀控水表

(d) 数控定量水表　(e) 电子显示水表　(f) NB-IoT无线远传水表

图 2—7　带电子装置的机械水表外形图

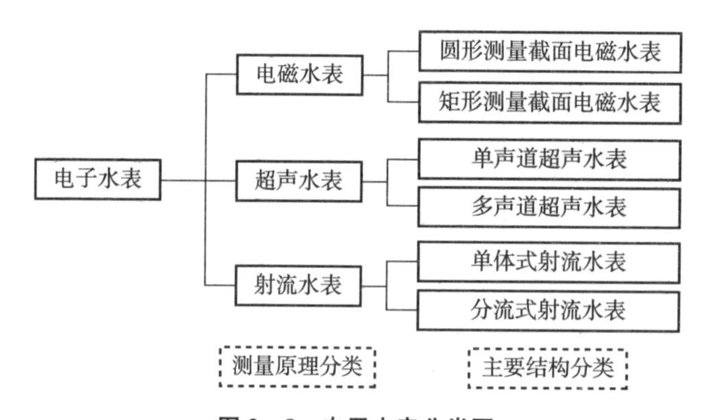

图 2—8　电子水表分类图

图 2—9 是不同电子水表外形图，包括了电磁水表、超声水表、射流水表的外形。

(a) 电磁水表

(b) 超声水表

(c) 射流水表

图 2—9　电子水表外形图

除了饮用冷水水表和热水水表之外，封闭管道中的非饮用水测量也日渐普及，使用面逐渐拓展。非饮用水由于水质等原因，用于其测量的水表通常应选择无机械运动机构的电子水表。在水质不好条件下，电子水表可以保证其使用的可靠性和一定的使用寿命。非饮用水水表的分类见图 2－10。

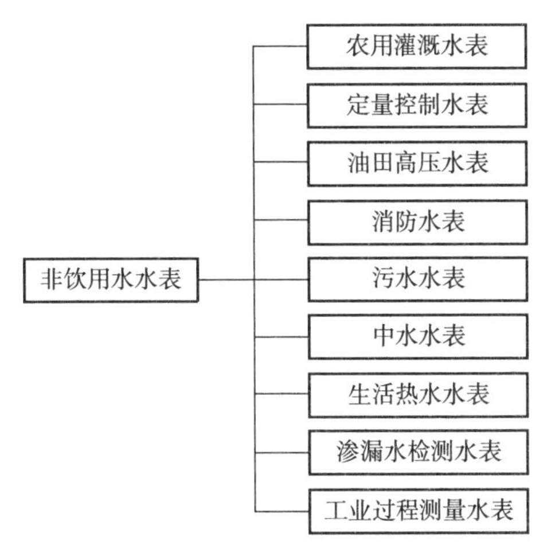

图 2－10　非饮用水水表分类

目前很多情况下，农用灌溉及污水排放等场合是在明渠条件下完成输送的，因此明渠水的流量及总量的测量也会用到各种不同结构的特种水表，如明渠水表，本书对此不做介绍和讨论。

2.2　水表基本功能

2.2.1　计量功能

水表的计量功能是水表的基本使用功能。无论是普通机械水表还是智能水表，其计量功能同样是最为重要的基本功能。智能水表的计量功能是由其计量特性规定的。GB/T 778.1～778.5—2018《封闭满管道中水流量的测量　饮用冷水水表和热水水表》和 JJG 162—2019《饮用冷水水表》、JJF 1777—2019《饮用冷水水表型式评价大纲》规定了所有水表产品须共同遵守的性能指标和技术要求，如流量测量范围系列值与常用流量值的选择、最大允许误差与测量准确度等级、承压强度与压力损失、被测介质温度与压力、工作环境条件等。对电子远传水表、IC 卡冷水水表及数控定量水表等智能水表产品，上述标准还规定了电子装置的可靠性、电池使用寿命、环境影响量等指标。

水表的计量特性是水表的基本属性，即水表设计制造的目的是解决封闭满管道中水流量的计量以及用水量贸易结算等问题。水表发明之初，所有水表均采用纯机械结构设计，也就是一直沿用至今的速度式水表和容积式水表。这类机械水表必须依靠人工读数及人工抄收用水量数据，不具备网络接入与阀门控制等功能，水表功能仅局限于对水的计量。随着电子技术、网络技术、计算机与通信等技术的发展和普及，如今智能水表已在计量功能基础上拓展了许多新的附加使用功能，如网络接入及数据远传功能、自动抄表与用水监测功能、预付费用水功能、网络阀控功能、定量控制用水功能等，为科学用水和节约用水管理、管网测控系统及水务信息物理系统（CPS）的推广应用提供了新工具和新终端。

2.2.2 主要技术指标

智能水表的主要技术指标与传统机械水表差别不大，其计量性能方面的主要指标由以下内容所组成（详见 GB/T 778.1—2018）。

1. 流量测量范围与常用流量

水表流量测量范围用常用流量 Q_3 与最小流量 Q_1 的比值来确定，其测量范围通常为 40～1 000，如果有更高需求，测量范围上限也可以向 1 000 以上数值继续延伸。测量范围是按 R10 系列值选取的，具体系列值见表 2－1。

表 2－1　水表流量测量范围系列值

序号	1	2	3	4	5	6	7	8	9
Q_3/Q_1	40	50	63	80	100	125	160	200	250
序号	10	11	12	13	14	15	—	—	—
Q_3/Q_1	315	400	500	630	800	1 000	—	—	—

水表常用流量的选值范围为 1.0m³/h～6300m³/h，用 R5 系列值表示。如有需要，常用流量值还可以向更高值或更低值延伸，具体系列值见表 2－2。

表 2－2　水表常用流量系列值　　单位：m³/h

序号	1	2	3	4	5	6	7	8	9	10	11
Q_3	1.0	1.6	2.5	4.0	6.3	10	16	25	40	63	100
序号	12	13	14	15	16	17	18	19	20	—	—
Q_3	160	250	400	630	1 000	1 600	2 500	4 000	6 300	—	—

2. 过载流量与常用流量、分界流量与最小流量关系

过载流量 Q_4 与常用流量 Q_3 的比值应为 1.25。分界流量 Q_2 与最小流量 Q_1 的比值应为 1.6。

3. 最大允许误差与测量准确度等级

水表在流量高区的最大允许误差决定了其测量准确度等级。GB/T 778.1—2007 对各类水表仅规定了 2.0 级准确度一个级别，而 GB/T 778.1—2018 对各类水表规定了 1.0 级准确度和 2.0 级准确度两个级别。

1）2.0级准确度水表的最大允许误差

水表在流量低区的最大允许误差：

水温在额定工作条件规定范围以内时，最小流量 Q_1 与分界流量 Q_2 之间（不包括 Q_2）的流量排出的体积的最大允许误差为±5%。

水表在流量高区的最大允许误差：

分界流量 Q_2 与过载流量 Q_4 之间（包括 Q_2）的流量排出的体积的最大允许误差：水温≤30℃时为±2%；水温>30℃时为±3%。

2）1.0级准确度水表的最大允许误差

水表在流量低区的最大允许误差：

水温在额定工作条件规定范围以内时，最小流量 Q_1 与分界流量 Q_2 之间（不包括 Q_2）的流量排出的体积的最大允许误差为±3%。

水表在流量高区的最大允许误差：

分界流量 Q_2 与过载流量 Q_4 之间（包括 Q_2）的流量排出的体积的最大允许误差：水温≤30℃时为±1%；水温>30℃时为±2%。

4. 重复性

水表的重复性应满足以下要求：同一流量下三次测量结果的实验标准偏差应不超过规定的最大允许误差的三分之一。试验应在 Q_1、Q_2 和 Q_3 流量下进行。

5. 温度等级

水表的温度等级由制造厂按表2—3选择。水温应在水表的入口处测量。

表2—3 水表温度等级

温度等级	最低允许工作温度(mAT)/℃	最高允许工作温度(MAT)/℃
T30	0.1	30
T50	0.1	50
T70	0.1	70
T90	0.1	90
T130	0.1	130
T180	0.1	180
T30/70	30	70
T30/90	30	90
T30/130	30	130
T30/180	30	180

6. 流动剖面敏感度等级

水表应能承受流速场异常的影响。在施加流动扰动试验期间，水表示值误差应符合最大允许误差的要求。

水表产品应规定流动剖面敏感度等级，并应说明需要的流动调整段[包括整直器和(或)直管段]，并将其作为被检测的这一类水表的辅助装置。上、下游流速场不规则变化的敏感度等级见表2—4和表2—5。

表2—4　对上游流速场不规则变化的敏感度等级(U)

等级	必需的直管段/DN	是否需要整直器
U0	0	否
U3	3	否
U5	5	否
U10	10	否
U15	15	否
U0S	0	是
U3S	3	是
U5S	5	是
U10S	10	是

表2—5　对下游流速场不规则变化的敏感度等级(D)

等级	必需的直管段/DN	是否需要整直器
D0	0	否
D3	3	否
D5	5	否
D0S	0	是
D3S	3	是

7. 额定工作条件

(1) 流量范围：Q_1～ Q_3(含)；

(2) 环境温度范围：5℃～55℃；

(3) 水温范围：见表2—3；

(4) 环境相对湿度范围：0%～100%；

(5) 压力范围：0.03MPa到至少为1MPa最高允许压力，DN 500及以上管径水表的最高允许压力至少应达到0.6MPa。

8. 压力损失

水表[包括作为水表组成部件的过滤器、滤网和(或)整直器]的流量在Q_1到Q_3之间时其压力损失应不超过0.063MPa。制造商从表2—6中选取压力损失等级时，对于给定的压力损失等级，水表[包括作为水表组成部件的过滤器、滤网和(或)整直器]的流量在Q_1到Q_3之间时其压力损失应不超过规定的最大压力损失。

表 2—6 压力损失等级

等级	最大压力损失/MPa
Δp 63	0.063
Δp 40	0.040
Δp 25	0.025
Δp 16	0.016
Δp 10	0.010

9. 供电电源

带电子装置水表可采用以下三种不同类型的供电电源：①外部电源；②不可更换电池；③可更换电池。

这三种电源可独立使用，也可以组合使用。电池的使用寿命，一般应为水表使用期限或检定周期加上 1 年。

10. 无流量或无水状态

水表处在无流量或无水状态时，其累积量应无变化。

11. 调整装置与修正装置

水表可以配备电子调整装置代替机械调整装置。水表应该配备修正装置，它是水表不可或缺的组成部分。

正常工作情况下，水表应不显示未经修正的体积；修正装置不应修正预测漂移，例如与时间或体积有关的漂移；不得利用修正装置将水表的（示值）误差调整到不接近零的值，即使该值仍在最大允许误差范围内。

在流量小于最小流量 Q_1 时，不允许利用弹簧加压流量加速器等移动装置调节水流。

12. 电子封印

(1) 当机械封印不能防止访问对确定测量结果有影响的参数时，应采用下列防护措施：

① 借助密码或特殊装置（例如密钥）只允许授权人员访问。密码应能更换。

② 按照国家法律法规规定时限保留干预证据。记录中应包括日期和识别实施干预的授权人员的特征要素。如果必须删除以前的记录才能记录新的干预，应删除最早的记录。

(2) 装有用户可断开和可互换部件的水表应符合以下规定：

① 若不符合“12. 电子封印”中(1)的规定，应不可能通过断开点访问参与确定测量结果的参数；

② 应借助电子和数据处理安全机制或者机械装置防止插入任何可能影响准确度的器件。

(3) 装有用户可断开的不可互换部件的水表应符合“12. 电子封印”中(2)的规定。此外，这类水表应配备一种装置，当各种部件不按批准的型式连接时可阻止水表工作。

这类水表还应配备一种装置，当用户擅自断开再重新连接后可阻止水表工作。

13. 可靠性与检定周期

1）水表耐久性

对于 T30 和 T50 温度等级，常用流量 Q_3 小于或等于 16m³/h 的水表，当试验水温为 20℃±5℃时，应在 Q_3 下进行 100 000 次的断续试验，其试验时间和暂停时间各为 15s（30s 为一个断续试验周期），在过载流量 Q_4 下应进行连续 100h 的流量试验；对 T30 和 T50 温度等级，常用流量 Q_3 大于 16m³/h 的水表，应进行 Q_3 流量下的 800h 和 Q_4 流量下的 200h 的连续流量试验。

2）电子装置的可靠性指标

电子装置的可靠性指标采用平均无故障时间表示。根据 CJ/T 224—2012《电子远传水表》和 CJ/T 133—2012《IC 卡冷水水表》的规定，水表电子装置的平均无故障时间应不少于 2.63×10^4h。

3）水表检定周期

对于公称通径小于或等于 50mm，且常用流量 Q_3 不超过 16m³/h，用于贸易结算的水表只做首次强制检定，限期使用，到期轮换。公称通径大于 50mm 或常用流量 Q_3 超过 16m³/h 的水表检定周期一般为 2 年。

公称通径 25mm 及以下的水表使用期限一般不超过 6 年；公称通径大于 25mm、小于 50mm 的水表使用期限一般不超过 4 年。

14. 水表中涉水部件的材料要求

制造水表的材料应满足强度和耐用度的要求，应不受工作温度范围内水温变化的不利影响。所有接触水的零部件应采用无毒、无污染、无生物活性的材料制造，应符合国家法律法规的规定。整体水表的制造材料应能抗内、外部腐蚀，或进行适当的表面防护处理。

15. 影响因子与扰动

当带电子装置水表受到表 2－7 中影响因子的影响时应能正常工作，且示值误差不超过适用的最大允许误差；当受到表 2－8 中扰动的影响时应能继续正常工作，或检查装置能检测出明显差错并做出响应。

表 2—7　带电子装置水表影响因子试验项目

序号	试验项目	实验性质	适用条件
1	高温	影响影子	最大允许误差
2	低温	影响影子	最大允许误差
3	电源电压变化	影响影子	最大允许误差
4	电源频率变化	影响影子	最大允许误差
5	内置电池电压低（未接通主电源）	影响影子	最大允许误差

表 2—8　带电子装置水表扰动试验项目

序号	试验项目	实验性质	适用条件
1	交变湿热	扰动	明显差错
2	振动(随机)	扰动	明显差错
3	机械冲击	扰动	明显差错
4	交流电源电压暂降,短时中断和电压变化	扰动	明显差错
5	信号、数据、控制线脉冲群	扰动	明显差错
6	交流和直流电源脉冲群(瞬变)	扰动	明显差错
7	静电放电	扰动	明显差错
8	电磁场辐射	扰动	明显差错
9	电磁场传导	扰动	明显差错
10	信号、数据和控制线浪涌	扰动	明显差错
11	交流、直流电源线浪涌	扰动	明显差错

16. 明显差错

在设计和制造带电子装置的水表时,应确保在规定的扰动条件下其不出现明显差错。明显差错的限值为流量高区最大允许误差的二分之一。

17. 环境等级与电磁环境等级

(1) 根据气候和机械环境条件,带电子装置的水表分成三个环境等级:

——B 级:安装在室内的固定式水表;

——O 级:安装在室外的固定式水表;

——M 级:移动式水表。

(2) 带电子装置的水表分成两个电磁环境等级:

——E1 级:住宅、商业和轻工业;

——E2 级:工业。

2.2.3　常用名词术语

以下是与水表有关的一些常用名词术语及其定义,由于其对准确理解水表非常重要,因此摘录一部分术语供理解之用(详见 GB/T 778.1):

1) 水表

在测量条件下,用于连续测量、记录和显示流经测量传感器的水体积的仪表。

注:水表至少包括测量传感器、计算器(含调整和修正装置)和指示装置。三者可置于不同的外壳内。

2) 测量传感器

水表内将被测水流量或水体积转换成信号送给计算器的部件,传感器包含检测元件。

注：测量传感器可以基于机械原理、电原理或电子原理，可以自激或使用外部电源。

3）检测元件

水表内直接受承载被测量的现象、介质或物体影响的元件。

注：水表的检测元件可以是圆盘、活塞、齿轮、涡轮、电磁水表中的电极或其他元件。水表内检测流过水表的水流量或水体积的部件称作“流量检测元件”或“体积检测元件”。

4）电子装置

采用电子组件执行特定功能的装置。通常电子装置都做成独立的单元，可以单独测试。

5）最大允许误差

给定水表的规范或规程所允许的，相对于已知参比量值的测量误差的极限值。

6）额定工作条件

为使水表按设计性能工作，测量时需要满足的工作条件。

7）极限条件

要求水表承受而无损坏，随后在额定工作条件下工作时其示值误差不超出允许范围的极端条件，包括流量、温度、压力、湿度和电磁干扰。极限条件包括上限条件和下限条件。

8）最高允许压力

额定工作条件下，水表能够持久承受且计量性能不会劣化的最高内压。

9）最低允许温度

额定工作条件下，水表能够持久承受且计量性能不会劣化的最低水温。

10）最高允许温度

额定工作条件下，水表能够持久承受且计量性能不会劣化的最高水温。

11）工作温度

在水表的上游测得的管道中的水温。

12）工作压力

在水表的上、下游测得的管道中的平均水压（表压）。

13）压力损失

给定流量下，管道中存在水表所造成的不可恢复的压力降低。

14）调整装置

水表中可对水表进行调整，使水表的误差曲线平行偏移至最大允许误差范围内的装置。

15）修正装置

连接或安装在水表中，在测量条件下根据被测水的流量和（或）特性以及预先确定的校准曲线自动修正体积的装置。

16）检查装置

水表中用于检测明显差错并作出响应的装置。

17）影响量

在直接测量过程中，不影响实际被测量，但影响示值与测量结果之间关系的量。

18）参比条件

为评估水表的性能或对多次测量结果进行相互比对而规定的工作条件。

19）基本误差

在参比条件下确定的水表的误差。

20）差错

水表的(示值)误差与基本误差之差。

21）明显差错

大于 GB/T 778.1 规定值的差错。

22）影响因子

其值在 GB/T 778.1 规定的水表额定工作条件范围之内的影响量。

23）扰动

其值在 GB/T 778.1 规定的极限范围之内但超出水表额定工作条件的影响量。

2.3　水表附加使用功能

社会进步和科学技术的发展，以及供水企业采用信息化、网络化、智能化等现代技术的强烈愿望，极大地推进了水表产品的技术进步，同时也丰富了水表产品附加使用功能的内涵。水表数据的网络接入与远传、自动抄表与用水量监测、预付费用水管理、网络阀控、用水量定量控制、管网漏损监测、多测量数据融合等新功能在用水计量及贸易结算、科学用水和节约用水管理乃至智慧水务等方面发挥了积极的作用。与此同时，管网测控系统及水务信息物理系统应用也离不开智能水表。作为智慧水务新业务系统中的重要智能终端设施(管网内水介质状态的感知传感器和控制指令的执行器)，智能水表在管网测控系统及水务信息物理系统中的潜在作用有着进一步被挖掘的广阔空间。

2.3.1　预付费用水功能

具有预付费用水功能的水表通常称为 IC 卡水表，这是因为用户交费充值后的用水信息是通过集成电路卡作为数据媒介来与水表进行信息交换的。用于数据交换的“卡片”媒介目前主要有 TM 卡、IC 卡、RF 卡、CPU 卡等。这些数据交换卡的内芯均由嵌入式集成电路所构成，如 TM 卡和 IC 卡为普通的数据存储卡，RF 卡为非接触式的射频数据存储卡，CPU 卡为内置计算机中央处理单元的数据交换卡。IC 卡水表除了设有机电转换装置、数据交换和信号处理部件外，通常还必须自带电控阀。

用户需要用水前，先向售水系统预付水费，售水系统通过读卡机向用户数据交换卡充值并转换成用水量数据。用户持数据交换卡向预付费水表交换用水量(数据)，水表接收到用水量数据后自动打开表内电控阀，用户可以正常用水。当预付费水表中储存的用水量为零时，水表自动关闭阀门，告知用户需再次充值才能用水。

2.3.2 数据远传功能

数据远传功能是智能水表另一种最常见的附加使用功能，通常将具有这一功能的水表统称为电子远传水表。

无运动部件的水流量传感器(如超声、电磁、射流等传感器)，其输出量为电信号，因此可以通过内置的嵌入式计算机系统直接对其信号进行处理，输出符合电气接口和通信协议要求的远传电信号。

目前，智能水表水流量传感器绝大多数还是采用叶轮式或活塞式旋转机构，即采用机械水表作为水流量传感器与积算器。由于这类机械水表输出的是机械旋转量，因此需要通过机电转换装置将机械量转换成电信号，然后通过内置的嵌入式计算机系统将信号处理成符合数据远传要求的电信号。

最常用的机电转换装置有采用位置编码技术的直读式转换装置和采用增量编码技术的脉冲式转换装置等两种，也有少量采用图像转换方法的装置。

电子远传水表必须接入网络或总线后才能实现数据的远传。水表数据远传主要分为无线和有线两种方式，其中无线方式主要有终端无线局域(或广域)组网＋无线公网通信和终端直接接入无线公网通信，还可包括以红外和无线通信为主的近场通信(NFC)方式；有线方式主要有 M-BUS、RS-485 总线以及低压电力载波等。

2.3.3 预付费用水兼数据远传功能

预付费用水功能解决了供水企业收费难的问题(即采用先付费后用水策略)，但是用户在什么时间段用水、用水量为多少，供水企业则难以了解。因此，在具有预付费用水功能的 IC 卡水表基础上增加数据远传功能，既可以确保水费交纳，又能及时了解管网用水量等信息。

IC 卡水表由于自带电控阀，因此在增加了数据远传功能并接入通信网络后，这类水表也就增加了网络阀控的功能。必要时，供水企业可以通过网络发送指令直接关闭相应用户水表中的电控阀，停止供水。

2.3.4 网络阀控功能

具有网络阀控功能的水表一般称为阀控水表。这类水表是在电子远传水表基础上增加电控阀构成的，因此除了具有数据远传功能外，还具有受控启闭阀门的功能。它和预付费用水兼数据远传功能水表的主要差别是，不需要通过数据交换卡充值后刷卡开阀供水，而是在交费（包括上门交费和移动交费等方式）后直接由供水企业通过网络发送指令开启用户水表电控阀供水。当交纳的水费用完后，供水企业可以通过网络发送指令自动关闭电控阀，停止供水。除了上述应用外，阀控水表应用较多的还是用在管网的自动控制等方面。

阀控水表是今后重点发展的智能水表。随着物联网、移动互联网技术以及管网信息化、网络化、智能化等技术的应用，智能水表在管网测控技术中的应用会越来越普及。

2.3.5　定量控制用水功能

在自动化程度不高和网络使用不普及的年代，数控定量水表在工业和民用定量控制用水方面还是具有较高的应用价值的。通过在表内（或表外）的控制装置中设置用水量或时间数据，当用水量或用水时间达到预定设置值时，数控定量水表就会受控关闭自带的电控阀，实现定量控制用水的功能。

随着网络及总线技术的普及，这一定量控制用水功能可以由控制中心根据工业流程所需用水量或用水时间来自动实现用水量的预置及阀门的启闭，而不需要人工干预。

2.4　应用于水表的新技术

2.4.1　移动支付与近场通信

随着移动互联网技术的兴起和近场通信功能的普及，利用手机的移动支付和数据交换等功能，可以方便地实现水费支付和对预付费水表充值及开阀等功能。首先，在资金安全得到有效保证前提下，用户利用手机通过移动通信网络将自己电子钱包中的购水金额划拨给供水企业收费管理平台的账号中（如采用支付宝、微信支付等方式），收费管理平台在确认收到购水金额后，就会给对应手机回复确认信息并授权充值；然后，用户就可用具有近场通信功能的手机将购水金额充值到预付费水表中，水表就会自动开阀供水。对接入网络的预付费（阀控）水表而言，其开阀过程将会变得更为简单和便利。

2.4.2　管网独立计量分区漏损监测技术

用独立计量分区（DMA）方法开展管网漏损监测是一项比较成熟且目前正在推广之中的技术。该项技术除了需要对网状结构供水管网进行优化改造（建立多级独立计量分区）外，还必须利用水表的自动抄表技术（包括居民户用表、楼栋表、各级进出水口水表等）。在用水量极少时间段（如午夜后），对计量分区内的所有远传水表进行集中抄表，在参考历史用水数据基础上引入查漏算法软件，可以较准确地发现漏水区域或漏水点。

应用该项技术的前提是要对所有水表进行电子远传化和抄表自动化的改造。

2.4.3 管网多参数测量技术

测量管网水的特性或状态等，需要用到水表和各类传感器，如：用于管网在线水质监测的各类水质传感器、用于水温监测的温度传感器、用于水压监测的压力传感器，以及用于管网漏渗监测的漏(渗)水传感器等。这些传感器可以充分利用大口径智能水表现有的安装空间与位置、供电电源、通信设施和电控执行阀等资源，在水表中实现多测量数据的融合与处理。将这些测量数据接入通信网络，可实现高性价比的管网多参数集中采集与远传之目的。

图2－11是多参数智能水表功能与结构示意图。多参数智能水表可以为供水管网的精细化管理提供水量、水压、水质、水声(漏损)等融合大数据。

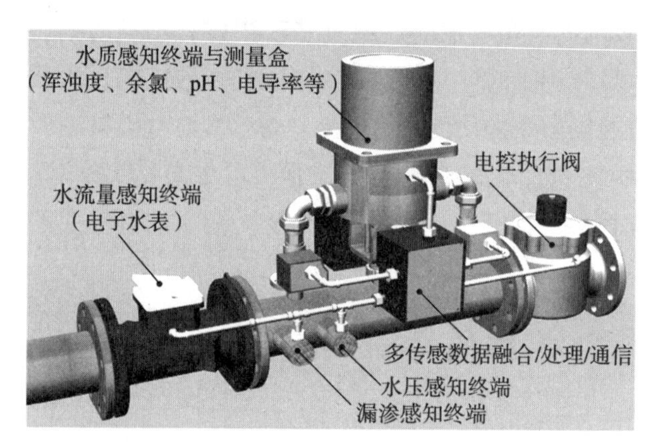

图2－11 多参数智能水表功能与结构示意图

2.5 电子水表与液体流量计的区别

电子水表使用的水流量传感与信号处理技术，大多来自于工业过程测量与控制的各类电子流量计技术，其中最常见的有涡轮式、超声式、电磁式、射流式等流量传感器及相应的流量计技术。

液体流量计在某些场合下也可以当作水表使用，但两者对测量的要求是有区别的。水表关注的是测量累积流量，即管道内各时间段用水量，或某个时间段的瞬时流量平均值；而液体流量计则更关注测量管道内流体的瞬时流量或流速的变化值，当然也能实现累积流量的测量。

水表主要用于用水量的贸易结算和管理，液体流量计主要用于工业过程的测量与控制。在电子水表没有研发出来前，由于传统机械水表测量准确度等级不高、使用寿命不长、数据传输困难等原因，因此有些供水企业为了提高用水计量准确度和结算收费公平性，会在较大口径的主要供水管道上选用一些液体流量计来替代水表使用。

水表与流量计除了各自的用途不同外，在工作环境、供电电源以及主要技术指标等方面均有显著的不同。下面对两者的主要不同点做出简要的归纳。

2.5.1　工作环境条件

流量计通常用作流程工业测控装置中的流量传感器，对被控对象偏离规定参数值的偏差信号进行测量与控制，因此属于自动化流量仪表的范畴。由于流程工业的输送管道和测量与执行等机构大多设置在车间室内，因此工作环境条件变化对流量计工况带来的影响和扰动相对较小且比较容易受控。

电子水表，尤其是大口径电子水表，多数工作在室外和窨井中，有时还会浸泡在水和泥浆中，工作环境条件相对比较恶劣，其防护等级常要求达到IP67以上；工作环境中的温、湿度变化范围通常也很大，外界振动及电磁场干扰等影响也较严重。虽然大部分小口径水表工作在室内，但工作环境也是潮湿和简陋的。

对流程工业用的流量计，JB/T 9248—2015《电磁流量计》和CJ/T 3063—1997《给排水用超声流量计（传播速度差法）》规定的环境温度为－10℃～40℃，环境相对湿度为5％～90％，防护等级为IP54。GB/T 778.1—2018对环境条件做出的规定是，对电子水表和带电子装置的机械水表，其额定工作环境温度为－25℃～55℃，环境相对湿度为0％～100％（40℃），防护等级为IP67～IP68。从上述数据看，两者差别还是很大的。

2.5.2　流量测量范围

流量计主要用于测控系统，关注的是管道内的瞬时流量和流速的测量，测量对象是控制系统设置量的偏离值，因此流量计的流量测量范围不需太宽，其最大流量与最小流量（或流速）比值通常在5～20即满足需要。

水表主要用于管道内用水量的积算和计量，关注的是累积流量值和瞬时流量的平均值。由于管道内最大用水流量和最小用水流量之间有着很大的差异，因此要求水表有非常宽的流量测量范围。GB/T 778.1—2018规定的水表流量测量范围 Q_3/Q_1 通常在40～1 000（见表2－1），如有需要还可向更宽的范围进行拓展。德国和美国近几年新研发的电子显示叶轮式大口径水表，其流量测量范围最高已经可以达到 $Q_3/Q_1=2\ 000$ 的水平。

管道中的水流量，在用水高峰期，会非常大；而在晚间或工作日，则会很低。有时为了检测管道的渗漏水和偷漏水，甚至需要水表有更低的始动流量值和最小流量值，这一切都需要水表有超宽的流量测量范围。

2.5.3　仪表供电电源

流量计多数在室内使用，环境条件干燥，因此绝大多数流量计使用交流电网供电。只要将电网电压经过变压、整流、稳压和滤波后即可产生容量恒定、电压稳定的直流电源，可供流量计长期使用。即使在野外条件下使用流量计，由于其他测控设施同样需使用电网供电，因此流量计也不会遇到供电的困难。

水表的情况则不同：首先，水表工作环境相对恶劣，多数安装位置相对较偏且单独装表，要想连接电网来供电很不方便；其次，水表在潮湿环境下接入电网供电，其安全性也是令人担忧的；最后，电网供电还将面临线路遭到人为破坏等问题，影响水表的正常计量与结算。因此，水表必须使用内置电池供电的方式才能做到既安全又可靠，但随之而来的则是水表供电电池的容量、成本、安装体积、使用寿命以及低功耗设计技术等与水表性能和销售价格之间的矛盾。

2.5.4 管道流场条件

普通安装条件下，一般不会给水表留出足够长的前后测量直管段，这是因为水表安装场地通常都比较狭小，在有限的空间里除了安装水表外还须安装调节阀、过滤器乃至旁路管道等阻流件。这就要求水表在较短的前后直管段和由阻流件引起的非对称流速场安装条件下也能正常工作。

GB/T 778.1—2018 规定了“流动剖面敏感度等级”的考核指标，即在对水表施加模拟流动扰动的工况下，通过使用一定长度的前后直管段和整直器，应能保证水表的示值误差仍在最大允许误差范围内。

流量计虽然对流场分布也有较高的要求，但由于其安装环境能够容得下相对较长的前后直管段和整直器，因此由管道阻流件引起的流速场畸变和漩涡，对流量计工作带来的影响就会被大大削弱了。

2.5.5 主要性能指标

水表和流量计两者性能指标(如测量重复性、改变时间的再现性、示值误差、零流量读数、准确度等级等)也有一定差别。

GB/T 778.1—2018 中与水表测量准确度有关的指标主要有最大允许误差(测量准确度等级)和重复性等。由于水表测量范围极宽，因此现行水表标准只有 2.0 级和1.0 级两挡准确度要求；而流量计，如电磁流量计和超声流量计的测量准确度则可以有 2.5 级、2.0 级、1.5 级、1.0 级、0.5 级等很多级别，最高可以达到 0.2 级以上的水平。流量计的测量重复性通常为其最大允许误差绝对值的三分之一或五分之一。

GB/T 778.1—2018 规定，当管道内被测水流处于静止(即零流量状态)或管道内无水时，水表的累积量应无变化，即积算值的变化量须为零。而流量计的规定则相对较宽，如：对于超声流量计的每一声道，流量计的零流量读数应不大于 4mm/s；对电磁流量计则规定了零点稳定性检验项目，要求流量计应能经受连续 30 天稳定性试验，其零漂应不超过基本误差限的绝对值。

流量计通常由电网供给电源，因此一般都有用电安全技术要求。对电磁流量计和超声流量计，通常规定“绝缘强度”和“绝缘电阻”等要求，如：绝缘强度要求电源端与接地端、输出端与接地端之间应能承受频率为 50Hz、电压为 1 500V(针对交流 220V 供电电源)或 500V(针对 12V、24V、36V 直流供电电源)的试验电压，历时 1min，应无击穿或飞弧等现象产生；电源端与接地端、输出端与接地端之间的绝缘电阻应不小于 20MΩ 等。

考虑到水表是贸易结算用计量器具，因此 GB/T 778.1—2018 对电子水表规定了“电子封印”技术条款：当机械封印不能防止访问对确定测量结果有影响的参数时，应借助密码(关键词)或特殊装置(例如密钥)并只允许授权人员访问参数。

2.5.6　显示器安装位置

大口径水表一般安装在窨井下，读数或抄表通常是从上往下看，因此电子水表的显示器多数设计成面朝上，方便读数与抄表。而液体流量计通常安装在室内较高位置管道上，人们可以用平视方式获得其读数，因此其显示器多数设计成适合正面读数。图2—12、图2—14、图2—14是几种主要电子水表与液体流量计的显示器安装位置对比图。

(a)超声水表

(b)超声流量计

图2—12　超声水表与超声流量计显示器安装位置的对比图

(a)电磁水表

(b)电磁流量计

图2—13　电磁水表与电磁流量计显示器安装位置的对比图

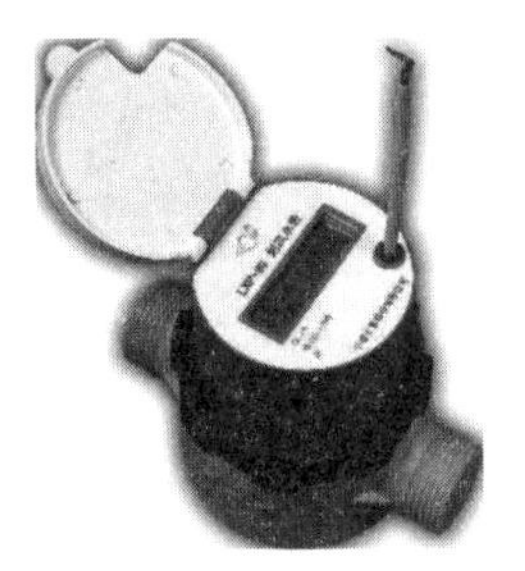

(a)射流水表

(b)射流流量计

图2—14　射流水表与射流流量计显示器安装位置的对比图

第三章
超声物理基础

在学习超声水表原理与特性之前，需要对超声物理的相关知识有基本的了解。

超声物理主要涉及声波的传播与衰减，超声声场，超声的发射及反射、透射和折射等内容。掌握这些知识有利于深入理解超声水表的工作原理与技术特性，有助于分析超声波在超声换能器中的形成机理和接收-发射特性，以及了解液体（水）中超声波的传播规律等。

3.1　声波及其传播特性

3.1.1　声波定义

通常，可以将波分为机械波和电磁波两大类。

声波是一种机械波，由声源振动产生，而振动则是物质的一种运动形式。发出声波的物体称为声源，声波传播的空间称为声场。

机械波是机械振动在弹性介质（气体、液体和固体）中的传播过程，主要分为可闻声波、次声波、超声波等。它与交变电磁场构成的电磁波以光速在空间中的传播方式是完全不同的。

如果以频率 f 来表征声波频率并以人的可感觉频率作为分界线，可将声波划分为可闻波和不可闻波，不可闻波主要由次声波和超声波构成。它们的频率范围为：

次声波频率：$f \leqslant 20\text{Hz}$；

可闻声波频率：$20\text{Hz}<f<20\text{kHz}$；

超声波频率：$f \geqslant 20\text{kHz}$。

超声波由于是频率很高、波长很短的机械波，因此具有很好的指向性，很高的发射能量和穿透力，并且具有类似于光束那样的反射、折射和衍射等特性。

虽然超声波是一种人耳听不到的高频率声波，但它却具有声波的基本特性。因此，对声波的描述和分析对超声波而言是完全适用的。

3.1.2　声波分类

振动源（即声源）在介质中施力的方向与波在介质中传播的方向可以相同也可以不

同,这就会产生不同类型的波形。根据介质中质点的振动方向与声波的传播方向是否相同,超声波的波形主要可以分为以下几种。

1）纵波

质点振动方向与传播方向一致的波称为纵波,见图 3－1。它能够在气体、液体和固体中传播。超声波水流量检测技术通常使用的就是纵波。纵波的传播速度 c_i 表达式为

$$c_i=\sqrt{\frac{E}{\rho}\cdot\frac{1-\rho}{(1+\rho)(1-2\sigma)}} \tag{3-1}$$

式中：

E——介质杨氏模量；

ρ——介质密度；

σ——介质泊松比。

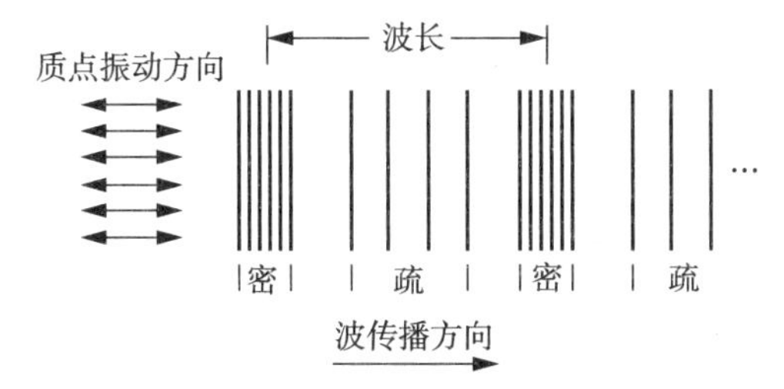

图 3－1　纵波示意图

2）横波

质点振动方向垂直于传播方向的波称为横波,见图 3－2。它只能在固体中传播,主要用于固体的探伤检测。横波的传播速度 c_t 表达式为

$$c_t=\sqrt{\frac{E}{\rho}\cdot\frac{1}{2(1+\sigma)}} \tag{3-2}$$

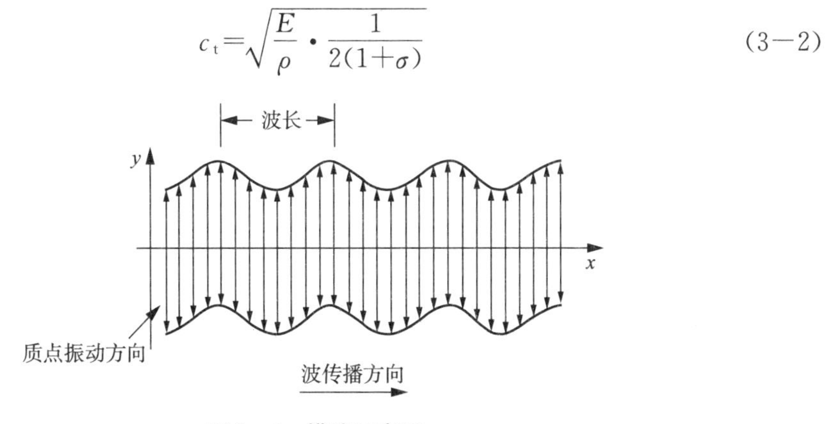

图 3－2　横波示意图

3）瑞利波

瑞利波即表面波,质点的振动方向介于纵波和横波之间,沿着固体表面传播,其振幅随传播深度的增加而迅速衰减。瑞利波质点振动轨迹是椭圆,质点位移的长轴垂直于传播方向,短轴平行于传播方向,瑞利波主要用于表面探伤检测。

4）兰姆波

兰姆波只产生在有一定厚度的薄板内，在板的两表面和中部都有质点的振动，声场遍及整个板的厚度。兰姆波由于沿着板的两表面及中部传播，因此有时又称为板波。兰姆波主要用于板材的探伤检测。兰姆波的横波和纵波的速度比满足下列关系式：

$$\frac{c_t}{c_i}=\sqrt{\frac{1-2\sigma}{2(1-\sigma)}} \tag{3—3}$$

3.1.3 平面波、柱面波和球面波

波从波源出发，在介质中向各个方向传播，在同一时刻，介质中振动相位相同的所有质点所连成的面称为波阵面。按波阵面分类，波可以分为平面波、柱面波和球面波三类。

波阵面为相互平行平面的波称为平面波，平面波的波源为一平面；波阵面为同轴圆柱面的波称为柱面波，柱面波的波源为一条线；波阵面为同心球面的波称为球面波，球面波的波源为一点。

平面波、柱面波和球面波的波阵面示意图分别见图 3—3 的(a)、(b)和(c)。

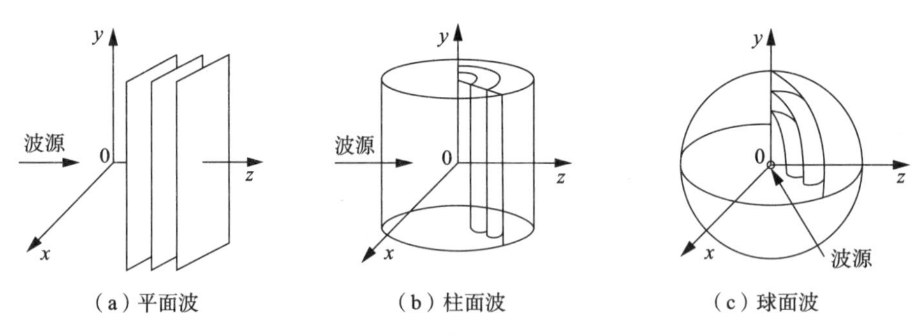

图 3—3　三类波阵面示意图

3.1.4 连续波和脉冲波

根据振动持续时间不同，可以将声波分为连续波和脉冲波两类。

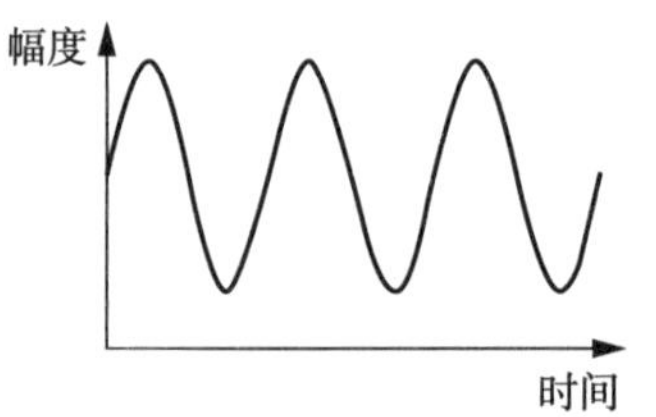

图 3—4　连续波示意图

1）连续波

连续波是指介质中质点的振动持续时间为无穷多的波动，如正弦(余弦)波，见图 3—4。材料检测中的超声波穿透检测法用的就是连续波。

2）脉冲波

脉冲波是指振动持续时间很短或间歇发射的波动，见图 3—5。目前，超声检测中大量应用的就是脉冲波。

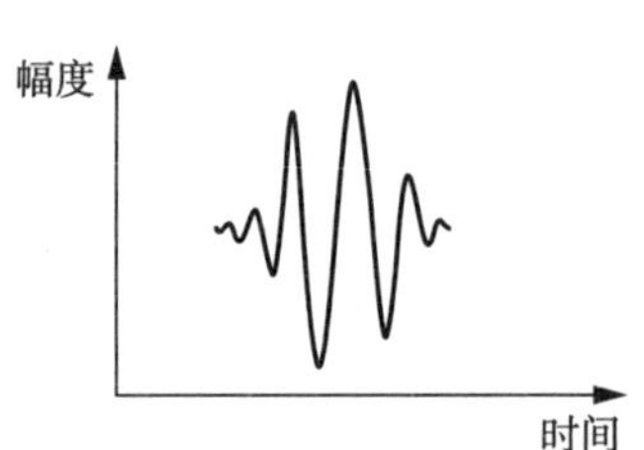

图 3—5　脉冲波示意图

脉冲波是由大量不同频率成分的波复合而成的。

根据数学分析中傅里叶级数原理，任何复杂的周期波均可由单一频率的正弦（或余弦）波叠加而成。图 3－6 是由基波、三次谐波和五次谐波组成的近似方波信号图，在（0，T）区间内，其函数的完整表达式为

$$f(t)=\frac{4}{\pi}\left(\sin\omega_1 t+\frac{1}{3}\sin 3\omega_1 t+\frac{1}{5}\sin 5\omega_1 t+\cdots\right) \tag{3-4}$$

随着高次谐波的增加，合成波就越接近于方波的形状。

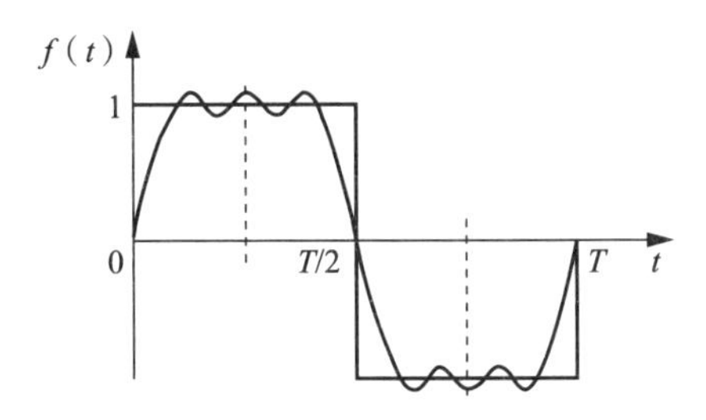

图 3－6　正弦波合成方波图（有限次谐波合成）

对于单一矩形脉冲波，其频谱分布具有抽样函数特征，见图 3－7。图 3－7 中 $x(t)$ 为时域函数，$|X(\omega)|$ 为频域函数。

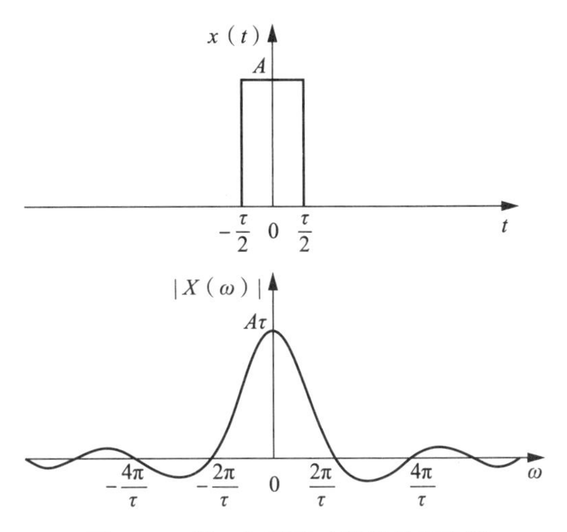

图 3－7　单一矩形脉冲波及其频谱图

单一矩形脉冲波的频谱函数为

$$X(\omega)=\frac{2A}{\omega}\sin\frac{\omega\tau}{2} \tag{3-5}$$

式中：

A——信号幅值；

τ——时间常数；

ω——角频率（$\omega=2\pi f$）。

3）脉冲宽度与频带宽度

超声波采用脉冲激励方式时，根据脉冲波动个数的不同，脉冲波可以粗略分为宽脉冲和窄脉冲两类。脉冲的波动个数越多，脉冲宽度就越宽。

脉冲宽度 W 等于脉冲波动个数与超声波波长的乘积，可用下式表达：

$$W=n\lambda \tag{3-6}$$

式中：

n——脉冲的波动个数（类似于周期数）；

λ——超声波通过被测介质时的波长。

频带宽度与脉冲宽度分别是在频域和时域描述信号特征的两个重要参数，两者互为反比关系。脉冲宽度越窄，其频带越宽；反之，频带就越窄。

图 3—8 的(a)和(b)分别给出了脉冲波动个数为 3 和 6 时对应的超声信号的时-频图。脉冲波动个数为 3 的脉冲宽度较窄，在 6dB 处的频带宽度约为 210kHz；而脉冲波动个数为 6 的脉冲宽度较宽，在 6dB 处的频带宽度则较窄，约为 90kHz。

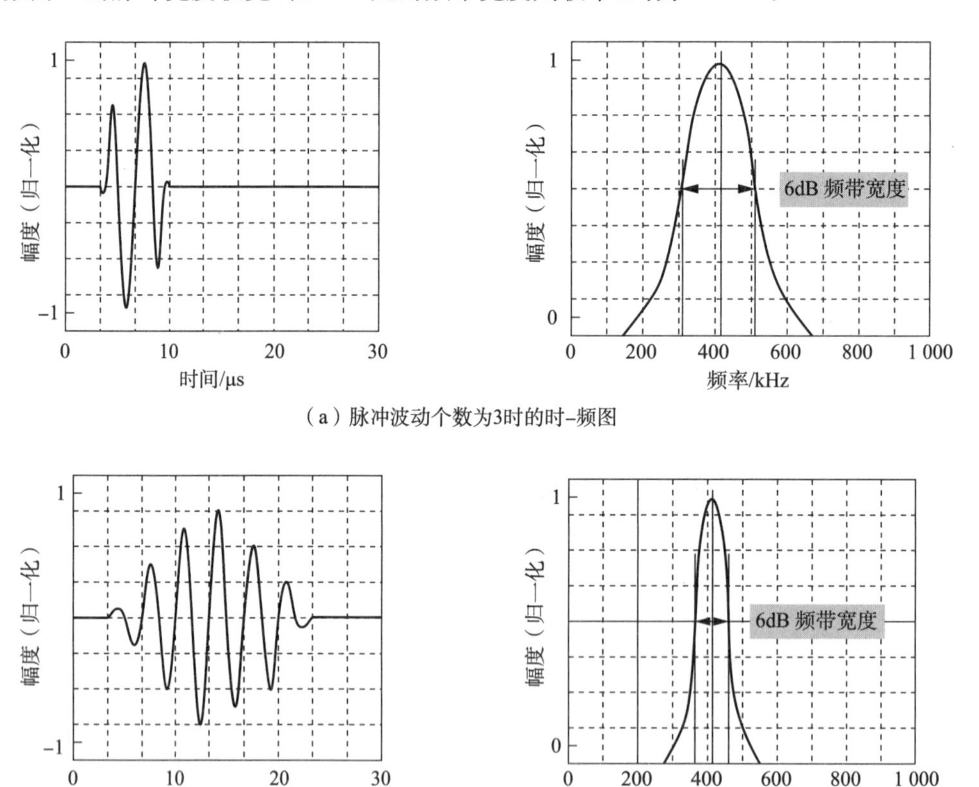

（a）脉冲波动个数为3时的时-频图

（b）脉冲波动个数为6时的时-频图

图 3—8　脉冲波动个数与频带宽度关系示意图

3.1.5 干涉和衍射

1）波的干涉

所谓波的干涉，是频率相同或相近的声波在同一声场区域内传播时叠加所出现的声场现象。其特点是，合成声场的幅值与原有声波相比较，具有不同空间和时间的分布。

通俗讲，当两列振动方向相同、频率相同、相位相同或相位差恒定的波（即相干波）相遇时，由于波的叠加，会使声场中某些位置的振动相互加强，而某些位置的振动减弱或完全抵消，这种现象称为波的干涉。波的干涉是波的重要特性之一。

两列相干波在声场区域中的某点相遇发生干涉时，如果两列波到该点的波程差等于波长的整数倍时，叠加合成的振幅达到最大值；如果波程差为 1/2 波长的奇数倍时，其合成振幅为最小值。

2）波的衍射

当声波在传播过程中遇到障碍物或孔隙边缘时，引起波阵面畸变导致波的传播方向有所改变的现象称为波的衍射，也称为波的绕射。波的衍射也是波的重要特性之一。

分析波的衍射物理基础时，可利用著名的惠更斯原理。它的基本含义是：介质中波动传播的各点都可以看作是发射子波的波源，在其后任意时刻的波阵面可以由这些新波源发出的子波波前的包络面来决定。

当一束任意波形的声波在传播过程中遇到一个狭缝宽度为 a 并与声波波长相当的障碍物 AB 时，根据惠更斯原理，可将障碍物狭缝看作新的波源，靠近障碍物的波阵面上的所有点都可以看作产生球面子波的点源；经过一段时间后，该波阵面的新位置将是与这些子波波前相切的包络线。因此，声波遇到有狭缝的障碍物时，穿越狭缝的声波是以狭缝为中心的圆形波，与其原来的波阵面无关，见图 3－9。

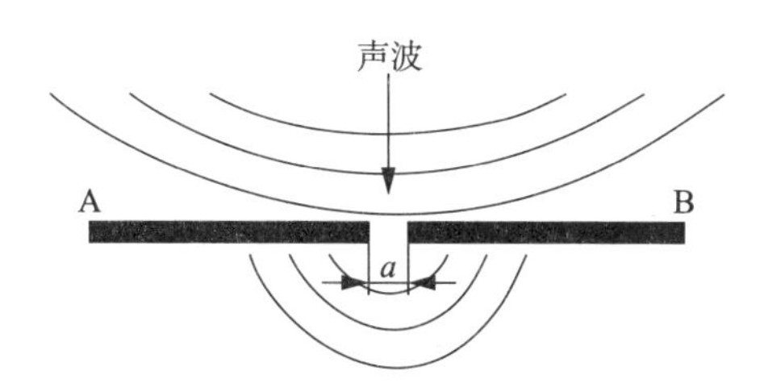

图 3－9 声波遇到有狭缝的障碍物时的波阵面示意图

利用惠更斯原理可以得出声波遇到障碍物时的变化情况。当障碍物的线度尺寸 D 比声波波长 λ 小很多时，声波几乎只有绕射而无反射；当障碍物的线度尺寸 D 比声波波长 λ 大很多时，声波几乎只有反射而无绕射；当障碍物的线度尺寸 D 与声波波长 λ 相当时，声波既有反射又有绕射。两种尺度波长的声波衍射示意图见图 3－10。

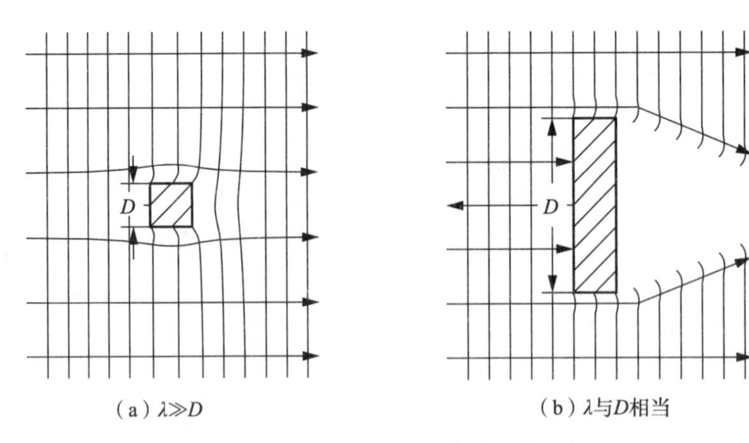

图 3—10　两种尺度波长的声波衍射示意图

3.1.6　声波传播速度

1) 介质中的声速

声波传播速度的定义为：在单位时间内声波传播的距离，可用下式表达：

$$c=\frac{L}{t} \tag{3-7}$$

式中：

c——声波传播速度；

L——传播距离；

t——传播时间。

声波的传播速度与波长、频率的关系为

$$c=\lambda f \tag{3-8}$$

式中：

λ——声波的波长；

f——声波的频率。

声波能在液体、气体和固体中传播，但其传播速度各不相同。声波在液体中的传播速度约为 1 500mm/s，在气体中传播速度约为 350mm/s，在固体中传播速度则随不同材料及波形而有显著不同。

由于液体和气体只能承受压应力，不能承受剪切应力，因此液体和气体介质中只能传播纵波，不能传播横波和瑞利波。液体和气体中的纵波的传播速度 c 可用下式表达：

$$c=\sqrt{\frac{B}{\rho}} \tag{3-9}$$

式中：

B——液体、气体介质的体积弹性模量；

ρ——液体、气体介质的密度。

从式(3—9)可知，在液体和气体介质中，体积弹性模量 B 越大，密度 ρ 越小，则声速 c 越大；反之，c 越小。

无限固体介质可以传播纵波和横波,纵波声速 c_L 和横波声速 c_T 可由下式表达:

$$c_L=\sqrt{\frac{\gamma+2\mu}{\rho}}=\sqrt{\frac{1-\sigma}{(1+\sigma)(1-2\sigma)}\cdot\frac{E}{\rho}} \tag{3-10}$$

$$c_T=\sqrt{\frac{\mu}{\rho}}=\sqrt{\frac{E}{2\rho(1+\sigma)}} \tag{3-11}$$

式中:

γ ——拉梅第一常数;

μ ——拉梅第二常数;

E——杨氏模量;

σ——泊松比。

表 3—1、表 3—2 和表 3—3 分别为常见气体、液体、固体物质的声物理参数。表中: c_L 和 c_T 分别为无限固体介质中纵波声速和横波声速,c_P 为板中纵波声速,c_B 为棒中纵波声速。(高分子材料的声速与频率有关,因此表中的声速值都是在频率为 1MHz 条件下的测量值)

表 3—1　常见气体物质的声物理参数

气体	化学式	温度 t ℃	密度 ρ kg/m³	声速 c m/s	dc/dt m/(s·℃)
空气	—	0	$0.129\,3\times10^{-3}$	331.45	0.61
氧气	O_2	20	—	326.5	—
水蒸气	H_2O	27	—	432	—

表 3—2　常见液体物质的声物理参数

液体	化学式	温度 t ℃	密度 ρ 10^3kg/m³	声速 c m/s	dc/dt m/(s·℃)	特性阻抗 ρc 10^6kg/m²·s
水	H_2O	20	0.998 2	1 483	−3.08	1.480
甘油	$C_3H_5(OH)_3$	20	1.261 3	1 923	1.83	2.425
乙醇	C_2H_5OH	20	0.789 3	1 168	3.50	0.921 9

表 3—3　常见固体物质的声物理参数

固体	密度 ρ 10^3kg/m³	声速/(m/s)				特性阻抗 ρc_L 10^7kg/m²·s
		c_B	c_P	c_L	c_T	
铁(Fe)	7.7	5 180	5 390	5 850	3 230	4.5
45 号钢	7.8	5 000	—	—	—	3.9
铝(Al)	2.7	5 040	5 360	6 260	3 080	1.69
铝镁合金	2.65	5 200	—	—	—	1.37
铜(Cu)	8.9	3 710	3 960	4 700	2 260	4.18
黄铜	8.1	3 300	3 460	3 830	2 050	3.10
聚苯乙烯	1.05	—	—	2 720	1 460	—
聚乙烯	0.92	—	—	1 900	—	0.174

2）液体中声速与温度关系

液体介质中声波的声速与介质温度有关。除水外的大多液体介质，当温度升高时，体积弹性模量就会减小，声速就会降低。而水介质则相反，当温度在74℃左右时声速达最大值，当温度低于74℃时，声速随温度升高而增加；当温度高于74℃时，声速随温度升高而降低。水介质中声速与温度的关系有以下经验公式：

$$c=1\ 557-0.024\ (74-t)^2 \tag{3-12}$$

不同水温时声波在水中的实测传播速度见表3—4。

表3—4　不同水温时声波在水中的实测传播速度

温度/℃	10	20	25	30	40	50	60	70	80
声速/(m/s)	1 448	1 483	1 497	1 510	1 530	1 544	1 552	1 555	1 554

3.2　声波衰减特性

3.2.1　声衰减原因

声波在介质中传播时，其强度会随传播距离的增加而逐渐减弱，这种现象称为声衰减。按照声衰减发生机理的不同，可以将声衰减分为：吸收衰减、散射衰减和扩散衰减。

前两种声衰减仅取决于介质特性，而最后一种衰减是由发射声源自身特性引起的。

通常，在讨论声波与介质特性的相互关系时，仅考虑吸收衰减和散射衰减即可，而在估计声波传播损耗时，则必须同时考虑上述三种衰减的综合影响。

3.2.2　声衰减分析

声的吸收衰减和散射衰减都遵循指数衰减规律。对沿z轴方向传播的平面波来说，由于不需要考虑扩散衰减的因素，其声压随传播距离Z的变化可用下式表达：

$$p=p_0 e^{-aZ} \tag{3-13}$$

式中：

p——声压；

p_0——初始声压；

a——衰减系数；

Z——传播距离。

衰减系数a是由吸收衰减系数a_X和散射衰减系数a_S组成的，见下式：

$$a=a_X+a_S \tag{3-14}$$

1）吸收衰减

声波在均匀介质中传播时，由振动引起的弹性摩擦会将其一部分声能量转变为其他形式的能量。声吸收的原因比较复杂，它涉及介质的黏滞性、热传导及各种弛豫过程。

黏滞吸收是指声波在介质中传播时，由于黏滞性导致介质中的质点运动时相互产生弹性摩擦，使一部分声能转化成热能的吸收。

热传导吸收是指声能转化成热能后，通过传导使热量散失的吸收。

弛豫吸收是指通过介质传导将一部分热能辐射出去而使声能减少的吸收。

介质对声波的总的吸收衰减系数 a_X 可表达为

$$a_X=\frac{\omega^2}{2c^3}\left(\frac{4}{3}\times\frac{\mu}{\rho}+\frac{\gamma-1}{\lambda}-\frac{\kappa}{\rho c_V}\right) \tag{3-15}$$

式中：

μ——黏滞系数；

κ——热传导系数；

γ——比热比（即定压比热 c_P 和定容比热 c_V 之比）；

c_V——定容比热；

ω——角频率（$\omega=2\pi f$）；

ρ——介质密度；

c——声速。

由式(3－15)可知，在 20℃时，声波在空气和水中传播时的吸收衰减系数分别为

$$a_{X(空气)}\approx 1.32\times 10^{-11}f^2$$

$$a_{X(水)}\approx 8\times 10^{-15}f^2$$

可以定义超声波幅值衰减到 1/e(e 为自然对数的底)时的传播距离为 $Z(Z=1/a_X)$，则超声波在空气和水中的衰减传播距离分别为

$$Z_{(空气)}\approx\frac{10^{11}}{1.32f^2}$$

$$Z_{(水)}\approx\frac{10^{15}}{8f^2}$$

表 3－5 是超声波在空气和水中传输衰减对照表，它是根据改变上式中的 f 求取 Z 值所得到的结果。从表 3－5 中可见，在空气中，声波衰减随频率的增加而急剧增加，因此高频超声波不适合在空气中传播；如果降低工作频率，气体中超声波的衰减可以降低，但超声换能器的指向性却会劣化。同样可见，在相同工作频率下，水中超声波的衰减要远低于气体中的衰减。因此，在气体中传播的超声波频率通常应选择 50kHz～300kHz，而在液体中传播的超声波频率则选用 1MHz～5MHz 较为合适。

表 3－5 超声波在空气和水中传输衰减对照表

频率/kHz	超声波幅值衰减到 1/e 时的传播距离 Z/km	
	空气(20℃)	水(20℃)
20	1.89×10^{-1}	3.13×10^{2}
100	7.58×10^{-3}	1.25×10
1 000	7.58×10^{-5}	1.25×10^{-1}
10 000	7.58×10^{-7}	1.25×10^{-3}

2）散射衰减

声波在介质中传播时，因碰到由另一种介质组成的障碍物而向不同方向散射，从而导致声波减弱的现象，称为散射衰减。散射衰减既与介质的性质、状况有关，也与障碍物的性质、形状、尺寸及数目等有关。这里讨论的散射衰减主要指从宏观上估算因介质中许多微小颗粒散射体的存在而引起声波的散射衰减。

当这些微小颗粒散射体的尺寸远小于声波波长时，可以近似把它们当作半径为 r 的刚性小球，且 $r \leqslant \lambda$，即 $kr \leqslant 1$（k 为波数，与频率 f 成正比）。理论计算表明，当流体中存在这种刚性小球时，其声压的散射衰减系数为

$$a_S = \frac{25}{36} k^4 r^6 n_0 \qquad (3-16)$$

式中：

n_0——单位体积的介质中含有刚性小球的个数。

式(3－16)表明，当 $kr \leqslant 1$ 时，刚性小球的声压散射衰减系数 a_S 在半径 r 一定时，与频率 f 的 4 次方成正比；而频率一定时，与半径 r 的 6 次方成正比。

3）扩散衰减

扩散衰减主要考虑声波在传播过程中因波阵面的面积扩大而导致的声压减弱，因此这类衰减仅仅取决于声源辐射的波形及声束状况，与介质的性质无关。

这类衰减，总的声能并未发生变化。若声源辐射是球面波，因其波阵面是随半径的平方 R^2 增大，故其声压随 R^{-2} 规律减弱；同理，柱面波其声压随 R^{-1} 规律衰减。这种因波形导致的扩散衰减，因不符合指数衰减规律，故不能纳入衰减系数之中，需要单独计算。

常用的超声换能器，一般发射有限宽度的声束，对扩散衰减的估算应按其指向图进行。

3.3 超声声场表征

所谓超声声场，指充满超声波或超声振动的介质空间。超声声场具有一定的大小和形状。描述超声声场的特征值主要有声压、声阻抗和声强。

3.3.1 声压

垂直作用于单位面积上的压力称为压强。静止介质不受外力作用时，介质所具有的压强称为静态压强。当超声波在介质中传播时，由于介质质点的振动，介质中压强发生交替变化，此时超声声场中的某一点在某一瞬时所具有的压强 p_1 与没有超声波存在时同一点上的静态压强 p_0 之差，称为该点的声压[见式(3－17)]，用 p 表示，单位为 Pa(帕)。

$$p = p_1 - p_0 \tag{3-17}$$

对于超声平面余弦波，有以下声压表达式：

$$p = \rho c A\omega \sin\omega\left(t - \frac{x}{c}\right) = p_m \sin\omega\left(t - \frac{x}{c}\right) \tag{3-18}$$

式中：

A——质点振幅；

ω——质点振动的角频率；

t——时间；

x——至声源的距离；

p_m——声压幅值；

$A\omega$——质点振动速度幅值（$A\omega = V$）。

由式(3—18)可知：

(1) 超声声场中某一点的声压随时间按正弦函数规律作周期性变化；

(2) 超声声场中某一点的声压幅值 p_m 与该点处质点的振幅 A 和角频率 ω 成正比（因为 $\omega = 2\pi f$，所以 p_m 也与频率 f 成正比）。

3.3.2　声阻抗

声阻抗 Z 由下式表达：

$$Z = \rho c = \frac{p_m}{V} \tag{3-19}$$

由式(3—19)可知，在同一声压幅值下，声阻抗 Z 越大，质点的振动速度幅值 V 就越小。声阻抗描述了超声声场中介质对质点振动的阻碍作用。

声阻抗在数值上等于介质的密度与介质中声速的乘积，物理单位为 Pa·s/m。不同介质具有不同的声阻抗，声阻抗也是衡量介质声学特性的重要参数。超声波在界面上的反射率和透射率与界面两侧介质的声阻抗有密切关系。由于固体、液体和气体三者的波速 c 和密度 ρ 相差很大，因此它们的声阻抗也有很大差别。

3.3.3　声强

单位时间内垂直通过单位面积的声能称为声强，常用 I 表示，物理单位为 W/cm^2。当超声波传播到介质中某处时，该处原来静止不动的质点开始振动，因而具有动能；同时，该点处的介质产生弹性变形，因而也具有弹性位能，其总能量为二者之和。

对于超声平面余弦波，其平均声强 I 为

$$I = \frac{1}{2}\rho c A^2 \omega^2 = \frac{1}{2} Z V^2 = \frac{p_m^2}{2Z} \tag{3-20}$$

由式(3—20)可知，超声声场中，声强与声压幅值的平方成正比，与频率的平方成正比。由于超声波的频率很高，故超声波的声强值也很大。

3.3.4 级与分贝

声学中,许多声学量常用其比值的对数来表示。用比值的对数来表示这些量,是由于这些量的变化范围大,往往可以达到十几个数量级,因此使用对数标度要比绝对标度方便;另外,对可闻声波频段而言,人耳听觉对这些声学量的响应并不是与这些量成线性关系,而是符合对数关系。

1) 声强级 L_I

声强级定义为某声强 I 与基准声强 I_0 的比值,并取以 10 为底的对数,用式(3—21)表达。1B 为 $\lg(I/I_0)=1$ 时的声强级,1dB=0.1B。

$$L_I=\lg\frac{I}{I_0} \tag{3—21}$$

式(3—21)中,$I_0=10^{-12}\,\mathrm{W/m^2}$(此值相当于正常人耳对于 1kHz 声音刚刚能觉察其存在的声强值,也就是 1kHz 声音的可闻阈声强)。

2) 声压级 L_p

声压级定义为某声压 p 与基准声压 p_0 的比值,并取以 10 为底的对数再乘 2,用式(3—22)表达。1B 为 $2\lg(p/p_0)=1$ 时的声压级,1dB=0.1B。

$$L_p=2\lg\frac{p}{p_0} \tag{3—22}$$

式(3—22)中,p_0 有两个取值:空气中,$p_0=2\times10^{-5}\,\mathrm{Pa}$,此值是与基准声强 I_0 相对应的声压,即 1kHz 声音的可闻阈声压;水中,$p_0=1\times10^{-6}\,\mathrm{Pa}$。

3.4 超声发射特性

超声发射场就是超声能量分布的空间,即超声换能器发射的超声波能够到达的区域。超声发射特性包括超声波到达区域的声压分布和波束的扩散性。

下列研究以圆薄片厚度振动模式产生纵波的超声换能器为对象,进行超声声压与扩散性的分析。

3.4.1 声源轴线上的声压分布

任何形状和大小的超声换能器,其有效振源表面均可看成是由许多小面积的声源组成的,每一个小面积的声源都可以看成一个简单的超声换能器。

在液体介质中,由圆薄片超声换能器某一点声源 $\mathrm{d}S$ 辐射的球面波,如不考虑在介质中的传播衰减,其在声源轴线上 Q 点引起的声压 p 可表达为

$$p=\frac{p_0\mathrm{d}S}{\lambda r}\sin(\omega t-kr) \tag{3—23}$$

式中:

p_0——声源的起始声压；
dS——点声源的面积；
λ——声波波长；
r——点声源至 Q 点的距离；
k——波数($k=\omega/c=2\pi/\lambda$)；
t——声波传播至 Q 点的时间。

图 3－11 是圆薄片超声换能器轴向辐射示意图。

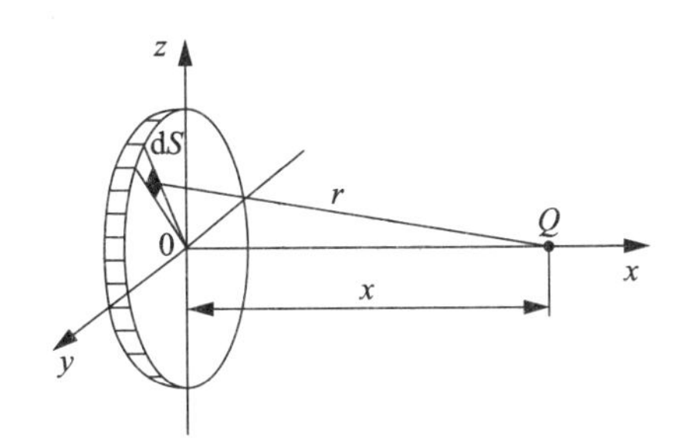

图 3－11　圆薄片超声换能器轴向辐射示意图

根据波的叠加原理，做厚度振动的圆薄片声源上的各点声源在轴线上 Q 点引起的声压是可以线性叠加的，所以对整个点声源面积 dS 进行积分就可得到声源轴线上任意点的声压值 p，见式(3－24)。

$$p=\iint_S \mathrm{d}p=\left\{2p_0\sin\left[\frac{\pi}{\lambda}(\sqrt{R^2+x^2}-x)\right]\right\}\sin(\omega t-kx) \tag{3－24}$$

则其声压幅值 p_m 为

$$p_m=2p_0\sin\left[\frac{\pi}{\lambda}(\sqrt{R^2+x^2}-x)\right] \tag{3－25}$$

式中：
R——声源(即圆薄片)半径；
x——轴线上点声源至 Q 点的距离。

当 $\frac{x}{R}>2$ 时，由级数展开有

$$p_m=2p_0\sin\left(\frac{\pi}{2}\frac{R^2}{\lambda x}\right) \tag{3－26}$$

又当 $x\geqslant\frac{3R^2}{\lambda}$(即 $\frac{\pi R^2}{2\lambda x}\leqslant\frac{\pi}{6}$)时，$\sin\left(\frac{\pi}{2}\frac{R^2}{\lambda x}\right)\approx\frac{\pi}{2}\frac{R^2}{\lambda x}$。

所以，声压幅值可简化为

$$p_m\approx\frac{p_0\pi R^2}{\lambda x}=\frac{p_0 S}{\lambda x} \tag{3－27}$$

式中：
S——声源(即圆薄片)的面积。

由式(3－27)可知,声压幅值 p_{m} 与距离 x 成反比,即当 x 足够大时($x \geqslant \frac{3R^2}{\lambda}$),圆薄片声源轴线上的声压随距离的增加而衰减,见图 3－12。式(3－25)的声压幅值也可用图 3－12(b)来描述。

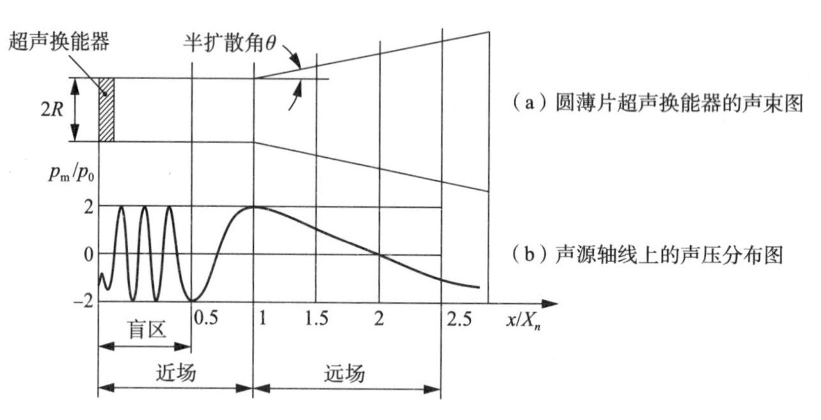

图 3－12　圆薄片超声换能器的声束和声源轴线上的声压分布图

从图 3－12 可以看出:

(1)在 $x < X_n$ 范围内,存在若干个极大值和极小值,极大值为 2,极小值为－2。这是因为在靠近声源处,由声源表面上各点辐射至轴线上某一点的声波因波程差(相位差)引起相互干涉造成的。

(2)声源轴线上出现最后一个极大值的位置为

$$X_n = \frac{4R^2 - \lambda^2}{4\lambda} \tag{3-28}$$

如果 $R^2 \geqslant \lambda$,式(3－28)可简化为

$$X_n = \frac{R^2}{\lambda} \tag{3-29}$$

声源轴线上最后一个极大值位置 X_n(即 $x / X_n = 1$)常被作为近场向远场过渡的起始点,自 X_n 点起,声束开始扩散,半扩散角 θ 为

$$\theta = \arcsin\left(1.22\frac{\lambda}{D}\right) \tag{3-30}$$

式中:

D——圆薄片的直径($D = 2R$)。

3.4.2　声源波束的扩散性

超声波源辐射的超声波是以特定的角度向外扩散出去的,但并不是从声源开始扩散的,而是在声源附近存在一个未扩散区。图 3－13 是圆薄片超声换能器辐射声源波束扩散示意图。

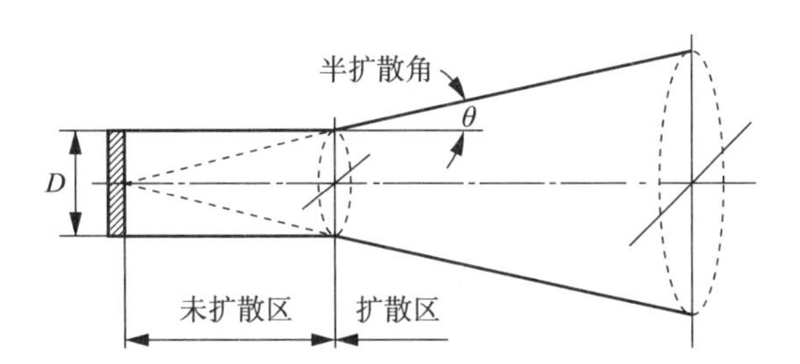

图 3—13 圆薄片超声换能器辐射声源波束扩散示意图

由式(3—30)和图 3—13 可知，有

$$\sin\theta = 1.22\frac{\lambda}{D} = \frac{D/2}{\sqrt{b^2+(D/2)^2}} \tag{3—31}$$

所以，未扩散区的距离 b 可由下式得到：

$$b \approx \frac{D^2}{2.44\lambda} \tag{3—32}$$

在波束未扩散区，声束未扩散，不存在扩散衰减，各截面平均声压基本相同。距声源距离大于 b 的区域称为扩散区，在扩散区内波束扩散，存在扩散衰减。因此，超声换能器的频率 f 越高(即波长 λ 越短)，圆薄片的直径 D 越大，则超声声束的指向性就越好，其辐射的声能量就越集中。

图 3—14 是采用某种匹配材料超声换能器的发射指向图(图中极坐标辐射分隔为 10dB，超声换能器工作频率为 162kHz，圆薄片的直径为 20mm)。

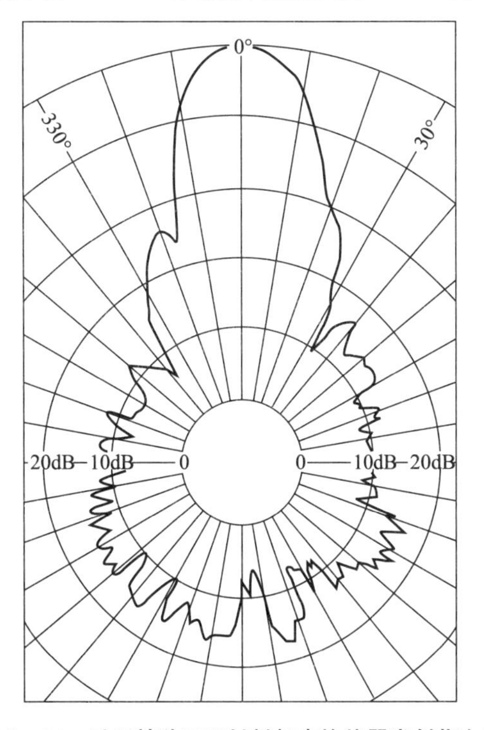

图 3—14 采用某种匹配材料超声换能器发射指向图

3.5 超声波的反射、透射和折射

3.5.1 超声波垂直入射到界面

当超声波垂直入射到足够大的光滑平面界面时，将在第一种介质中产生一个与入射波方向相反的反射波，并在第二种介质中产生一个与入射波方向相同的透射波，见图 3－15。声能（声压、声强）在界面上的分配和传播方向的变化都将遵循一定的规律。

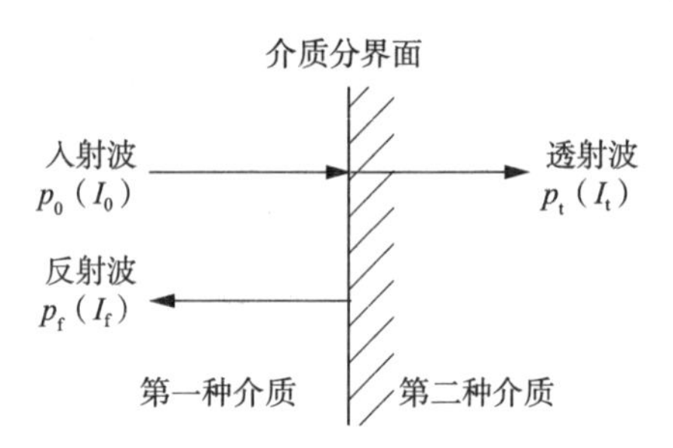

图 3－15 超声波垂直入射界面示意图

1. 平面界面的反射与透射

设超声入射波的声压为 p_0（声强为 I_0），反射波的声压为 p_f（声强为 I_f），透射波的声压为 p_t（声强为 I_t）。界面上，反射波的声压 p_f 与入射波的声压 p_0 之比，称为声压反射率，用 r 表示，即

$$r=\frac{p_f}{p_0} \tag{3－33}$$

界面上，透射波的声压 p_t 与入射波的声压 p_0 之比，称为声压透射率，用 t 表示，即

$$t=\frac{p_t}{p_0} \tag{3－34}$$

在界面两侧的声波，必须符合下列两个条件：

（1）界面两侧的总声压相等，即

$$p_0-p_f=p_t \tag{3－35}$$

（2）界面两侧的质点振动速度幅值相等，即

$$\frac{p_0-p_f}{Z_1}=\frac{p_t}{Z_2} \tag{3－36}$$

根据上述声波在界面两侧的条件和声压反射率与声压透射率定义，可以推导出声压反射率和声压透射率的阻抗表达式分别为

$$r=\frac{Z_2-Z_1}{Z_2+Z_1} \tag{3－37}$$

$$t=\frac{2Z_2}{Z_2+Z_1} \tag{3-38}$$

式中：

Z_1——第一种介质的声阻抗；

Z_2——第二种介质的声阻抗。

同理，也可推导出声强反射率 R 和声强透射率 T 的阻抗表达式分别为

$$R=\left(\frac{Z_2-Z_1}{Z_2+Z_1}\right)^2 \tag{3-39}$$

$$T=\frac{4Z_1Z_2}{(Z_2+Z_1)^2} \tag{3-40}$$

声压、声强的反射率与透射率之间的关系为

$$T+R=1 \tag{3-41}$$

$$t-r=1 \tag{3-42}$$

以上分析表明，在理想情况下超声波垂直入射到平面界面上时，声压与声强的分配比例仅与界面两侧介质的声阻抗有关。以下将讨论常见界面上超声波的反射和透射情况。

(1) 当 $Z_2>Z_1$ 时，$r=\frac{p_f}{p_0}=\frac{Z_2-Z_1}{Z_2+Z_1}>0$，即反射声压 p_f 与入射声压 p_0 同相位，界面上反射波与入射波叠加类似于驻波，合成声压幅值增大为 p_0+p_f，例如超声波平面波垂直入射到水-钢界面时的情形。

(2) 当 $Z_2<Z_1$ 时，$r=\frac{p_f}{p_0}=\frac{Z_2-Z_1}{Z_2+Z_1}<0$，即反射声压 p_f 与入射声压 p_0 相位相反，反射波和入射波的合成声压幅值减小，例如超声波平面波垂直入射到钢-水界面时的情形。

(3) 当 $Z_1\gg Z_2$ 时，声压反射率趋于-1，透射率趋于 0，即声压几乎完全反射而无透射，只是反射波与入射波声压有 180°的相位变化，例如超声换能器与被测介质（钢）之间有空气层隔离，则超声波将无法进入被测介质。

(4) 当 $Z_2\approx Z_1$ 时，即界面两侧介质的声阻抗近似相等时，$r=\frac{p_f}{p_0}=\frac{Z_2-Z_1}{Z_2+Z_1}\approx 0$，$t\approx 1$，超声波垂直入射到两种声阻抗相近介质组成的界面时，几乎发生全透射而无反射。

2. 薄层界面的反射与透射

超声检测时，经常会加入起耦合作用的异质薄层，这可以归结为超声波在薄层界面的反射与透射问题。超声波由声阻抗为 Z_1 的第一种介质入射到 Z_1 和 Z_2 之间的界面，然后通过声阻抗为 Z_2 的第二种介质（即异质薄层），再入射到 Z_2 和 Z_3 之间的界面，最后入射到声阻抗为 Z_3 的第三种介质。

超声波通过一定厚度的异质薄层时，反射和透射情况与单一的平面界面不同。异质薄层厚度很小，进入薄层内的超声波会在薄层两侧界面引起多次反射和透射，形成一系列的反射波和透射波，见图 3—16。

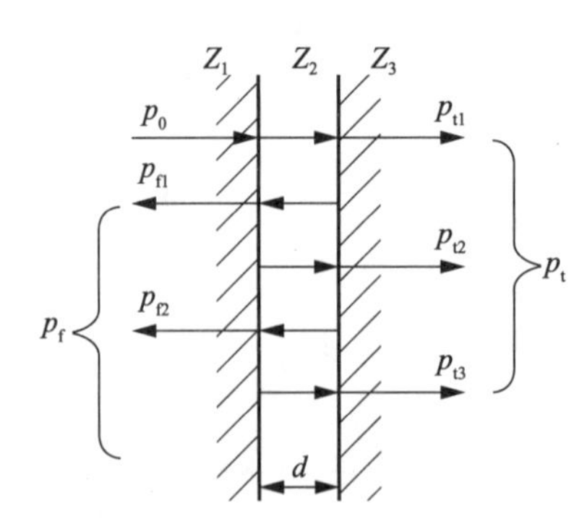

图 3－16　异质薄层中超声波的反射与透射示意图

超声波采用脉冲方式工作时，当脉冲宽度相对于异质薄层厚度 d 较窄时，薄层两侧的各次反射波、透射波互不干涉；当脉冲宽度相对于异质薄层厚度 d 较宽时，薄层两侧的各次反射波、透射波就会相互产生干涉。

3.5.2　超声波倾斜入射到界面

1. 反射与折射定律

超声波在介质中的传播方向，通常用声波传播方向与界面的法线夹角来描述，纵波倾斜入射到固-固界面示意图见图 3－17。入射波方向与界面法线的夹角称为入射角，常用 α 来表示；反射波方向与界面法线的夹角称为反射角，常用 γ 表示；折射波方向与界面法线的夹角称为折射角，常用 β 表示。L 为纵波入射波线，L′为纵波反射波线，S′为横波反射波线，L″为纵波折射波线，S″为横波折射波线。

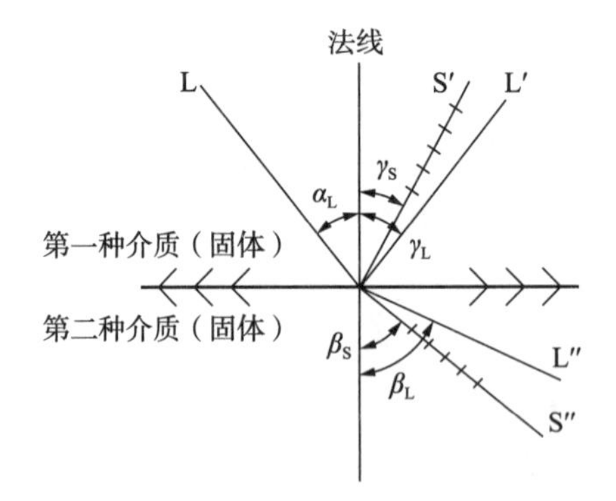

图 3－17　纵波倾斜入射到固-固界面示意图

超声波倾斜入射到异质界面时，反射波和折射波的传播方向由反射、折射定律[又称斯涅尔折射定律(Snell 定律)]来确定，即

$$\frac{\sin\alpha_L}{c_{L1}}=\frac{\sin\gamma_L}{c_{L1}}=\frac{\sin\gamma_S}{c_{S1}}=\frac{\sin\beta_L}{c_{L2}}=\frac{\sin\beta_S}{c_{S2}}=k \tag{3-43}$$

式中：

α_L——纵波入射角；

γ_L——纵波反射角；

γ_S——横波反射角；

β_L——纵波折射角；

β_S——横波折射角；

c_{L1}——第一种介质中的纵波声速；

c_{S1}——第一种介质中的横波声速；

c_{L2}——第二种介质中的纵波声速；

c_{S2}——第二种介质中的横波声速。

从图 3－17 和式(3－43)可得出反射、折射定律的特性：

(1) 反射、折射波线与入射波线分别在法线两侧；

(2) 任何一种反射波或折射波所对应角度的正弦与相应的声速之比恒等于一个固定值；

(3) 声速相同，则对应的角度相等，因此同种波形的反射角与入射角相等。如 $c_{L1}=c_{L2}$，则 $\alpha_L=\gamma_L$；声速越大，正弦值大，对应的角度大。因此，纵波反射角大于横波反射角，纵波折射角大于横波折射角。如果 $c_{L2}>c_{S2}>c_{L1}$，则 $\beta_L>\beta_S>\alpha_L$。

2. 临界角

超声波纵波倾斜入射到界面上，若第二种介质中的纵波声速 c_{L2} 大于第一种介质中的纵波声速 c_{L1}，则纵波折射角 β_L 大于纵波入射角 α_L。随着 α_L 的增加，β_L 也增加，当 α_L 增加到一定程度时 $\beta_L=90°$。这时所对应的纵波入射角称为第一临界角 α_1，见图 3－18。

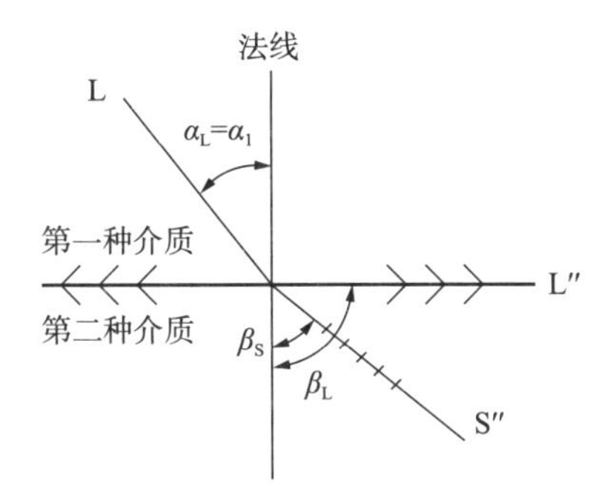

图 3－18　第一临界角示意图

根据反射定律可得

$$\frac{\sin\alpha_L}{c_{L1}}=\frac{\sin\beta_L}{c_{L2}} \tag{3-44}$$

得第一临界角：

$$\alpha_1=\arcsin\frac{c_{L1}}{c_{L2}} \tag{3-45}$$

当 $\alpha_L=\alpha_1$ 时，第二种介质中无折射纵波，但仍存在折射横波。只有当第二种介质中的纵波声速 c_{L2} 大于第一种介质中的纵波声速 c_{L1} 时，才会出现第一临界角 α_1。

同理,可求得 $\beta_S=90°$时所对应的纵波入射角,或称为第二临界角 α_{11},即

$$\alpha_{11}=\arcsin\frac{c_{L1}}{c_{S2}} \tag{3-46}$$

当 $\alpha_L=\alpha_{11}$时,第二种介质中既无折射横波,又无折射纵波,这时在介质表面产生瑞利波。只有当第二种介质中的横波声速 c_{S2}大于第一介质中的纵波声速 c_{L1}时才会出现第二临界角 α_{11}。

3. 反射率与透射率

反射、折射定律只讨论了超声波倾斜入射到界面上时各种类型发射波和折射波的传播方向,而波的反射率和透射率不仅与界面两侧的声阻抗有关,还与入射波的类型及入射角的大小有关。

超声波纵波倾斜入射到由声阻抗为 Z_1 和 Z_2 两种介质的界面上时,声压反射率为

$$r=\frac{p_f}{p_0}=\frac{Z_2\cos\alpha_L-Z_1\cos\beta_L}{Z_2\cos\alpha_L+Z_1\cos\beta_L} \tag{3-47}$$

声压透射率为

$$t=\frac{p_t}{p_0}=\frac{2Z_2\cos\alpha_L}{Z_2\cos\alpha_L+Z_1\cos\beta_L} \tag{3-48}$$

声强反射率为

$$R=\frac{I_f}{I_0}=\left(\frac{Z_2\cos\alpha_L-Z_1\cos\beta_L}{Z_2\cos\alpha_L+Z_1\cos\beta_L}\right)^2 \tag{3-49}$$

声强透射率为

$$T=\frac{I_t}{I_0}=\frac{4Z_1Z_2\cos\alpha_L\cos\beta_L}{(Z_2\cos\alpha_L+Z_1\cos\beta_L)^2} \tag{3-50}$$

此时,仍有 $R+T=1$,$t-r=1$。必须注意的是,界面声阻抗差值越大,反射波幅度也越大。

第四章 超声水表

用于封闭满管道测量的超声水表是当前技术成熟度相对较高，并已逐步开始应用于供排水企业的水计量与贸易结算服务的一种新型电子水表，它的技术主要来源于采用渡越时间(transit-time)法的超声流量计。

超声流量计发明于1928年，至今已有90多年的发展历史。20世纪70年代，随着集成电路和锁相环技术的普遍应用，超声流量计的测量准确度、稳定性和长期使用可靠性等技术指标有了显著的提高。尤其是近十多年来，精密计时芯片、高性能嵌入式系统和压电式超声换能器等技术的成熟，使超声流量计的综合性能有了质的提升，使其能够和电磁流量计、涡轮流量计等产品那样可以基本满足工农业用水过程的测量与控制、流体(液体与气体)计量与结算等的要求。超声流量计技术的发展和逐步成熟，也为超声水表的研究、发展和应用奠定了扎实的技术基础，开创了良好的发展前景。

绝大多数超声水表在封闭满管道的工况条件下使用，但在农业灌溉用水等场合，供水往往通过明渠方式进行，超声水表需要在开放式明渠管道条件下使用。因此，从使用条件分类，超声水表可以分为封闭满管道使用的超声水表和明渠开放管道使用的超声水表两种。为了保证封闭满管道内复杂流场条件下水计量的准确，超声水表可以在单一声道基础上增加若干路测量声道，分别探测管道内不同横截面的流速，以提高超声水表的测量准确性。由此，以测量声道数分类，超声水表可以分为单声道超声水表和多声道超声水表，而多声道超声水表根据测量声道数的不同，可以分为双声道、三声道，甚至更多声道的超声水表。

随着ISO 4064-1～4064-3:2005《封闭满管道中水流量的测量　饮用冷水水表和热水水表》(Measurement of water flow in fully charged closed conduits—Meters for cold potable water and hot water)的发布，应用于封闭满管道的主流电子水表终于有了“自己”的产品标准，超声水表产品的设计、制造、验收和使用从此有了较为系统的技术要求和依据。该标准的发布与实施，使超声水表的制造与使用步入了快车道。为了打造出性能更加稳定可靠的超声水表，一些水表制造商还同时参考了JJG 1030—2007《超声流量计》、GB/T 35138—2017/ISO 12242:2012《封闭管道中流体流量的测量　渡越时间法液体超声流量计》，以及ISO/TR 12765:1998《封闭管道中流体流量的测量　用渡越时间法超声流量计方法》(Measurement of fluid flow in closed conduits—Methods using transit-time ultrasonic flowmeters)等要求。这些文件使超声水表产品的长期工作稳定性评价、产品设计应遵循的原则、不确定度分析、影响量的补偿等要素有了更为具体的方向和目标。

超声水表与液体超声流量计在工作环境条件、流量测量范围、仪表供电电源、管道流场要求、主要性能指标及显示器安装位置等方面的要求均有显著的不同。但从总体上看，超声水表由于需要在恶劣环境、低功耗运行以及流量测量范围极宽（主要针对小流量测量范围）的条件下工作，因此要求性能优越、工作长期稳定可靠，相比超声流量计来说确实会遇到一些特殊的技术瓶颈和难题，需要进行深入的理论研究与技术攻关。

本章主要介绍用于封闭满管道使用条件、采用渡越时间法的超声水表的工作原理及其相关技术等内容。

4.1 超声水表结构与原理

所谓“渡越时间”，指超声水表中发射换能器发出的超声波信号经过被测水介质的传播（渡越），到达接收换能器的时间。利用超声波的正向渡越与逆向渡越的时间差，或正向波与逆向波的速度差，可以间接测量出封闭满管道中水流体的流速或流量。因此，渡越时间法也被称为“时间差法”或“速度差法”。

4.1.1 超声水表基本结构

超声水表主要由水表测量管、换能器组和信号处理单元等部件所组成。按其测量管道公称通径的不同，可以将 DN≤40mm 的水表称为小口径超声水表，将 DN≥50mm 的水表称为大口径超声水表。超声水表的常用公称通径一般为 DN15～DN500。图 4－1 是大、小口径超声水表外形图。

（a）大口径超声水表外形图

（b）小口径超声水表外形图

图 4－1　大、小口径超声水表外形图

图 4－2 展示的是小口径反射声道的超声水表内部结构图。图 4－2 中的水表测量管内置有插入式测量管组件，组件两端装有一对反射体，并将插入式测量管组件设计成可移动形式，其目的是便于装配和方便对反射体进行日常清洗与维护；一组超声换能器（由超声换能器 1 和超声换能器 2 组成）安装在反射体的正上方；表内的温度传感器主要用于补偿测量管几何尺寸因温度变化而改变给测量结果带来的影响。

超声换能器按照其在超声水表测量管上的安装方式不同，可以分为夹持安装式和插

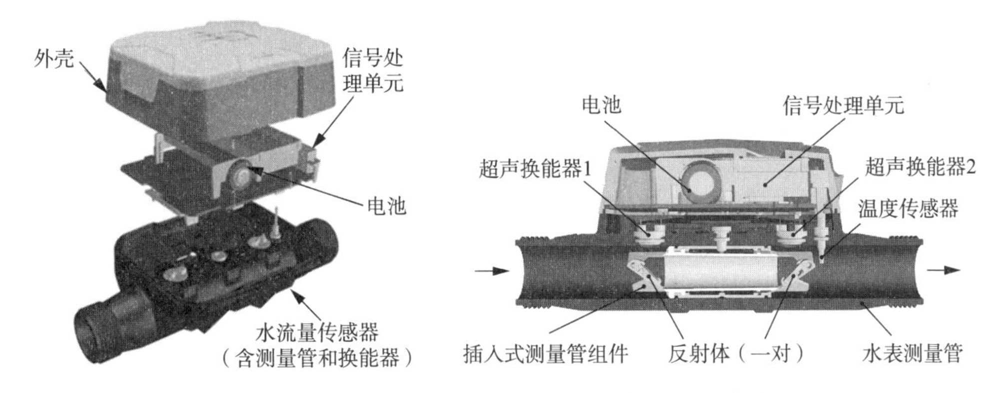

图 4—2　小口径超声水表内部结构示意图(反射声道)

入安装式;按超声波在介质中传播声道的路径不同,超声水表有对射声道和反射声道两种结构,见图 4—3。另外,按超声换能器在超声水表上的设置对数(即超声波测量声道数),又可将超声声道分为单声道设置和多声道设置两种形式。

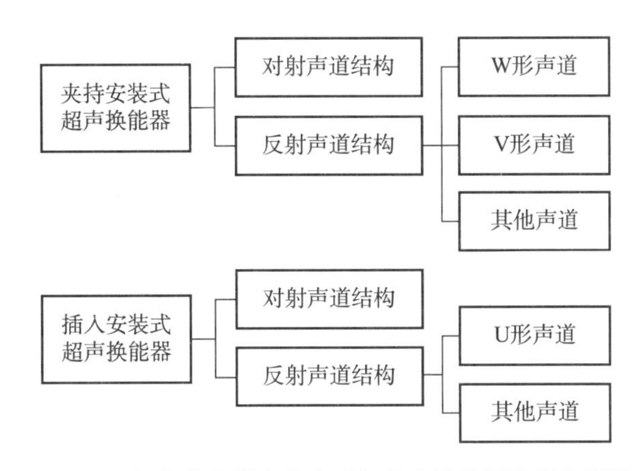

图 4—3　超声换能器安装方式与超声波传播声道分类图

1. 夹持安装式超声换能器

图 4—4 是夹持安装式超声换能器示意图,其声道结构形式分为反射声道结构的 W 形声道和 V 形声道,以及对射声道结构三种。其中,反射声道结构的 W 形声道和 V 形声道的超声换能器安装在测量管的同一母线上,其发射的超声波需要从测量管的内壁进行三次或一次反射后方能到达接收换能器。图 4—5 为夹持安装式超声换能器对射声道结构的超声波传播路径图,α、φ、β 为折射角,θ 为超声波传播路径与测量管道轴线之间的夹角,c 为超声波在静止水中的传播速度。超声波由超声换能器 1 发出,经过声楔 1 和测量管壁进入被测水介质,然后再经过测量管壁和声楔 2 到达超声换能器 2,反之亦然。超声波进入测量管和水介质时,由于不同材料的阻抗不同,因而会发生超声波的折射现象。

采用夹持安装式超声换能器的超声水表可以满足不同口径管道的水流量测量需要,也可用于现场流量比对的场景。这类超声水表,超声换能器与测量管采用各自分离的设计,便于现场灵活使用。因此,采用夹持安装式超声换能器的超声水表出厂时通常不自带测量管,而是直接利用管网中的管道作为测量管使用。图 4—6 是这类超声水表的现场使用图。

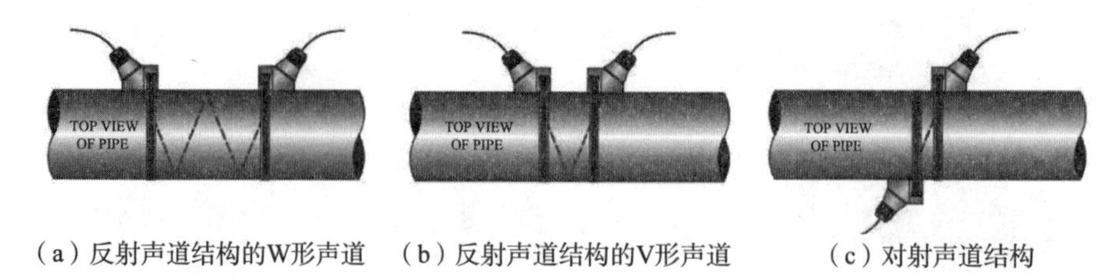

(a) 反射声道结构的W形声道　(b) 反射声道结构的V形声道　(c) 对射声道结构

图 4—4　夹持安装式超声换能器示意图(反射、对射声道)

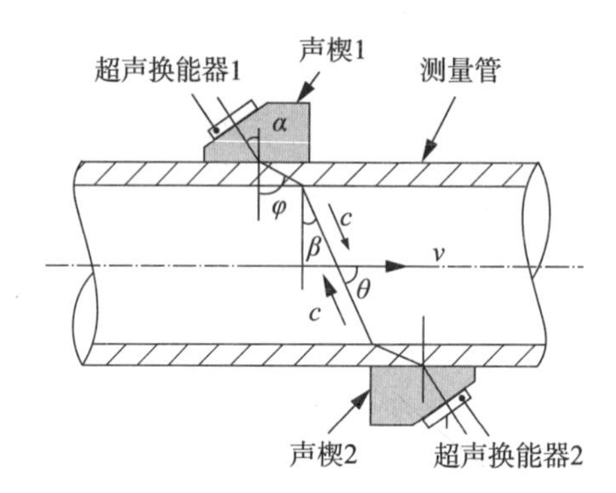

图 4—5　夹持安装式超声换能器的超声波传播路径图(对射声道)

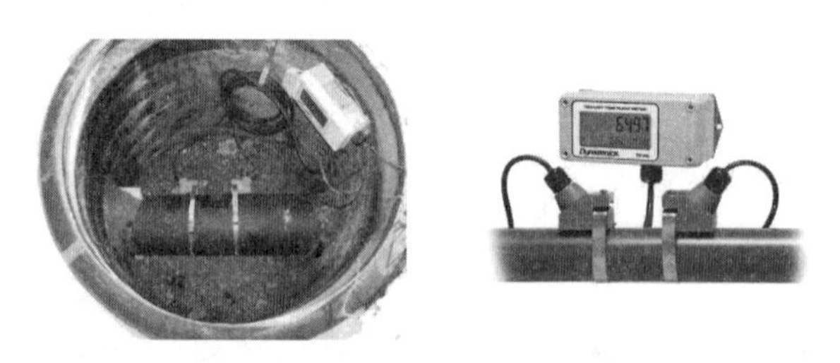

图 4—6　采用夹持安装式超声换能器的超声水表现场使用图

2. 插入安装式超声换能器

多数情况下,超声水表的超声换能器采用插入安装方式。这类产品出厂时,超声水表自带测量管、超声换能器组和信号处理单元,产品设计采用一体化结构,可参见图 4—2 的小口径反射声道内部结构图和图 4—7 的大口径对射声道的内部结构图。

采用插入安装式超声换能器的超声水表,其声道结构形式的设计一般有两种,即对射声道结构和反射声道结构。

1) 对射声道结构

大口径超声水表的传播声道通常设计成对射结构,即两个超声换能器安装在同一条轴线上,超声波沿该轴线传播时除了被测介质外无须经过其他的物体。因此,超声波可以不借助任何反射体就能在两超声换能器之间顺利传播,见图 4—7 所示的大口径超声水表内部结构图和图 4—10 所示的大口径超声水表工作原理图。

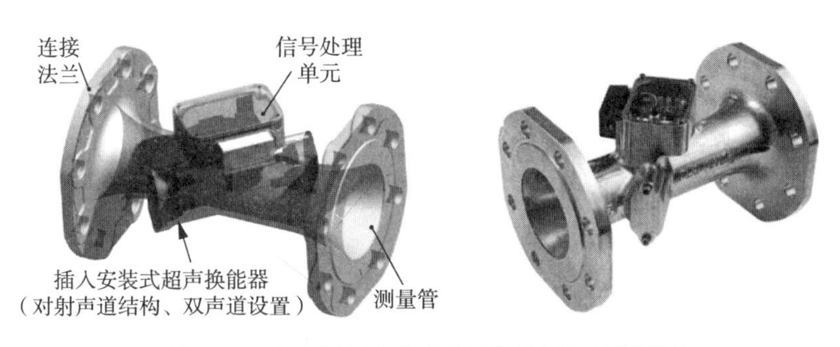

图 4—7　大口径超声水表内部结构图(对射声道)

对射声道结构超声换能器的特点是安装方便，对管道内流场分布干扰影响小，管内压力损失值也非常小，发射换能器发射的超声波可以通过被测介质直接抵达接收换能器。采用插入安装方式的对射声道结构超声换能器，只能安装在较大直径的测量管上。如果测量管直径太小，不但超声换能器不易安装，而且还会导致小流量测量时的时间差值过小，不利于水表流量测量范围的向下扩展。

特殊情况下，小口径超声水表也可以设计成对射声道结构形式，其工作原理图见图 4—8。为了使超声换能器安装方便又能满足小流量测量时的时间差要求，可以将测量管设计成图 4—8 所示的 U 形弯曲结构。采用这种插入安装方式的超声换能器，虽然会导致管道内流速场分布发生畸变，但却可以省去一对反射体，使结构既简单又可靠。

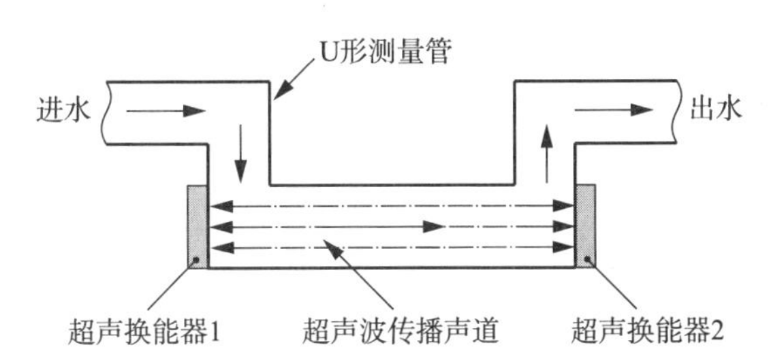

图 4—8　小口径超声水表工作原理图(对射声道)

2）反射声道结构

小口径超声水表因测量管直径较小，因此在多数情况下，其传播声道只能设计成反射声道结构，见图 4—9 所示的内部结构示意图和图 4—11 所示的工作原理图。

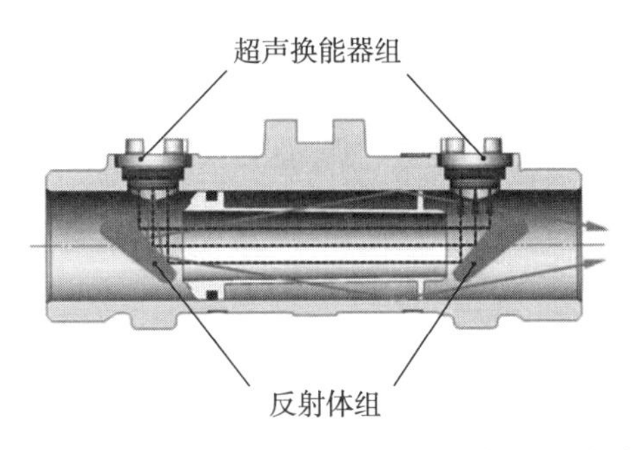

图 4—9　小口径超声水表内部结构示意图(反射声道)

反射声道结构的超声换能器由于必须在管道内安装反射体，因此会导致管道内流速分布发生畸变，同时也会使管内压力损失值增加。当水质较差时，反射体表面会附着杂质（结垢），此时超声波经过反射体表面时，除了发生波的反射外还会出现波的散射现象，严重时超声换能器将接收不到超声波的发射信号，使超声水表不能正常工作。

4.1.2 超声水表工作原理

超声水表的工作原理是根据超声波在测量管道中的正、逆向渡越时间及渡越时间差等对管道内流速和流量进行测量的。

以下就采用插入安装式超声换能器的超声水表的工作原理进行介绍。图 4－10 是采用对射声道结构的大口径超声水表工作原理图，图 4－11 是采用反射声道结构的小口径超声水表工作原理图。

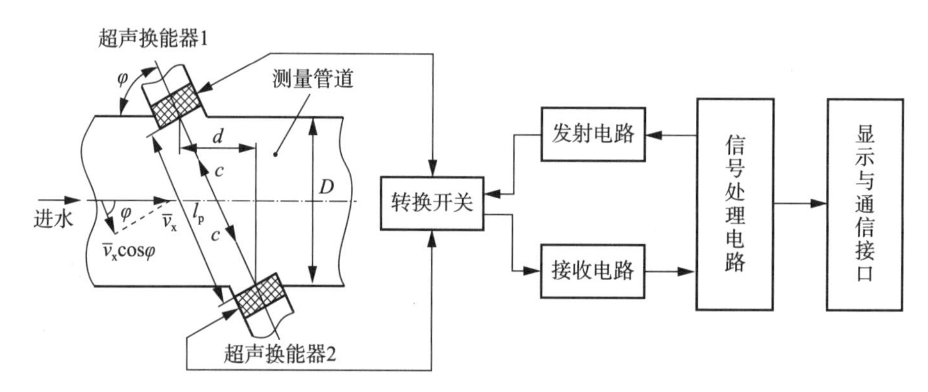

图 4－10 大口径超声水表工作原理图（对射声道）

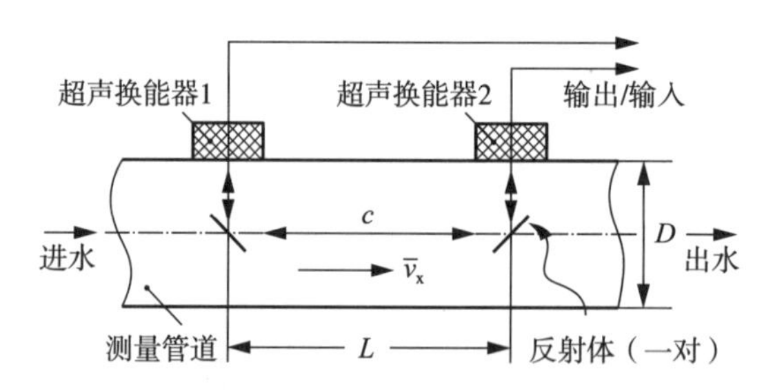

图 4－11 小口径超声水表工作原理图（反射声道）

1. 对射声道结构的超声水表

当采用对射声道结构的超声水表进行流量测量时，其测量管道内的正、逆向渡越时间，渡越时间差，线平均流速，瞬时流量及累积流量的计算见式（4－1）～式（4－7），这种数据处理方法通常称为“时间差法”。

将超声换能器 1 发出的超声波传播至超声换能器 2 的时间定义为 t_{1-2}，称为正向渡越时间；同理，将超声换能器 2 发出的超声波传播至超声换能器 1 的时间定义为 t_{2-1}，称为逆向渡越时间；正、逆向渡越时间的差值称为渡越时间差。

正向渡越时间：

$$t_{1-2}=\frac{D/\sin\varphi}{c+\bar{v}_{x}\cos\varphi} \tag{4-1}$$

逆向渡越时间：

$$t_{2-1}=\frac{D/\sin\varphi}{c-\bar{v}_{x}\cos\varphi} \tag{4-2}$$

渡越时间差：

$$\Delta t=t_{2-1}-t_{1-2}=\frac{2D\,\bar{v}_{x}\cos\varphi}{(c^{2}-\bar{v}_{x}^{2}\cos^{2}\varphi)\sin\varphi} \tag{4-3}$$

由于：

$$c^{2}\gg\bar{v}_{x}^{2}\cos^{2}\varphi$$

所以，渡越时间差可近似为

$$\Delta t\approx\frac{2D\,\bar{v}_{x}\cos\varphi}{c^{2}\sin\varphi}=\frac{2D\bar{v}_{x}}{c^{2}\tan\varphi} \tag{4-4}$$

因此，管道内线平均流速为

$$\bar{v}_{x}\approx\frac{c^{2}\tan\varphi}{2D}\Delta t \tag{4-5}$$

瞬时流量：

$$q_{V}=KA(k_{h}\bar{v}_{x})=KA\,\bar{v}_{m}=K\,\frac{c^{2}\pi D\tan\varphi}{8}\Delta t \tag{4-6}$$

累积流量：

$$V=Tq_{V}=TK\,\frac{c^{2}\pi D\tan\varphi}{8}\Delta t \tag{4-7}$$

式中：

t_{1-2}——超声波正向渡越时间；

t_{2-1}——超声波逆向渡越时间；

Δt——超声波正、逆向渡越时间差；

$\bar{v}_{x}$——管道内流体轴向线平均流速；

$\bar{v}_{m}$——管道内流体轴向面平均流速；

q_{V}——瞬时体积流量；

c——超声波在水中的传播速度；

A——超声水表测量管道内横截面积；

D——超声水表测量管道内径；

k_{h}——线平均流速与面平均流速的校准系数，以下简称流速校准系数；

K——超声水表的示值校准系数；

V——累积流量（即水的体积值）；

T——用水时间。

当按照式(4－5)～式(4－7)方法计算管道内线平均流速、瞬时流量和累积流量值时，计算公式中出现了超声波传播的声速项 c^2。由于声速是被测介质温度和成分等的函数（主要影响因素是温度），因此在测量时会因介质温度等的变化而引入附加测量误差。为保证超声水表工作时不受这些因素影响，必须采取一定措施对介质温度等影响量进行必要的补偿和处理，但这样做的结果会导致超声水表的结构和信号处理的复杂化。

为了避免数据处理中出现的声速项，消除因被测介质温度、成分等变化产生的影响，在数据处理时通常用超声波在正、逆方向上渡越的速度差来计算流体的流速，因而也称这种方法为“速度差法”，其计算方法可按式(4—8)～式(4—11)进行。

$$c+\overline{v}_x\cos\varphi=\frac{D/\sin\varphi}{t_{1-2}} \tag{4—8}$$

$$c-\overline{v}_x\cos\varphi=\frac{D/\sin\varphi}{t_{2-1}} \tag{4—9}$$

用式(4—8)减去式(4—9)得

$$2\overline{v}_x\cos\varphi=\frac{D}{\sin\varphi}\left(\frac{1}{t_{1-2}}-\frac{1}{t_{2-1}}\right)=\frac{D}{\sin\varphi}\left(\frac{t_{1-2}-t_{2-1}}{t_{1-2}t_{2-1}}\right) \tag{4—10}$$

将 $\Delta t=t_{2-1}-t_{1-2}$ 代入式(4—10)得

$$\overline{v}_x=\frac{D}{2\sin\varphi\cos\varphi}\left(\frac{\Delta t}{t_{1-2}t_{2-1}}\right) \tag{4—11}$$

式(4—11)已消去了超声波传播的声速项。因此，只要测得正、逆向渡越时间（t_{1-2}，t_{2-1}）和时间差 Δt，即可得到线平均流速 $\overline{v}_x$。

2. 反射声道结构的超声水表

同理，采用时间差法计算反射声道结构超声水表的流速时，其轴向线平均流速的计算公式为

$$\overline{v}_x\approx\frac{c^2}{2L}\Delta t \tag{4—12}$$

式中：

L——两反射体之间的中心距离。

采用速度差法计算反射声道结构超声水表的流速时，其轴向线平均流速的计算公式为

$$\overline{v}_x=\frac{L}{2}\left(\frac{\Delta t}{t_{1-2}t_{2-1}}\right) \tag{4—13}$$

3. 声速的计算

在某些场合，需要获知超声波在水中的传播速度 c，用来校准测量准确度。可利用式(4—8)和式(4—9)相加的方法求得对射声道结构超声水表的声速值，见式(4—14)和式(4—15)。

由

$$(c+\overline{v}_x\cos\varphi)+(c-\overline{v}_x\cos\varphi)=\frac{D/\sin\varphi}{t_{1-2}}+\frac{D/\sin\varphi}{t_{2-1}} \tag{4—14}$$

得

$$c=\frac{D/\sin\varphi(t_{1-2}+t_{2-1})}{2t_{1-2}t_{2-1}}=\frac{l_{\mathrm{p}}(t_{1-2}+t_{2-1})}{2t_{1-2}t_{2-1}} \tag{4-15}$$

式中：

l_{p}——两超声换能器之间的直线距离。

4. 时间测量误差影响

上述两种方法的计算公式各有利弊。时间差法计算公式虽然需要做声速变化的温度补偿，但由于在公式中没有独立的 t_{1-2} 和 t_{2-1} 项，因此不会受到正、逆向渡越时间的非同步变化影响；而速度差法计算公式的优点是公式中没有声速项，无需做声速变化的温度补偿，但公式分母中出现了 t_{1-2} 和 t_{2-1} 的乘积项。在测量正、逆向渡越时间 t_{1-2} 和 t_{2-1} 的过程中，如有噪声和干扰影响时，除了会给 Δt 带来影响外，同时还会给 t_{1-2} 和 t_{2-1} 的乘积项带来一定程度的影响，现对此做出简要分析。

已知超声水表的正、逆向渡越时间为式(4—1)和式(4—2)。

在超声水表测量管道内径 D 和超声换能器安装夹角 φ 保持不变的前提下，测量过程中当出现超声波在非被测介质中传播时的时间延迟误差(通常以系统误差为主)及计时启停误差等影响因素(通常以随机误差为主)时，有

$$t'_{1-2}=t_{1-2}+\varepsilon_1 \tag{4-16}$$

$$t'_{2-1}=t_{2-1}+\varepsilon_2 \tag{4-17}$$

式中：

t'_{1-2}——带有误差的超声波正向渡越时间；

t'_{2-1}——带有误差的超声波逆向渡越时间；

ε_1——超声波正向传播时引入的误差；

ε_2——超声波逆向传播时引入的误差。

现对以下三种误差情况做出简单分析：

(1) 当 $\varepsilon_1=\varepsilon_2$，且二者都以系统误差为主时(即二者的量值和符号基本相同)，超声波正、逆向传播时引入的误差对时间差 Δt 的影响甚小(ε_1、ε_2 可基本抵消)，但对 t'_{1-2} 和 t'_{2-1} 的乘积项影响显著，因为多了一项影响分量($t_{2-1}\cdot\varepsilon_1+t_{1-2}\cdot\varepsilon_2+\varepsilon_2\varepsilon_1$)，见下式：

$$\begin{aligned}t'_{2-1}\cdot t'_{1-2}&=(t_{2-1}+\varepsilon_2)\cdot(t_{1-2}+\varepsilon_1)\\&=t_{2-1}\cdot t_{1-2}+t_{2-1}\cdot\varepsilon_1+t_{1-2}\cdot\varepsilon_2+\varepsilon_2\varepsilon_1\\&=(t_{2-1}\cdot t_{1-2})+(t_{2-1}\cdot\varepsilon_1+t_{1-2}\cdot\varepsilon_2+\varepsilon_2\varepsilon_1)\end{aligned} \tag{4-18}$$

由于是系统误差，此影响分量可以通过改变超声水表流速计算公式中的流速校准系数将其基本消除。

(2) 当 $\varepsilon_1\neq\varepsilon_2$，且二者仍以系统误差为主时，超声波正、逆向传播时引入的误差除了会对 t'_{1-2} 和 t'_{2-1} 的乘积项带来影响分量外，还会对 Δt 带来影响。因为还是系统误差，超声波正、逆向传播时引入的误差对 Δt、t'_{1-2} 和 t'_{2-1} 的影响仍可同样采用上述(1)中的方法予以消除。

(3) 当$\varepsilon_1 \neq \varepsilon_2$，且在系统误差上叠加有随机误差时，超声波正、逆向传播中引入的误差造成的影响不能简单地通过校准系数予以解决。此时，需要通过对测量时间进行数字滤波和多次求平均的算法相配合才能得到较为可靠的结果。

为了简化超声水表的设计与制造(即无需要附加温度传感器和温度补偿算法)，同时又能使其符合现行标准的要求，现有超声水表产品在设计时通常采用速度差法流速计算公式。

当超声水表的声距较长时(即对射声道结构超声水表测量管道的内径 D 较大，或反射声道结构超声水表两反射体之间的距离 L 较长)，或超声水表的被测流速值也较大时，随机误差对测量结果的影响就较小；反之，则较大。

总而言之，当超声换能器之间的声距越短和(或)测量下限流速值越小时，超声水表的设计、制造难度就越大。

5. 介质温度影响

通过分析上述“时间差法”与“速度差法”流速计算公式，使用时间差法计算公式时，由于公式内有声速项 c^2 的存在，因此必须进行温度补偿，以弥补因被测介质温度变化导致的超声波传播速度的改变，提高测量结果的准确性。

使用速度差法计算公式时，对温度范围不宽的 T30 冷水超声水表而言，通常不需要做温度补偿。只有当测量管道的尺寸和超声换能器安装位置及两反射体之间距离等几何尺寸(含形状)受到较大温度影响而发生位置或形状改变时，才需要进行温度补偿(如对于 T50 以上等级的超声水表，当其介质温度处于很宽的工作范围时，才需要考虑做温度补偿)。

6. 管道内壁粗糙度影响

管道内壁过大的相对粗糙度 R(即管道内壁粗糙度 r 与测量管道内径 D 之比)会使管道内径值和流速分布状态产生变化。通常情况下，当流体处于层流流动状态时，管道内壁粗糙度并不会对流速分布产生影响，因此也不会影响超声水表的测量结果；当流体处于湍流流动状态时，管道内壁粗糙度对流速分布就很敏感，它会导致流速分布曲线趋于弯曲，使超声水表校准结果发生改变，出现附加测量误差。在超声水表工作中，管道内壁粗糙度产生的影响，可以通过模拟真实粗糙度环境，在超声水表出厂校验时通过调整流速校准系数的方法予以校准。

4.2 渡越时间的精密测量

超声水表工作时，发射换能器在发射超声波的同时打开高性能脉冲发生器开始记录脉冲数；接收换能器接收到超声波信号并在某一设定时刻关闭高性能脉冲发生器停止记录脉冲数。测量出此段时间内记录的脉冲数 n，然后乘以已知的脉冲周期值 t'，就能准确按式(4—19)计算出超声波正向或逆向的渡越时间 t_{1-2} 或 t_{2-1}。

$$t_{1-2}(t_{2-1})=nt' \tag{4-19}$$

超声水表高性能脉冲发生器及测时控制电路(即精密计时电路),既可采用自行设计方法实现,也可采用外购专用计时芯片的方法实现。目前较为普遍的做法是选用商用精密计时芯片。如果采用自行设计精密计时电路的方法,由于高性能计数器电路制作上的困难,期望超声水表能够达到较高的计量性能指标,从目前看还是不易实现的。

保障超声水表流量测量准确度的两个关键因素:

(1) 需要有极高频率和极高稳定度的精密脉冲发生器;

(2) 超声换能器每次发射超声波并同步开始脉冲数记录的时刻(即 start 点)须一致,超声波每次到达接收换能器并停止脉冲数记录的时刻(即 stop 点)也须一致。

超声流量测量中,超声波的发射信号一般是信噪比较高的规则波形(如正弦波或脉冲方波),因此每次开始脉冲数记录的时刻 start 点容易做到一致性;而接收到超声信号时,由于受超声换能器的工作稳定性和超声波在传播路径上受到干扰等因素影响,信号到达接收换能器的时刻 stop 点有可能出现不一致,导致超声水表测量结果的重复性变劣、离散性变大。

4.2.1　门限电平检测法

门限电平检测法是确定超声波信号到达时刻的一种常用检测方法,其工作原理示意图见图 4—12。门限电平检测法的工作原理可概括为接收超声波的“电平触发”与“过零发信”,即预先设定一触发电平(即阈值),当接收信号幅值达到此电平时开始触发,并在此接收信号波的下一个过零检测点输出关闭脉冲发生器的信号(即 stop 点信号),停止计数器计数工作。

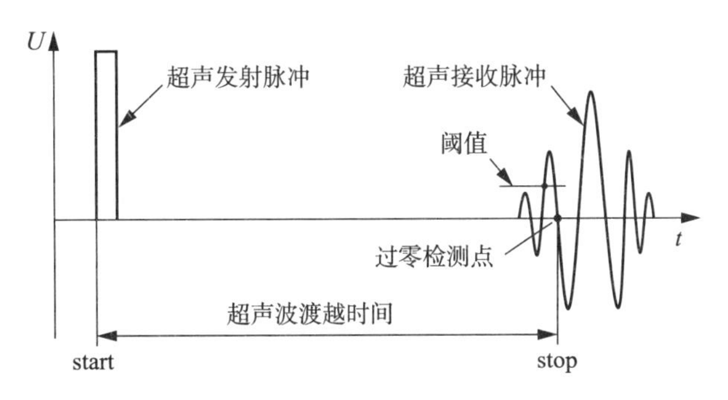

图 4—12　超声水表门限电平检测法示意图

当超声换能器及信号处理电路性能出现不稳定,或者管道中被测介质的相关物性参数发生很大变化时,接收换能器的接收信号幅值就有可能发生显著的变化。由于阈值为一预先设定的固定值,因此接收信号幅值的较大改变极易引起误触发。图 4—13 反映了当超声波接收信号幅值发生较大衰减时(如下降 Δ),阈值相交点就会从原先的第二个信号波移至幅值下降后的第三个信号波。这一现象可使过零检测点向后移动近一个脉冲周期,导致 stop 点从 stop1 移至 stop2,由此给超声波渡越时间的测量带来很大的误差值

δ，其后果是非常严重的；如果接收信号幅值变化尚未引起误触发的发生（即在同一个接收波的幅值范围内），这种情况下通常不会影响过零检测点的位置（即时刻）。

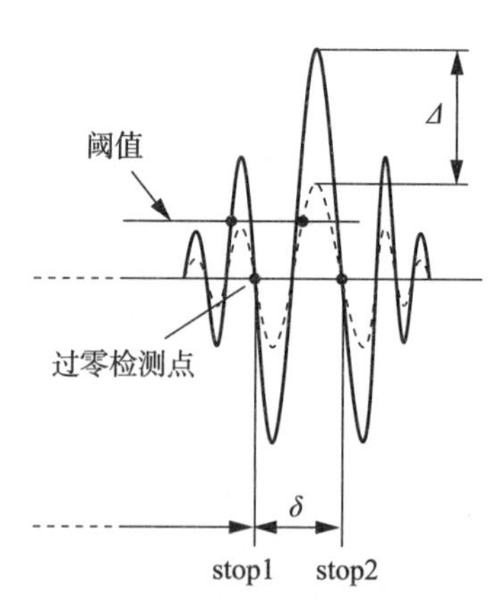

图 4－13　超声波接收信号幅值显著衰减导致 stop 点的改变

当超声换能器激励信号频率因某种原因发生改变（或不稳定）以及超声波在传播过程中受到外界振动频率“调制”等因素影响时，即使超声换能器接收到的信号幅值不发生较大的变化，也会导致过零检测点的改变。图 4－14 描述了当超声波工作频率降低 Δ_1 时，过零检测点就会有 δ_1 的变化量。另外，当发射、接收换能器的工作频率与其固有频率发生偏离或发射激励信号幅值改变时，都会使接收到的超声波信号强度（即信号幅值）发生一定的变化。

综上所述，stop 点即使有任何微小的变化，都会导致超声波渡越时间及时间差发生变化，影响超声水表测量性能的稳定与可靠，严重时还会使超声水表无法正常工作。

通常情况下，只要选用精密计时芯片、性能稳定的超声换能器与信号处理电路，选择可靠的信号处理与自动增益控制等方法，就能有效抑制超声换能器接收信号幅值的波动，保持其工作频率的长期稳定。

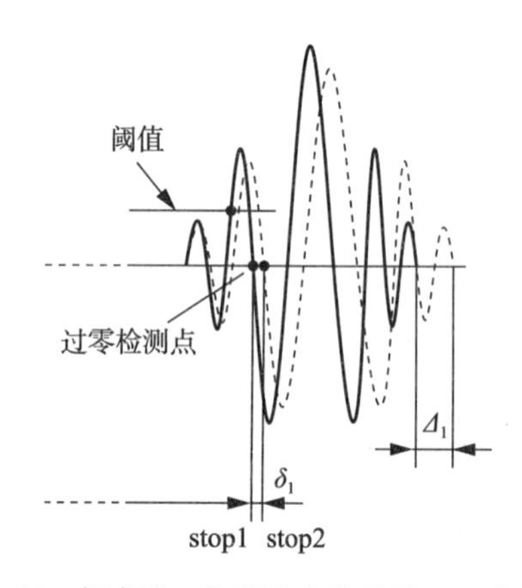

图 4－14　超声波工作频率变化导致 stop 点的改变

4.2.2　高计时分辨力时间测量

脉冲计数法是渡越时间法超声流量测量技术中最为常用的时间测量方法。由于超声波渡越时间不一定是计数脉冲周期的整数倍，因此会引入计数量化误差 ΔN［见式（4－21）］，计数量化误差对计时测量的影响见图 4－15。图 4－15 中 T_A 为计数脉冲周期；T 为计时周期，可视为超声波渡越时间；Δt_1 为开始计数时刻至第一个计数脉冲上升沿的时间，Δt_2 为停止计数时刻至下一个计数脉冲上升沿的时间；N 为处在 T 区间内记录的脉冲数。

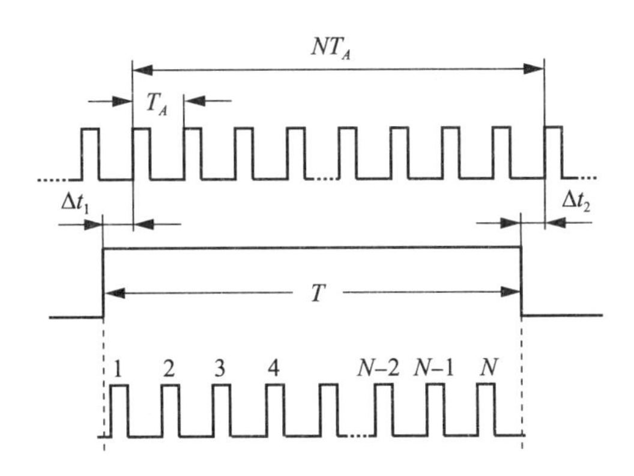

图 4—15　计数量化误差对计时测量的影响

根据图 4—15 有

$$T = NT_A + \Delta t_1 - \Delta t_2 = \left[N + \frac{\Delta t_1 - \Delta t_2}{T_A}\right] T_A = [N + \Delta N] T_A \tag{4—20}$$

式(4—20)中：

$$\Delta N = \frac{\Delta t_1 - \Delta t_2}{T_A} \tag{4—21}$$

显然，$0 \leqslant \Delta t_1 \leqslant T_A$，$0 \leqslant \Delta t_2 \leqslant T_A$。若 $\Delta t_1 = \Delta t_2$，则 $\Delta N = 0$，$T = NT_A$；若 $\Delta t_1 = T_A$，$\Delta t_2 = 0$，则 $\Delta N = 1$；若 $\Delta t_1 = 0$，$\Delta t_2 = T_A$，则 $\Delta N = -1$。因此，脉冲计数的最大绝对误差，即计数量化误差为 $\Delta N = \pm 1$。

脉冲计数最大相对误差为

$$\frac{\Delta N}{N} = \pm \frac{1}{N} = \pm \frac{T_A}{T} \tag{4—22}$$

计时分辨力通常为一个计数脉冲周期，因此为了减少计数量化误差对计时测量准确度的影响，可以通过提高计时脉冲频率(即缩小计时脉冲周期 T_A)来改善计时分辨力，降低量化误差影响(也可以增加计时周期 T 来降低脉冲计数的相对误差；T 与渡越时间成正比)。但高计时分辨力不能仅靠提高计时脉冲频率，这是因为稳定性优良的高频脉冲信号不易获得，而且与之匹配的高速电子器件的获取也是一个难题。

近年来使用较多的超声波精密计时技术是“数字延迟线技术”，其原理见图 4—16。在延迟线中，每两个基本的 CMOS 反相器组成一个延迟单元，制造工艺保证了每个延迟单元具有固定且相同的延迟。起始脉冲沿延迟线传播，当停止脉冲来到时，经过若干延迟单元到达相应抽头处的起始脉冲信号被记录入寄存器，由此可测得超声波的渡越时间。当前，采用此种原理的计时芯片，其计时分辨力已经可以达到十数皮秒量级的高水平。

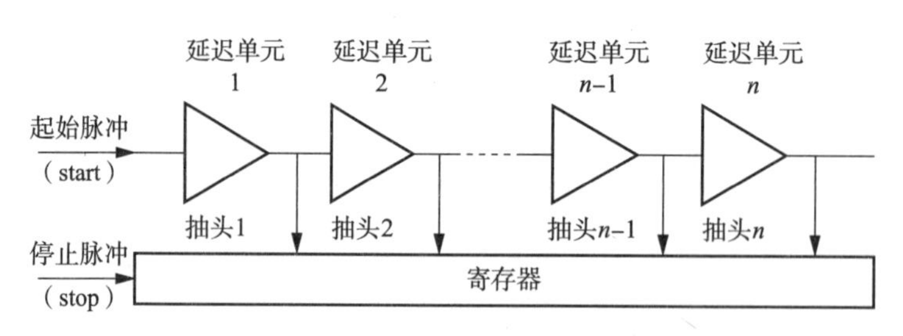

图 4—16　数字延迟线技术测时原理图

高计时分辨力时间测量还有积分法、相关法、锁相环法、频差法等其他方法，但在专用计时芯片的应用中目前主要还是以数字延迟线技术和积分法为主。

4.2.3　时间数字转换器计时芯片工作原理

采用上述数字延迟线技术的商品化超声计时芯片，即时间数字转换器(TDC)，是以信号通过内部门电路的延迟及计数器的计数来共同完成高精度时间测量的，它的工作原理见图 4—17。时间数字转换器中的高速单元(high-speed unit)以"start"作为触发信号开始计时，以"stop"作为停止信号结束计时对超声波渡越时间进行测量控制。

TDC 的高速单元并不实际测量超声波的渡越时间，而仅测量从 start 或 stop 信号到相邻的基准时钟上升沿之间的间隔时间(即 T_{fc1} 和 T_{fc2})；在两次精密测量之间，TDC 记下基准时钟的周期数(即粗值计数值，coarse-count)，见图 4—18。经简单的数据处理就可获得超声波渡越时间 t_{1-2} 或 t_{2-1} 的准确值：

$$t_{1-2}(t_{2-1})=T_{cc}+T_{fc1}-T_{fc2} \tag{4—23}$$

式中：

T_{cc}——粗值计数器测得的时间(即基准时钟数乘以其周期数得到的时间)；

T_{fc1}——门电路延迟时间 1；

T_{fc2}——门电路延迟时间 2。

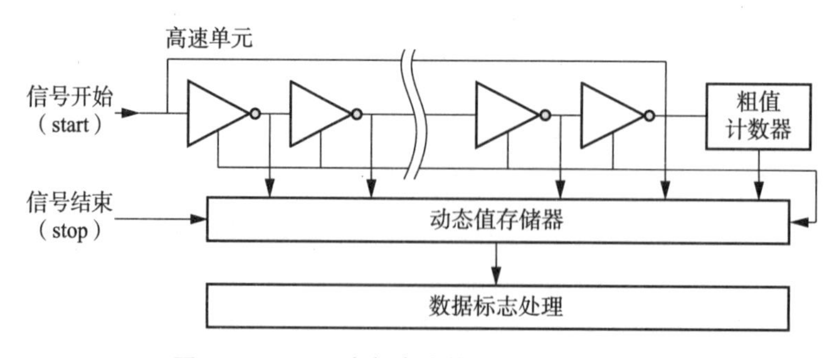

图 4—17　TDC 内部高速单元时间测量原理图

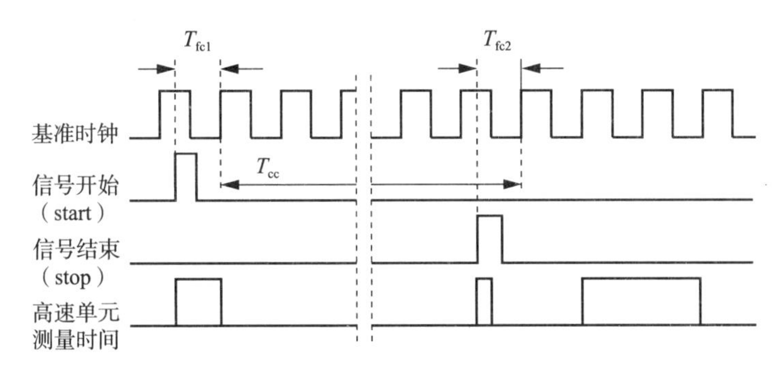

图 4－18　TDC 时间测量的时序逻辑图

4.2.4　超声水表其他测量方法

超声水表渡越时间法是封闭满管道中水流量测量中应用最为广泛且测量准确度最高的一种方法。除了这种方法，在某些情况下还会用到诸如相位差法或频率差法等超声测量方法。

1）相位差法

如果用频率为 f 的周期信号相位角 γ_1 和 γ_2 替代正、逆向渡越时间 t_{1-2} 和 t_{2-1}，同样可以对管道内水流体的流速进行有效的测量。因角频率 $\omega=2\pi f$，则相位角 γ_1 和 γ_2 可表示为

$$\gamma_1=\omega t_{1-2}=2\pi f t_{1-2} \tag{4-24}$$

$$\gamma_2=\omega t_{2-1}=2\pi f t_{2-1} \tag{4-25}$$

结合式(4－24)、式(4－25)和式(4－11)，可得线平均流速 $\overline{v}_x$ 的表达式为

$$\overline{v}_x=\frac{D\omega}{2\sin\varphi\cos\varphi}\left(\frac{\Delta\gamma}{\gamma_1\gamma_2}\right) \tag{4-26}$$

相位差法的核心器件是鉴相器，只要检测出超声波正、逆向传播各自的相位及其两者的相位差，在信号频率为已知条件下，按照式(4－26)，就可获得被测流速的线平均值。图 4－19 是超声波正、逆向传播信号的相位示意图。

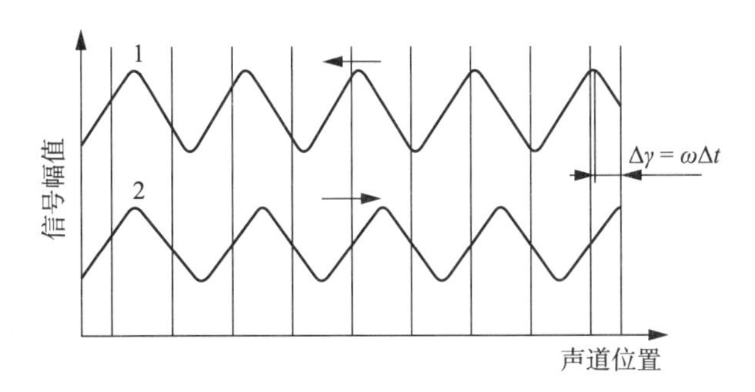

图 4－19　超声波正、逆向传播信号的相位示意图

2）频率差法

频率差法又称鸣环法，通过测量正、逆向超声波的循环频率差获得流体的流速。如图4－10，超声换能器1发射超声波，经水介质传播到超声换能器2，整形处理后再次触发超声换能器2产生发射信号，形成一个声循环过程，这一循环频率即正向声循环频率 f_1；同样，超声换能器2作为发射换能器，超声换能器1作为接收换能器，则存在一个逆向声循环频率 f_2。声循环频率与超声波渡越时间之间的关系如下。

因为

$$t_1=\frac{l_p}{c}=\frac{l_p}{\lambda f_1},t_2=\frac{l_p}{c}=\frac{l_p}{\lambda f_2} \tag{4-27}$$

式中：

t_1、f_1——超声波从超声换能器1发射至超声换能器2接收，接着又从超声换能器2发射至超声换能器1接收的一次循环时间与频率；

t_2、f_2——超声波从超声换能器2发射至超声换能器1接收，接着又从超声换能器1发射至超声换能器2接收的一次循环时间与频率；

λ、c——超声波的波长与波速；

l_p——超声换能器1与超声换能器2两端面之间的距离。

所以

$$\frac{1}{t_2}-\frac{1}{t_1}=\frac{\Delta t}{t_2t_1}=\frac{\lambda f_2}{l_p}-\frac{\lambda f_1}{l_p}=\frac{\lambda}{l_p}(f_2-f_1)$$

代入式(4－11)得

$$\bar{v}_x=\frac{D}{2\sin\varphi\cos\varphi}\frac{\lambda}{l_p}(f_2-f_1)$$

按图4－10声道结构可得

$$\cos\varphi=\frac{d}{l_p},\sin\varphi=\frac{D}{l_p}$$

式中：

d——两换能器端面中心点之间的水平距离。

因此，管道内线平均流速为

$$\bar{v}_x=\frac{\lambda l_p}{2d}(f_2-f_1) \tag{4-28}$$

频率差法也需要确定接收超声波的到达时间，因此门限电平检测法同样适用于频率差法。当流速很低时，两个回路的声循环频率非常接近，与时间差法相似，此时就不容易测量。

4.3 超声波的发射与接收

采用渡越时间法原理的超声水表，其工作原理框图见图4－20。它由嵌入式计算机、高频/高稳度振荡器、时间计数器、计时控制器、发射与接收电路、收发转换电路等组成。嵌入式计算机在专用流量测控软件支持下，控制发射与接收换能器交替循环工作，同时对测量数据进行处理，完成各种运算、补偿、标定、显示和在线诊断等任务。

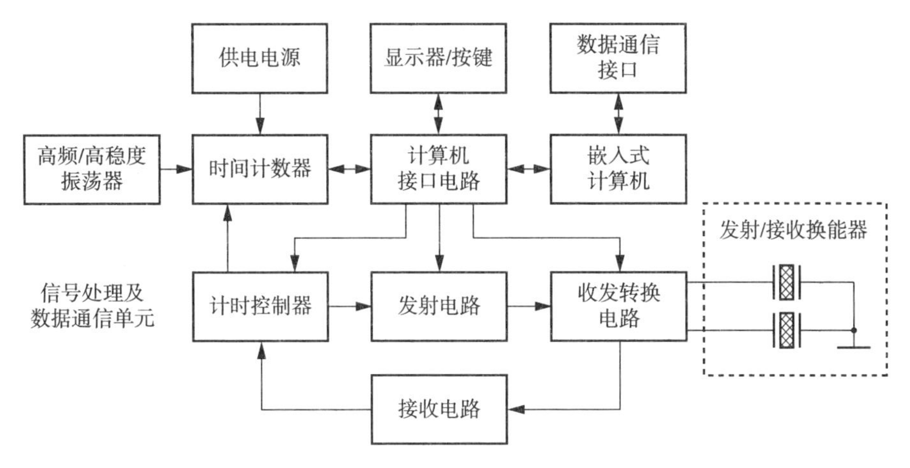

图 4—20　超声水表基本工作原理框图

目前，专门用于渡越时间法原理超声水表的计时芯片已经大量面市。在 16/32 位微处理器（MPU）的配合工作下，这类计时芯片通常都具有高性能时间测量、高速脉冲发生、信号接收控制、温度测量和时钟控制等功能。计时芯片由于采用了纯数字化的 CMOS 技术和微功耗器件，以及高达十数皮秒的时间间隔分辨力，因此为以电池供电超声水表的推广应用提供了很好的解决方案。

在超声水表中，超声波的发射与接收是非常重要的环节，关系到超声水表的测量准确度与长期工作的稳定性。

4.3.1　超声波的发射

超声波的发射是由超声波发射电路和超声换能器共同完成的。

超声波发射电路一般由激励脉冲发生器、单稳态触发器和发射驱动电路等构成，图 4—21 为超声波发射电路原理图。通常情况下，要求发射激励脉冲的频率与超声换能器的固有频率相一致，激励脉冲的宽度应调整在合适的数值上（如占空比在 20%～50%等），这样可使超声换能器处于较佳工作状态。激励脉冲宽度调整可采用单稳态触发器来实现。当 Q 脚输出的窄脉冲进入功率开关器件栅极使其导通时，负载电容 C_3 向超声换能器迅速放电产生上升沿极陡的高压脉冲，激励超声换能器发射超声波。开关器件应采用高速功率器件（如 VMOSFET、IGBT 等），它们不但工作速度快，静态功耗低，而且还可承受很高的工作电压和电流，性能大大优于可控硅等传统功率开关器件。

激励脉冲宽度对超声换能器发射声功率的影响非常大。增大激励脉冲宽度，可提高超声换能器发射声功率，增加接收距离，但单激励脉冲宽度过大会使超声换能器输出波形变差；反之，减小激励脉冲宽度，接收距离会变短，但输出波形趋好。

激励脉冲个数也应适当选择。激励脉冲个数多时，发射换能器可以克服其振动惯量而获得较充分的振动,同时超声波的其他振动模式对超声换能器厚度振动模式的影响也会明显减小。良好的振动会使发射换能器的发射能量增大,使超声波接收距离随之同步增大。一般10至20个脉冲串组成一组激励信号加至发射换能器比较合适。

超声波两次发射脉冲之间要有一定的时间间隔,使发射换能器每次都能从静止状态开始起振,这有利于减少前次振荡余波对后次发射的影响,从而提高超声水表的测量重复性。

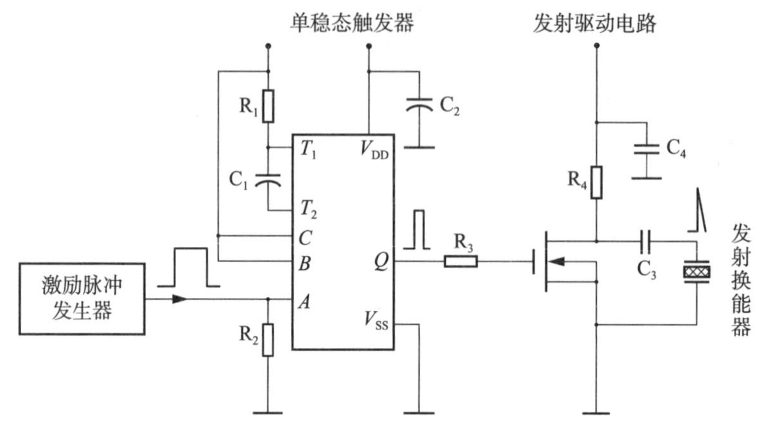

图4—21 超声波发射电路原理图

4.3.2 超声波的接收

当发射换能器完成超声脉冲发射后,由接收换能器负责超声脉冲波的接收。超声波接收信号处理电路一般由限位电路、前置放大器、带通滤波器、变增益放大器、比较器等组成,超声波接收原理框图见图4—22。常采用由二极管组成的限位电路进行信号限幅,用以防止因接收到幅值过大的超声信号而损坏前置放大器;前置放大器须用高输入阻抗的同相运算放大器,它与高内阻的超声换能器进行电阻抗匹配,保证被测超声信号不衰减;带通滤波器的工作频率应与超声换能器的固有频率和激励频率相一致,带通滤波器的带宽约为数十千赫兹;增益控制电路由变增益放大器和自动增益调整电路构成,用来自动调整放大器的增益,以跟踪不同接收强度的信号,其调节范围可在数十分贝内。图4—22中S表示接收电路处理过的超声信号(含测量信号和干扰信号),Q为信号质量标志,只有当Q有效时才能表示S信号为有用测量信号,否则将判断S为干扰信号,不予采用。

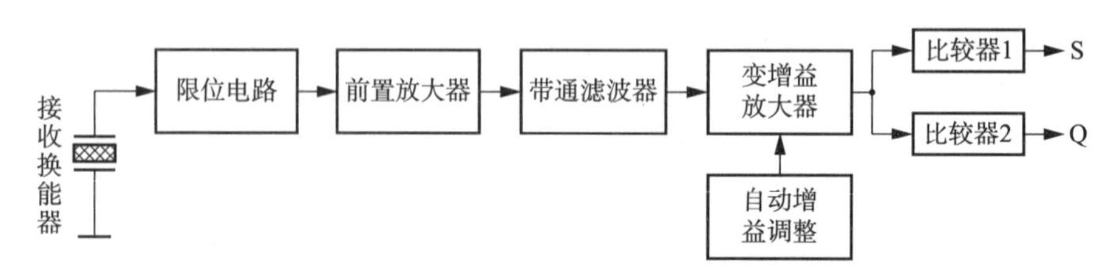

图4—22 超声波接收原理框图

目前,许多超声水表商用计时芯片中已包含超声波的发射电路和接收电路,而且各项性能指标均可达到较高水平。

4.4　测量数据应用

超声水表测量得到的最基础数据是正、逆向渡越时间 t_{1-2} 和 t_{2-1}，以及渡越时间差 Δt。在此基础上，为了实现超声水表的计量功能，需要对上述数据进行处理和运算，得出可靠的瞬时流量、累积流量以及各时间段的用水量等结果。

4.4.1　瞬时流量

瞬时流量反映了单位时间内流过超声水表的水的体积或质量，分别称为体积流量和质量流量。超声水表测量的流量通常是体积流量。体积流量在工程上一般采用 m^3/h（米^3/时）和 L/h（升/时）两种计量单位。

1）线与面平均流速

利用安装在测量管道过轴线的一对超声换能器，超声水表可以测得超声换能器之间的超声波渡越时间，计算得到渡越时间差，由此求得测量管道内的线平均流速 $\overline{v}_x$ 值（即两个超声换能器连线上的轴向流速分量平均值）。在管道内流体符合充分发展的流速分布（即对称分布）条件下，线平均流速 $\overline{v}_x$ 与测量管道内横截面上的面平均流速 $\overline{v}_m$ 之间存在有某种函数关系。因此，需要通过函数校准及实流校准等方法，间接获得用于评价管道内流速的面平均流速值 $\overline{v}_m$。

2）线与面平均流速之间的校准

超声水表流量测量范围远大于超声流量计。流量计主要用于过程测量与控制，它的流量测量范围不需要很大，一般不会超出 R10～R20（R 指最大流量与最小流量之比）的范围；而超声水表需要计量测量管道中流量相差很大的用水量，因此需用到很宽的流量测量范围。对超声水表而言，其流量测量范围一般在 R100～R500（R 指常用流量与最小流量之比）之间。

对于如此宽的流量测量范围，超声水表测量时管道内的流体可能处于不同的流动状态：层流（雷诺数：$Re \leqslant 2\,000$）、过渡流（雷诺数：$2\,000 < Re < 4\,000$）和湍流（雷诺数：$Re \geqslant 4\,000$）。不同的流体分布状态，线平均流速 $\overline{v}_x$ 与面平均流速 $\overline{v}_m$ 之间的流速校准系数（或函数）k_h 是不一样的。

对于层流状态，管道内流体呈抛物面对称分布流动，两种流速间的流速校准系数为

$$\overline{v}_m = k_h\,\overline{v}_x = \frac{3}{4}\overline{v}_x \tag{4-29}$$

对于湍流状态，管道内流体呈指数面对称分布流动，两种流速间的校准函数近似为

$$\overline{v}_m = \frac{2n}{2n+1}\overline{v}_x\,(n = 1.66\,\lg Re) \tag{4-30}$$

过渡流时，管道内流体分布不确定，因此很难用确定的经验公式来描述校准系数(函数)。

3）分段校准方法

当管道内流速分布处于非对称或畸变状态时，即在测量管道内安装有反射体等阻流件或测量管前有弯头、未全开阀门等阻流件时，上述校准方法就会失效，此时应采用分段校准方法对线、面平均流速进行实流校准。

流体平均流速的单位是 m/s(米/秒)。用流速乘以被测管道内横截面的面积，经过计量单位调整，即可得到瞬时流量值。

4.4.2 累积流量

累积流量也称为“总量”和水的“实际体积”，它反映了在任意时间段内流过水表的水的总体积。

超声水表将计算得到的瞬时流量乘以用水时间，就可得到该时间段内的累积流量，即该时间内的用水总量。累积流量的计量单位为 m^3。超声水表将计算得到的初始累积流量值经过标准校验装置的校准后，方能给出接近真实的累积流量值。

对应于“实际体积”，水表所显示的水的体积，称为“指示体积”。实际体积与指示体积之间的误差，即水表的示值误差。根据 GB/T 778.1—2018 规定，水表示值误差以相对误差表示，见下式：

$$\varepsilon=\frac{(V_i-V_a)}{V_a}\times 100\% \tag{4-31}$$

式中：

V_i——水表指示体积；

V_a——流过管道的水的实际体积。

4.4.3 时段用水量

从发展趋势看，供水企业今后需要掌握各供水管道和终端用户在不同时间段的用水量信息，以便对其进行控制和管理。因此，超声水表内部通常设有数据存储单元和标准时钟发生器等装置，以记录各时间段和相应时间段的用水量(累积流量)等参数。根据供水企业的需要，超声水表可随时通过数据传输通道将各时间段的用水信息发送至供水企业的调度管理中心。

除了提供用水量信息外，有时超声水表还需将各时间段的瞬时流量平均值和管道内的瞬时水压平均值(需要在超声水表中安装压力传感器来实现)发送给调度管理中心，以便调度管理中心在掌握足够多信息的基础上，借助计算机管网模型和算法，制定管网供水调度的控制策略和辅助决策，自动控制管网中各水泵转速与阀门开度等执行器工作，完成供水水压与水量的自动调度。超声水表各时间段的数据存储形式见表 4—1。

表 4—1　超声水表各时间段的数据存储形式

时间分段记录	T_0	T_1	T_2	T_3	…	T_{n-1}	T_n	T_{n+1}	…
各时段瞬时流量平均值	q_{V0}	q_{V1}	q_{V2}	q_{V3}	…	q_{Vn-1}	q_{Vn}	q_{Vn+1}	…
各时段累积流量值	V_0	V_1	V_2	V_3	…	V_{n-1}	V_n	V_{n+1}	…
各时段瞬时水压平均值	P_0	P_1	P_2	P_3	…	P_{n-1}	P_n	P_{n+1}	…
其他记录数据	…	…	…	…	…	…	…	…	…

为了向调度管理中心实时提供各时间段的水量与水压等数据，超声水表需要建有通信接口，通过有线或无线方式将符合通信协议的数据进行远程传输。

4.5　数据分析与处理

超声水表在制造和测量过程中很容易受到不同因素影响而产生各种测量误差。测量误差主要分为随机误差、系统误差和粗大误差三种。

对于在制造过程中产生，或由内外部的确定因素引起的系统误差，可以通过校准或滤波等方法予以消除或削弱；对于粗大误差则可通过一定的算法予以剔除。

随机误差是一种大小和方向无确定变化规律的误差，但它符合某种统计分布的规律。通常，随机误差会叠加在测量数据列中，对测量结果产生影响。

在正态分布条件下，如果测量数据趋于无穷多，且数据列中不包含系统误差和粗大误差，则随机误差会表现出如下的几个基本特征：

(1) 对称性，即绝对值相等的正误差与负误差出现的次数相等；

(2) 单峰性，即绝对值小的误差比绝对值大的误差出现的频次多；

(3) 有界性，即在一定的测量条件下，随机误差的绝对值不会超过一定的界限；

(4) 抵偿性，即随着测量次数的增加，随机误差的算术平均值趋向于零。

除了正态分布的随机误差外，超声水表计时芯片工作时还会出现符合均匀分布规律的计数量化误差。

4.5.1　测量数据分析

如果重复测量某个物理量，被测量、测量仪器及测量条件等均有可能受到随机因素的影响，使测量得到的数据列中包含随机误差的成分。由于每次测量得到的是一个随机的，但却是唯一的值，因此测量就是一个由随机变量组成的随机过程。大量科学测量实例表明，仪器仪表测得的数据大多具有随机变量的特性，符合正态分布规律，可以用数理统计方法进行分析与处理。

以某 DN20 超声水表为例，超声水表的管道流速恒为零(即轴向和非轴向流速分量均为零)时，在不同的时间节点和介质温度条件下对其输出的瞬时流量(即零流量输出)进行连续采样与记录，采样数据在时间坐标上形成的曲线很具代表性，能够比较完整地展示出超声水表测量结果随机变化的特性(时漂)和系统变化的特性(温漂),如图 4—23 所示。图 4—23 中的横坐标是时间(h),纵坐标是零流量输出值(l/h)。理想情况下,当被测流量为零时,超声水表的时间差为零,其输出值应该也为零。

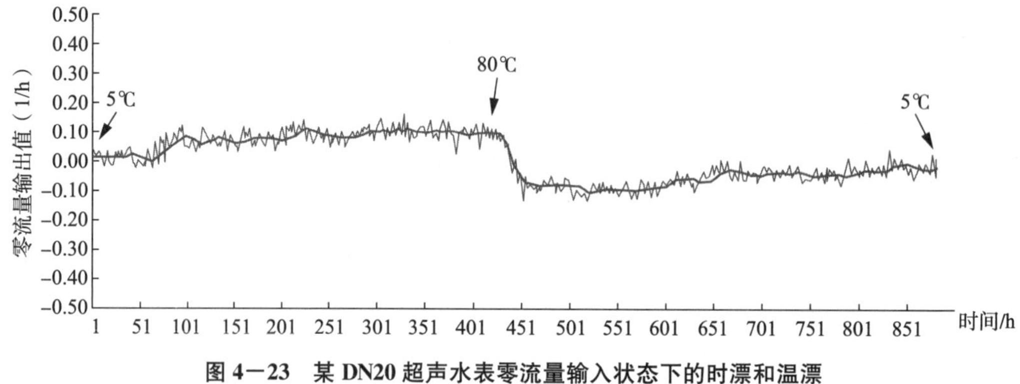

图 4—23 某 DN20 超声水表零流量输入状态下的时漂和温漂

通常,仪器仪表测量得到的一组数据列,在修正了系统误差、剔除了粗大误差以及进行温度补偿后,可以将其视为平稳随机数据序列。这些数据经过统计分析处理后,可以作为较可靠的测量结果来使用。

对于仪器仪表而言,当输入为零时,其随时间历程得到的输出数据列,除了含有随机变量成分外,其平均值往往也会随时间出现某种不确定性的变化。在图 4—23 的超声水表零流量输入状态下的测量结果中,当温度恒定在某一数值范围时(如 5℃附近),其零流量输出的平均值(图中的粗实线)仍会发生一定范围的变动。这种变动既不会持续发散,也不会收敛于某一点,而是会以比较缓慢的、有界的和无规律的方式变化着。这种变化特性可以将其定义为超声水表在零流量输入状态下的输出值,即"时漂"。

如前所述,计数量化误差是另一种分布的随机误差,通常符合均匀分布规律。它的存在会给超声水表渡越时间的测量带来最大为±1 个计时脉冲周期的误差,也会导致超声水表测量结果的分散性变大。

4.5.2 测量数据处理

超声水表在测量过程中容易受到内部噪声和外部干扰的影响,这些噪声和干扰多数符合正态分布特征,而计数量化误差符合均匀分布规律。

1. 测量数据特征

水表产品有别于某些动态测量和过程测量仪表,它并不关注被测量的过渡过程和快速变化部分,而将重点放在一段时间内的平均用水量或平均瞬时流量上。因此,水表产品有条件在一段时间内对测量的众多数据进行求平均或做数字滤波等运算,以消除测量数据列中的随机变化分量,获得较为一致的测量结果。

图 4—24 是当被测流量值 Q_b 恒定时,同一台超声水表分三次连续重复测量该值得到的瞬时流量曲线图。由于每条曲线中均含有随机变化成分,因此需要通过求平均值的方

法去获得最终的测量结果。计数量化误差、内外部噪声及测量操作的不一致等因素，是导致测量数据出现分散与波动的主要原因。

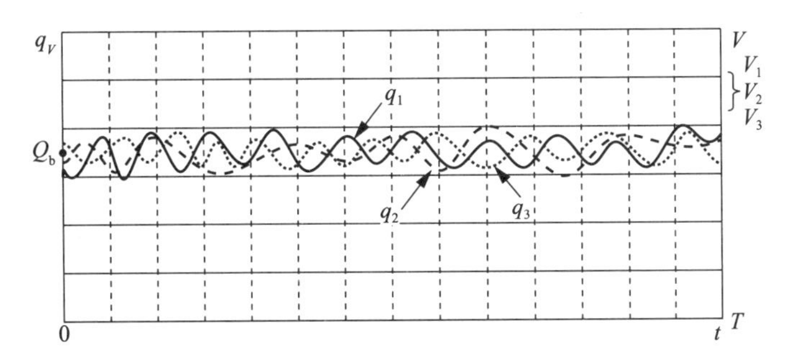

图 4－24　超声水表三次连续重复测量得到的瞬时流量曲线图

超声水表三次测量得到的体积值 V_1、V_2、V_3，可以从下式求得

$$V_1=\bar{q}_1 T=\frac{1}{n}\sum_{i=1}^{n} q_{1i} T, V_2=\bar{q}_2 T=\frac{1}{n}\sum_{i=1}^{n} q_{2i} T, V_3=\bar{q}_3 T=\frac{1}{n}\sum_{i=1}^{n} q_{3i} T \tag{4-32}$$

式中：

q_{1i}、q_{2i}、q_{3i}——超声水表测量过程中采样获得的任意次瞬时流量值；

$\bar{q}_1$、$\bar{q}_2$、$\bar{q}_3$——测量时间内的瞬时流量平均值；

n——测量时间内的数据采样数；

T——测量时间。

通常，多次测量结果具有分散性，可用实验标准偏差对其做出估计和评价。实验标准偏差可用贝塞尔公式进行计算，其数值大小反映了超声水表测量重复性指标的优劣程度。式(4－33)是超声水表三次测得体积值的实验标准偏差估计值。

$$\sigma=\sqrt{\frac{\sum_{i=1}^{n}(V_i-\bar{V})^2}{n-1}}=\sqrt{\frac{(V_1-\bar{V})^2+(V_2-\bar{V})^2+(V_3-\bar{V})^2}{2}} \tag{4-33}$$

式(4－33)中：

$$\bar{V}=\frac{1}{n}\sum_{i=1}^{n} V_i=\frac{1}{3}(V_1+V_2+V_3) \tag{4-34}$$

2. 漂移

当被测流量恒定不变或恒为零时，超声水表输出值会随时间历程和介质温度变化而发生改变，同时测量列各数据段的平均值也会发生相应的改变。对于这些数据变化，既有符合某种变化规律的，如介质温度改变引起的测量数据改变(即“温漂”)，也有无任何变化规律可循的，如时间历程引起的测量数据改变(即“时漂”)。

通常，由温漂带来的测量误差可以补偿和修正，而由时漂引入的数据改变一般不能通过补偿和修正方法予以消除和削弱。时漂基本特征是，数据会在某个区间内波动，但不会出现显著的持续发散和收敛，是一种缓慢的趋势性变化。

1）温漂

对有规律可循的温漂数据，可以增设温度传感器，随时监测被测介质和环境的温度变化情况，通过引入温度修正系数基本消除温度变化给测量结果带来的影响。温度修正系数通常是根据不同的金属或非金属材料、电子元器件等受温度变化的规律来获得。式(4—35)是超声水表测量管金属材料受温度影响导致几何尺寸改变所引起测量误差的温度修正函数表达式。

$$q_{V\mathrm{t}}=(1+\alpha\Delta T)^3 q_{V\mathrm{m}}=[1+3\alpha\Delta T+3(\alpha\Delta T)^2+(\alpha T)^3]q_{V\mathrm{m}} \tag{4—35}$$

式中：

$q_{V\mathrm{t}}$——修正后的瞬时流量；

α——测量管金属材料的温度膨胀系数（不同材料的系数不同）；

ΔT——温度变化范围；

$q_{V\mathrm{m}}$——测量得到的瞬时流量。

2）时漂

时漂没有任何变化规律可循，因此很难对其进行补偿和修正。GB/T 778.1—2018规定，不允许对这类漂移进行预测和修正。

时漂通常由电子器件的内部噪声、模拟开关启闭的时间延迟、测量管等机械结构件随时间历程的尺寸蠕变，以及其他制造精密度等因素所引起。消除时漂影响需要采用高性能的计时芯片、高质量的外围器件（如晶振、模拟开关等）和高稳定性的机械结构件，提高它们的工作稳定度和信噪比，同时还应采用较长时间段的数据平均值来替代单次测量的结果。

3. 计数量化误差

计数量化误差会对计数型仪表（超声水表也是一种计数型仪表）的测量数据带来一定的误差，如果处理不当，会导致测量仪表的重复性变劣，测量结果的分散性变大。

现以对射声道结构的超声水表为例进行分析，其渡越时间差计算公式为

$$\Delta t\approx\frac{2D}{c^2\tan\varphi}\bar{v}_{\mathrm{x}} \tag{4—36}$$

在超声水表的流速、测量管道内径、超声换能器安装夹角和介质温度均确定的条件下，有以下设计参数：流速 $\bar{v}_{\mathrm{x}}=0.014\ 2$ m/s（相当于内横截面积 $A=0.007\ 85$ m^2 时的流量为 $q_V=Q_1=0.4\mathrm{m}^3/\mathrm{h}$）；测量管道内径 $D=100$mm；换能器安装夹角 $\varphi=45°$；当温度为20℃时，$c\approx1\ 500$m/s，可以得到渡越时间差 Δt 约为1 260ps。目前，计时芯片GP22的计时分辨力 δt 约为45ps，由此造成的计数量化误差 ε 可近似估算为

$$\varepsilon=\pm\frac{\delta t}{\Delta t}\times100\%\approx\pm3.6\% \tag{4—37}$$

显然，这一随机误差影响已显著超过准确度等级为2级的超声水表测量重复性的要求，因此是不能容忍的。要减少这一影响量，可以通过提高计时芯片的计时分辨力（如

GP30 的 δt 已经提高到 10 ps 左右)，但这也是有限度的。随着超声水表测量范围进一步扩大(即被测流量继续向下限延伸)，最小流速(流量)下的渡越时间差将会变得更小，因而计数量化误差影响也会随之更加显著。当前，比较有效的方法是对测量数据多次求平均值使均匀分布的计数量化误差趋向于零。根据数理统计原理，增加测量次数并取其算术平均值作为测量结果，平均值的实验标准偏差 $\sigma_{\bar{x}}$ 与单次测量的实验标准偏差 σ 的关系见式(4－38)。这样可以显著提高超声水表的测量重复性，降低随机效应的影响。

$$\sigma_{\bar{x}}=\frac{\sigma}{\sqrt{n}} \tag{4－38}$$

式中：

n——测量次数。

所以，当连续取 25 个测量数据进行平均算法处理后，其平均值的实验标准偏差可以降到原来实验标准偏差的五分之一，计数量化误差影响也随之降低。

4. 数据应用

测量数据的处理，应满足超声水表使用场景和数据分析计算需要，同时还应消除或削弱数据列中随机误差和零漂对测量结果带来的影响。通过以下测量管道内介质状态的分类描述与相应的数据处理，可以初步了解超声水表数据应用及处理的基本要求和方法。

超声水表在包装、储运以及装入管网使用等过程中，其测量管道内通常会出现以下几种介质状态。

1) 测量管道内无水状态(测量管道内充满空气)

测量管道内无水状态会经常出现，如产品放置在仓库、安装现场等地，或处于运输途中，或供水管道内暂时处于无水状态等，通常称这种状态为“空管”状态。在此类场景下，超声水表测量管道内充满了空气介质。由于空气的声阻抗与超声换能器声阻抗相差甚远，因此超声换能器发射的超声波大部分被空气反射而折回，根本到达不了接收换能器。这样超声水表就无法测量到正、逆向渡越时间，因而也就无法进行渡越时间差及流量等的计算。根据上述原理，可以通过判断超声换能器有无超声波接收信号作为“空管”状态识别与数据处理的依据。

当判定超声水表处于“空管”状态时，超声水表中的部分软硬件应停止工作，显示器上显示“空管”状态标识，并让显示器保持原有显示值不变。

2) 测量管道内充满静止水状态

这种状态在供水管道中很少出现，但在超声水表出厂特性校准时则较为常见。

理论上讲，当超声水表测量管道内的水充分静止时，超声波的正向渡越时间和逆向渡越时间是完全相等的，此时渡越时间差也应为零(可参见式 4－3)，因而计算得到的流量(流速)和体积值也为零。实际情况是，由于超声水表内电子电路产生的噪声、干扰，以及超声波在“收-发”过程中出现的随机性延时等原因，渡越时间差 Δt 就不可能为零，但也不等于某个恒定值。因此，当超声水表测量管道内流体处于绝对静止时，超声水表还是会出现所谓的“测量结果”，即“零漂”影响，也就是“零流量输出值”。

对于这种现象，超声水表可以设定一个阈值，对低于这一阈值的零流量输出值予以剔除，而显示器则保留原有显示值(体积值)不变；当零流量输出值超出设定的阈值时，需要对其做出修正和补偿，否则将会显著影响超声水表小流量测量结果的稳定性。

超声水表在正常使用条件下，由于零漂特性具有隐蔽性和严重危害性，且在实际使用中无法被发现，因此迫切需要对其开展深入研究与探索，并通过科技创新来消除或削弱其影响。

目前，零流量输出现象是影响超声水表流量测量范围向小流量拓展、测量准确度进一步提升的主要障碍。

3) 测量管道内充满持续流动水状态

这种状态是超声水表的正常工作状态与实际使用场景。

在这种状态与场景下，通常要求将超声水表设计成可独立设置和进行数据处理的两种模式，即检定模式与工作模式。

(1) 检定模式。处于检定模式时，超声水表需要满足检定分辨力、参数设置及校表台控制等要求。

超声水表在此模式下工作时，其显示分辨力往往要求比工作模式时高得多，这就要求超声水表具有运算字长变换和(或)显示小数位切换等功能。为了在检定较小用水量(即较短测量时间)的条件下，超声水表的显示分辨力满足标准规定的要求，需要将分辨力调高到0.01L，甚至是0.001L的水平上。而在工作模式下，超声水表分辨力通常达到1L就可满足需要了。

检定模式下，超声水表应有符合规定的“输入-输出”接口和约定的通信协议，同时也应满足校表台测量超声水表时的控制指令等要求。

(2) 工作模式。超声水表设置在工作模式时，只要超声水表电源供电和工作状态正常，其对管道内水介质的测量就是连续进行的，这与检定模式下的受控、限时测量等是有显著差别的。但两种模式的相同之处是超声水表测量数据都会受到内部噪声和外部干扰影响，且均会导致测量结果不真实。尤其在工作模式下，外部干扰(主要是被测水介质和使用环境产生的干扰)往往更加复杂和严酷，因而数据处理的有效性也就显得更为重要了。

超声水表测量数据中通常会出现两种误差。一种是系统误差，是在超声水表的加工制造和调试过程中产生的，原则上可以借助标准量采用校准方法予以消除和削弱；另一种是随机误差，它产生的原因较复杂，且具有不确定性。因此，除了硬件措施(如滤波、屏蔽、接地、隔离等)外，采用软件措施(即数据处理方式)削弱随机误差影响则是更为有效的途径与方法。通常情况下，可以采用数字滤波技术或数据平滑等方法削弱随机误差的影响。

4）数据处理举例

通过对超声水表在检定模式下运行时的关键测量数据的原理性分析与处理，可以帮助读者初步了解超声水表数据处理的部分过程和内容。图 4－25 是超声水表校准、测量过程中数据采样原理示意图。

现以反射声道结构（插入安装式超声换能器）的超声水表为例，对数据处理方法做出原理性分析与处理。

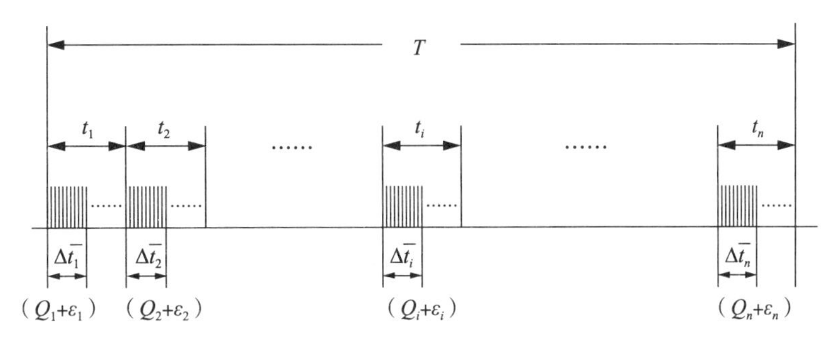

图中：

t_i——采样周期（即采样、计算、显示刷新的周期，一般为 0.5s 至 2s；$i=1,2,\cdots,n$）；

$\Delta\bar{t}_i$——采样周期内计算得到的时间差平均值；

T——一次测量（校准）周期；

Q_i——采样周期内计算得到的瞬时体积流量值；

ε_i——采样周期内体积流量中包含的误差值（主要由采样周期内剩余随机误差和零流量输出值所组成）。

图 4－25　超声水表校准、测量过程中数据采样原理示意图

式（4－39）是每个采样周期内时间差平均值的计算公式，式中的 $\bar{t}_{1i}$ 与 $\bar{t}_{2i}$ 分别由 t_{1j}（采样周期内的单次上行渡越时间，即超声波正向渡越时间）和 t_{2j}（采样周期内的单次下行渡越时间，即超声波逆向渡越时间）通过求平均值的方法得到［见式（4－40）］；两者相减后即可得到单个采样周期内的时间差平均值 $\Delta\bar{t}_i$。

$$\Delta\bar{t}_i=\bar{t}_{2i}-\bar{t}_{1i} \tag{4－39}$$

式（4－39）中：

$$\bar{t}_{1i}=\frac{1}{m}\sum_{j=1}^{m}t_{1j},\bar{t}_{2i}=\frac{1}{m}\sum_{j=1}^{m}t_{2j} \tag{4－40}$$

式中：

m——计算次数，一般应大于 10。

由式（4－40），对单次上、下行渡越时间 t_{1j} 和 t_{2j} 分别求平均值，可以较好地削弱很大一部分随机误差的影响。式（4－41）是采样周期内管道平均流速计算公式（经过 k_h 值的校准，此处线平均流速已转换为面平均流速）。

$$\bar{v}_i=k_h\,\frac{L}{2}\left(\frac{\Delta\bar{t}_i}{\bar{t}_{1i}\bar{t}_{2i}}\right) \tag{4－41}$$

式中：

k_h——流速校准系数；

L——反射声道结构中两反射体之间的距离。

采样周期内，管道内体积流量 Q_i 和用水体积值 V_i（即累积流量）分别可由式（4－42）和（4－43）计算获得。

$$Q_i = A\,\bar{v}_i \tag{4－42}$$

式中：

A——管道内横截面积。

$$V_i = Q_i t_i \tag{4－43}$$

上述数据可以在测量周期 T 内进行处理，并由此得到测量周期内的体积值 V，以及相应的影响量（即采样周期内体积值包含的误差 $\sum_{i=1}^{n}\varepsilon_i t_i$），详见式（4－44）。

由于

$$t_1 = t_2 = \cdots = t_i = \cdots = t_n = t$$

所以

$$t_1 + t_2 + \cdots + t_i + \cdots + t_n = nt = T$$

则计算结果为

$$\begin{aligned}
&(Q_1+\varepsilon_1)t_1+(Q_2+\varepsilon_2)t_2+\cdots+(Q_i+\varepsilon_i)t_i+\cdots+(Q_n+\varepsilon_n)t_n \\
&=Q_1t_1+\varepsilon_1t_1+Q_2t_2+\varepsilon_2t_2+\cdots+Q_it_i+\varepsilon_it_i+\cdots+Q_nt_n+\varepsilon_nt_n \\
&=Q_1t_1+Q_2t_2+\cdots+Q_it_i+\cdots+Q_nt_n+\varepsilon_1t_1+\varepsilon_2t_2+\cdots+\varepsilon_it_i+\cdots+\varepsilon_nt_n \\
&=V_1+V_2+\cdots+V_i+\cdots+V_n+(\varepsilon_1t_1+\varepsilon_2t_2+\cdots+\varepsilon_it_i+\cdots+\varepsilon_nt_n) \\
&=V+\sum_{i=1}^{n}\varepsilon_it_i
\end{aligned} \tag{4－44}$$

式（4－44）表明，在测量周期 T 内，测量结果中包含了超声水表测得的体积值 V 和剩余随机波动与零流量输出影响量 $\sum_{i=1}^{n}\varepsilon_i t_i$，这说明测量期内测得的结果中存在不确定性。

4.6　多声道超声流体测量

封闭管道内水流体的流速分布在遇到管道阻流件（如：弯头、阀门、三通等）时会发生畸变，但这是供水管道上安装超声水表所不可避免的环境条件之一。通常，超声水表测量特性的校准均是建立在流速对称分布（即充分发展的流态条件）基础上。流速分布畸变会导致出厂校准合格的超声水表在现场使用时出现较大的附加测量误差。如何抑制这种不利条件，消除出厂校准与现场使用中的不一致，需要用到多声道超声测量与信号处理技术。图 4－26 是封闭管道内流速对称分布与流速发生分布畸变时的示意图。

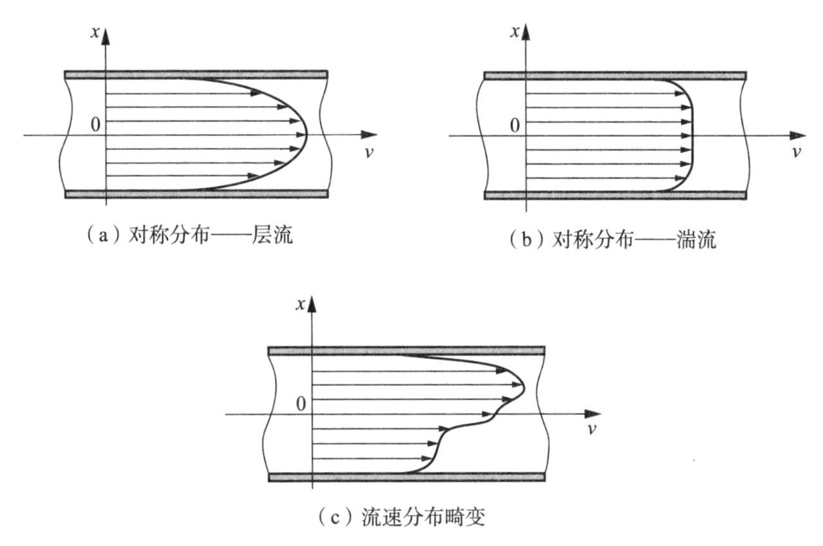

（a）对称分布——层流　　（b）对称分布——湍流

（c）流速分布畸变

图 4－26　流速对称分布与分布畸变时的示意图

4.6.1　多声道超声测量原理

在实际使用中，超声水表大多采用多声道设置方式来减少流场畸变引入的测量误差。在多声道超声水表中，将多组超声换能器分别平行地安装在测量管的不同径向截面上，各声道获得的线平均流速通过权重系数 w_i 校准后，可以近似代表相应平行条带内的流速平均值，采用加权求和的方法可以得到整个测量圆截面内的平均流速值和瞬时流量值。

图 4－27 是双声道超声水表的声道设置图，它将测量圆截面分成上下两部分，通过两组超声换能器（即两条声道）对流体分布进行测量与求和，得到测量圆截面的平均流速值。

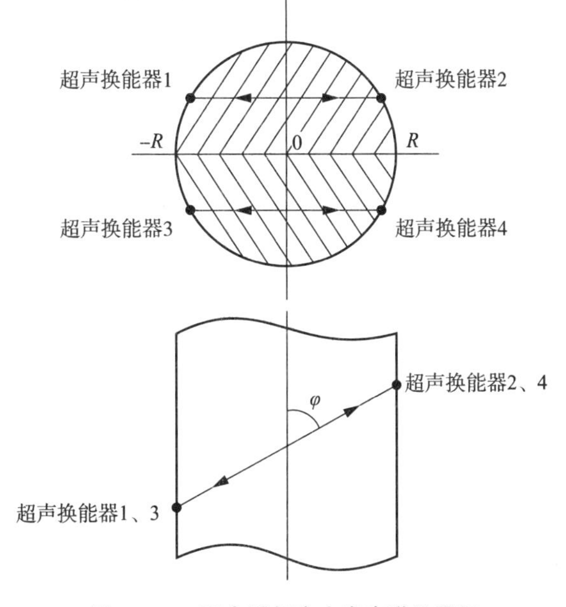

图 4－27　双声道超声水表声道设置图

图 4—28 是超声水表第 i 声道在测量圆截面上的位置参数图。图 4—28 中：两个小圆及相互间的连线代表了第 i 声道上一对超声换能器及其声道的位置；l_i 为第 i 声道一对超声换能器之间的距离 $l_p(r_i)$ 在圆截面上的投影，即弦线长度；Δr_i 为第 i 声道以高度距离 r_i 为中心的平行条带的宽度；R 为测量圆截面的半径；ΔA 为剖面部分的面积（可视为截面上的面元）。

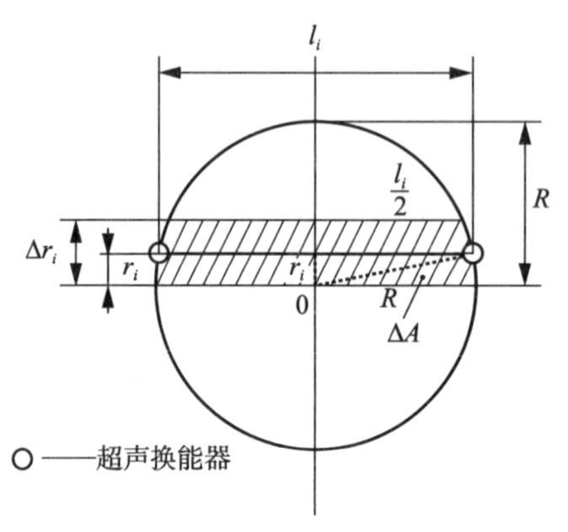

图 4—28　超声水表第 *i* 声道位置参数图

根据 ISO/TR 12765:1998 规定，可用式(4—45)和式(4—46)求得多声道超声水表测量圆截面的平均流速 $\bar{v}_m$ 和体积流量 q_V。

$$\bar{v}_m=\left(\frac{2}{A}\right)\sum_{i=1}^{n}w_i\bar{v}_i(r_i) \tag{4—45}$$

$$q_V=A\,\bar{v}_m \tag{4—46}$$

式中：

n——声道数；

w_i——第 i 声道的权重系数；

$\bar{v}_i(r_i)$——第 i 声道，r_i 处的线平均流速；

r_i——第 i 声道偏离测量轴线的距离；

A——测量管道内横截面积。

4.6.2　超声声道设置

声道设置的位置是由超声水表所采用的积分算法决定的。声道数量的多少，应根据测量环境条件、测量准确度要求以及测量成本等因素决定。目前，积分算法主要有高斯法(Gauss)和高斯-雅克比法(Gauss-Jacobi)等。根据不同的声道数，高斯法和高斯-雅可比法均可提供每个声道的权重系数 w_i 和声道的位置值$\frac{r_i}{R}$，进而计算出截面流速的平均值。

图 4—29 是八声道超声水表的声道典型设置图。图 4—29 中 Ai-1/Ai-2(i=1,2,3,4)是 A 测量平面上的四组超声换能器，Bi-1/Bi-2(i=1,2,3,4)是 B 测量平面上的另外

四组超声换能器；黑圆点表示超声换能器在测量管上的安装位置；八组超声换能器构成了超声水表的 8 个声道(即在 A 与 B 测量平面上各设置了 4 个超声声道)。

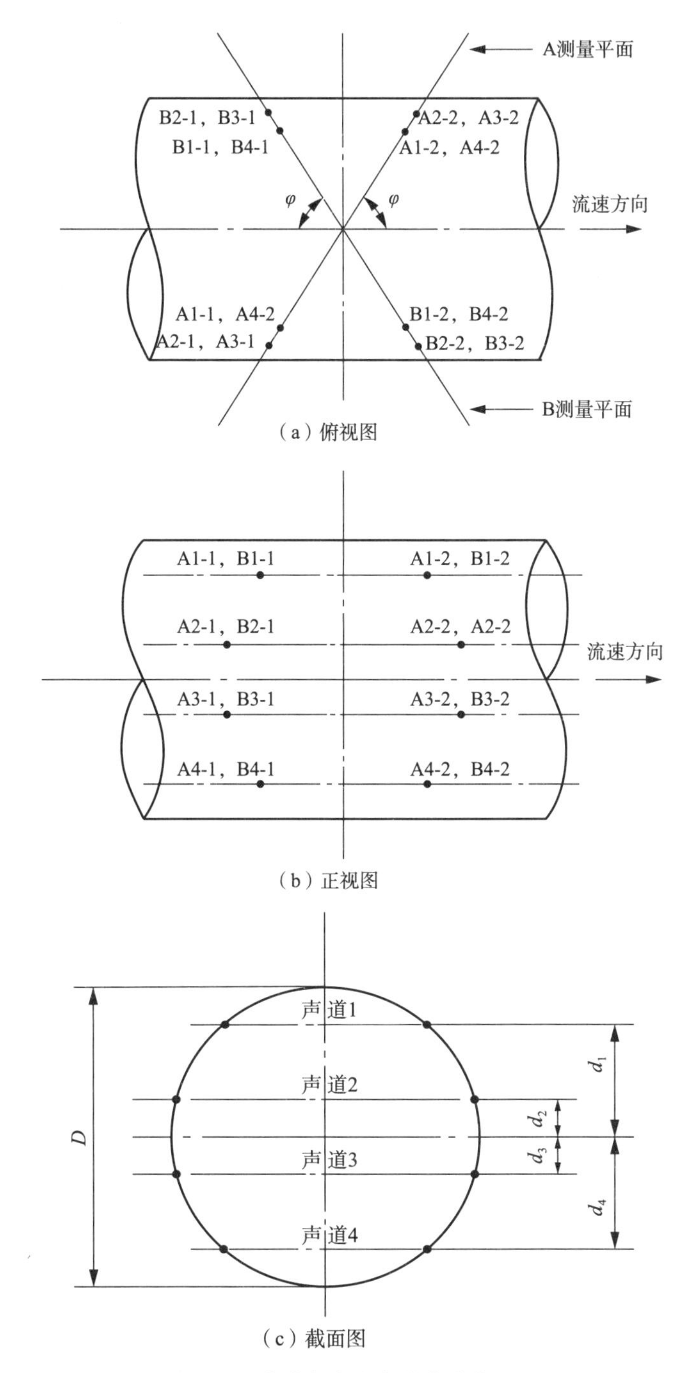

图 4－29　八声道超声水表的声道典型设置图

图 4－30 是多声道超声水表常见的声道设置示意图。图 4－30 中交叉设置的声道有助于抵消部分横向流(如涡流)的影响，而单一平面设置的声道则可满足某些流速畸变

时的测量需要，并且生产加工也较为方便。

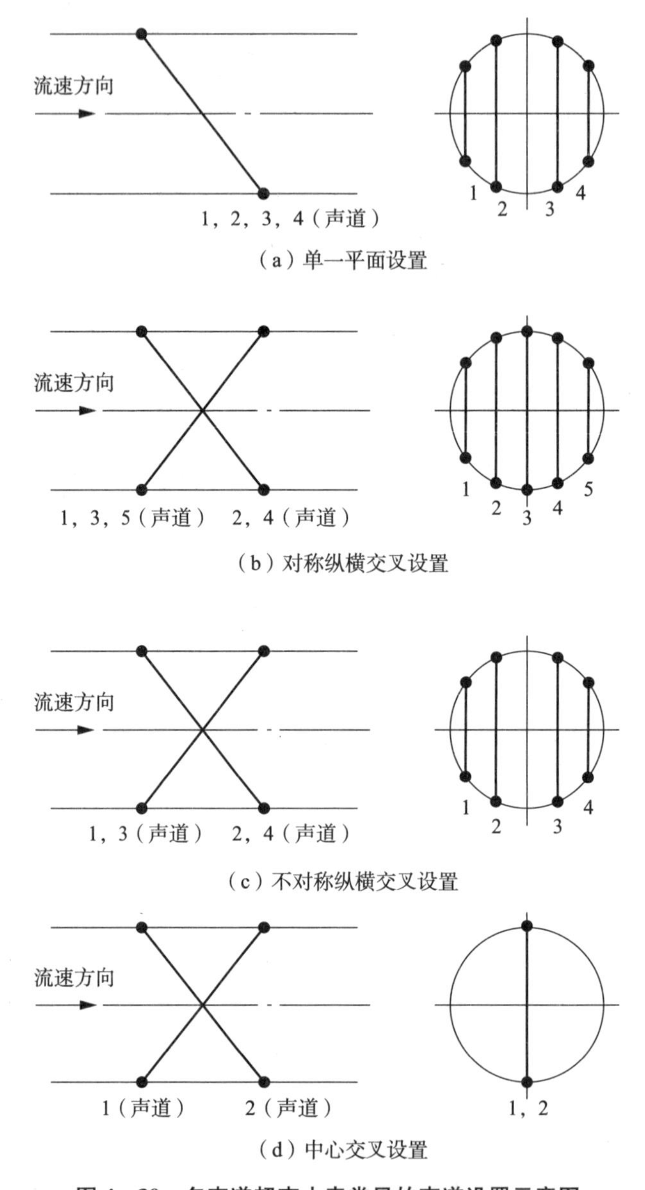

图 4—30　多声道超声水表常见的声道设置示意图

4.6.3　多声道流速计算公式

对于圆形测量截面的超声水表，设偏离测量轴线距离 r 处的水的流速为 $\overline{v}(r)$，可以将管道内水的流动速度定义为 $\overline{v}(r)$ 对面元 $\mathrm{d}A$ 的面积分，见下式：

$$\overline{v}_{\mathrm{m}}=\frac{1}{A}\iint_{A}\overline{v}(r)\mathrm{d}A \tag{4-47}$$

现设 r 处声道的弦线长度为 $l(r)$，则面元 $\mathrm{d}A$ 为

$$\mathrm{d}A=l(r)\mathrm{d}r \tag{4-48}$$

式中：

dA——偏离测量轴线距离 r 处的面元；

dr——弦线的线元。

将式(4—48)代入式(4—47)，并将 r 处的流速 $\overline{v}(r)$ 转换成 dr 内的面平均流速 $\overline{v}(r)$ 的线积分，得到

$$\overline{v}_{\mathrm{m}}=\frac{1}{A}\int_{-R}^{R}l(r)\overline{v}(r)\mathrm{d}r \tag{4—49}$$

参考图 4—28，$l(r)$ 可由下式计算获得：

$$l(r)=2\sqrt{R^2-r^2} \tag{4—50}$$

将式(4—50)代入式(4—49)，得到

$$\overline{v}_{\mathrm{m}}=\frac{2}{A}\int_{-R}^{R}\sqrt{R^2-r^2}\,\overline{v}(r)\mathrm{d}r \tag{4—51}$$

实际应用中，超声水表流速计算公式中 r 的取值需经离散化处理，便于超声水表内嵌入式计算机系统的计算与处理。离散化的管道面平均流速为式(4—45)，即

$$\overline{v}_{\mathrm{m}}=\left(\frac{2}{A}\right)\sum_{i=1}^{n}w_i\overline{v}_i(r_i)$$

式(4—45)中：

$$\overline{v}_i(r_i)=\frac{l_{\mathrm{p}}(r_i)}{2\cos\varphi}\cdot\left(\frac{\Delta t}{t_{2-1}\cdot t_{1-2}}\right) \tag{4—52}$$

式中：

$l_{\mathrm{p}}(r_i)$——第 i 声道一对超声换能器之间的距离；

n——声道数；

w_i——第 i 声道的权重系数(由积分算法所决定)。

当单声道超声水表在过轴线处设置声道时，$l(r=0)$ 与测量管道内径 D 近似相等，两超声换能器之间的距离 $l_{\mathrm{p}}(r=0)$ 为

$$l_{\mathrm{p}}(r=0)=\frac{l(r=0)}{\sin\varphi}\approx\frac{D}{\sin\varphi} \tag{4—53}$$

将式(4—53)代入式(4—52)，就可得到式(4—11)所示的单声道超声水表线平均流速，即

$$\overline{v}_i\Big|_{r=0}=\overline{v}_{\mathrm{x}}=\frac{D}{2\sin\varphi\cos\varphi}\left(\frac{\Delta t}{t_{1-2}t_{2-1}}\right)$$

第五章

超声换能器

超声换能器主要可以分为超声检测型换能器和超声功率型换能器等。

超声检测型换能器主要应用于超声测量技术，如：超声流体检测、几何量检测、医用检测、探伤检测以及水下物体探测(声呐)等。其基本特性是要满足测量仪器对超声波发射与接收信号的要求，需要具有较高的工作稳定性与可靠性。通常超声检测型换能器的发射声功率较低，接收灵敏度较高，体积相对较小。

超声功率型换能器主要应用于超声波焊接、清洗、切割等场合，因此要求超声换能器有很大的发射声功率和较高的工作效率，应能满足在大功率工况条件下工作的一切要求。

超声换能器需要同时承担超声波的发射与接收任务，因此对其性能要求比较高。超声水表的换能器采用的是超声检测型换能器，通常采用压电陶瓷材料的圆薄片厚度振动模式，结构比较紧凑，激励功率比较低，因此超声波的传输距离也较短。

5.1 超声换能器原理与结构

5.1.1 超声换能器工作原理

超声检测型换能器是所有超声测量应用设备中最为重要的器件之一。作为“电-机-声”转换器件，超声换能器的主要功能是将一种能量(如电能/声能)转换为另一种能量(如声能/电能)。

1. 超声换能器分类

(1) 按照能量转换的机理和选用换能材料的不同，可将超声换能器分为：压电换能器、磁致伸缩换能器、静电(电容型)换能器及机械型换能器等。

(2) 按照振动模式的不同，可将超声换能器分为：纵向(厚度)振动换能器、剪切振动换能器、扭转振动换能器、弯曲振动换能器、纵-扭复合及纵-弯复合振动模式换能器等。

(3) 按照工作介质的不同，可将超声换能器分为：气体换能器、液体换能器和固体换能器等。

(4) 按照工作状态的不同，可将超声换能器分为：发射换能器、接收换能器和发射接收换能器等。

(5) 按照输入功率和信号特征的不同,可将超声换能器分为:超声功率型换能器、超声检测型换能器、脉冲信号换能器、调制信号换能器和连续波信号换能器等。

在超声水表中,由于测量渡越时间差的需要,必须将发射换能器与接收换能器两者的功能集于一身,即每个超声换能器既可用于发射超声波,也可用于接收超声波。同时,超声换能器需要有较高的发射效率与接收灵敏度,较稳定的长期工作特性和较高的性价比,因此目前都选用压电陶瓷材料作为超声换能器的能量转换元件。

2. 压电换能器

在众多的超声换能器中,压电换能器是应用最为广泛的一种换能器。压电换能器是利用各种具有压电效应的元件材料将电信号转换成声信号,或将声信号转换成电信号,从而实现能量的转换。

1) 压电效应

某些压电晶体或压电陶瓷,当受到沿着一定方向的外力作用时,内部就会产生极化现象,同时在压电晶体或压电陶瓷两个表面上产生符号相反的电荷;当外力去掉后,又恢复到不带电荷状态;当作用力方向改变时,电荷的极性也随之改变。压电晶体或压电陶瓷受力所产生的电荷量与外力的大小成正比。上述现象通常称为正压电效应,见图 5—1(a)。反之,如果对压电晶体或压电陶瓷施加交变电场,压电晶体和压电陶瓷将会产生机械形变,这种现象称为逆压电效应,见图 5—1(b)。

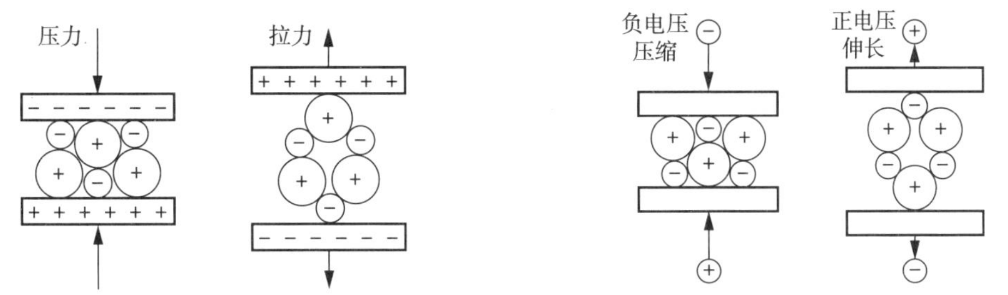

(a) 压电晶体或压电陶瓷受到压(拉)力时的电荷分布　(b) 对压电晶体或压电陶瓷施加交变电场时的状态

图 5—1 正、逆压电效应原理图

2) 压电特性

压电材料主要由压电晶体、压电陶瓷、复合压电材料及压电薄膜(即聚偏氟乙烯,PVDF 或 PVF_2)等组成。其中,压电晶体主要有:石英晶体、铌酸锂($LiNbO_3$)等材料;压电陶瓷主要有:钛酸钡($BaTiO_3$)、锆钛酸铅[$Pb(Zr_1Ti)O_3$,简称 PZT]、偏铌酸铅($PbNb_2O_6$)、钛酸铅($PbTiO_3$)等材料。

表 5—1 是几种常用压电材料的主要常数,表 5—1 中,压电材料的居里温度指压电材料完全丧失压电效应时的温度值;介电常数反映了材料的介电特性,与阻抗匹配有关系;压电应变常数 d_{33} 指压电体处于应力恒定时,由于电场强度变化所产生的应变变化与电场强度变化之比,它与压电材料的发射特性有关;压电电压常数 g_{33} 指压电体在电位移恒定

时，由于应力变化所产生的电场强度变化与应力变化之比，它与压电材料接收性能有关。

表 5—1　几中常用压电材料的主要常数

压电材料	居里温度 ℃	相对介电常数	声特性阻抗 10^6kg/m^2·s	压电应变常数 d_{33} 10^{-12}m·V	压电电压常数 g_{33} 10^{-3}V·m/N
石英晶体	570	4.5	15.2	2.0	50
钛酸钡	113	1 700	30	160	13
锆钛酸铅	190～300	1 500	28	320	24.4
偏铌酸铅	＞400	300	20.5	85	32
钛酸铅	120	27	27	125～190	14～21

压电陶瓷是目前压电换能器中用得最为普遍的能量转换材料，它的主要优点有：

(1) 机电转换效率高，一般可以达到 80%左右；

(2) 容易加工成型，可以制造成圆盘、圆环、圆筒、圆柱、矩形以及球形等形式；

(3) 改变压电陶瓷材料成分，可以得到具有不同性能的超声换能器，如发射换能器、接收换能器和发射接收换能器等；

(4) 耐湿、耐高温；

(5) 制造成本低廉，性能比较稳定，易于批量生产。

压电陶瓷材料的主要缺点是：脆性大、抗压强度低、大面积元件成型困难及超薄的高频材料不易加工等。

压电陶瓷是多晶体压电材料，多数具有铁电效应。它们除了具有压电性外，还具有热释电性，因此压电陶瓷也可作为红外探测器的传感元件使用。目前，压电陶瓷种类很多，但应用最为广泛的则是 PZT 压电陶瓷。

原始的压电陶瓷并不具有压电性。这种陶瓷材料内部具有无规则排列的“电畴”，这种电畴与铁磁物质的磁畴相类似。为了使其具有压电性，就必须在一定温度下做极化处理。所谓极化，就是以强电场使“电畴”规则排列，从而呈现出压电性。在极化电场除去后，电畴基本保持不变，有较强的剩余极化，压电陶瓷极化过程示意图见图 5—2。

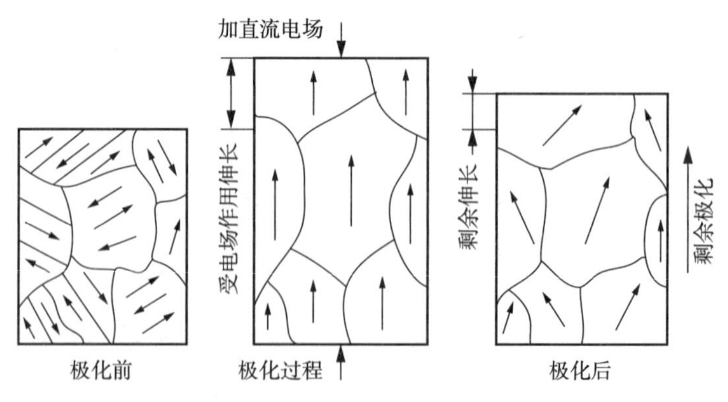

图 5—2　压电陶瓷极化过程示意图

性能良好的压电陶瓷，离不开先进的压电陶瓷生产工艺、工艺条件和工艺参数等。压电陶瓷生产过程主要包括了：配料、混合、粉碎、预烧、成型、上电极、极化和测试等。

除了 PZT 压电陶瓷外，还有铌酸锂也较适合作为超声换能器的能量转换材料。

3) 厚度振动模式

对于一个弹性体，理论上可以有无穷多个振动模式，但对于有使用价值的压电元件而言，其振动模式则是有限的。这些振动模式有单一形式的也有复合形式的。对于单一振动形式，一般可以将其分为三种类型的振动，即厚度振动、剪切振动和弯曲振动。

对于超声水表与超声流量计用的超声换能器来说，其压电元件通常工作于厚度振动模式。厚度振动模式的能量转换元件（即压电元件）一般采用圆薄片形式的压电陶瓷材料，它的几何形状、极化和激励方式等示意图见图 5－3。厚度振动模式压电元件的反谐振频率与厚度成反比，见下式：

$$f_a=\frac{n}{2d}\sqrt{\frac{c_{33}^{D}}{\rho}} \tag{5-1}$$

式中：

f_a——压电元件的反谐振频率（反谐振频率的基波应取 $n=1$），Hz；

d——圆薄片元件厚度，m；

c_{33}^{D}——开路弹性刚度系数，$N\cdot m^{-2}$；

ρ——压电元件材料密度，$kg\cdot m^{-3}$。

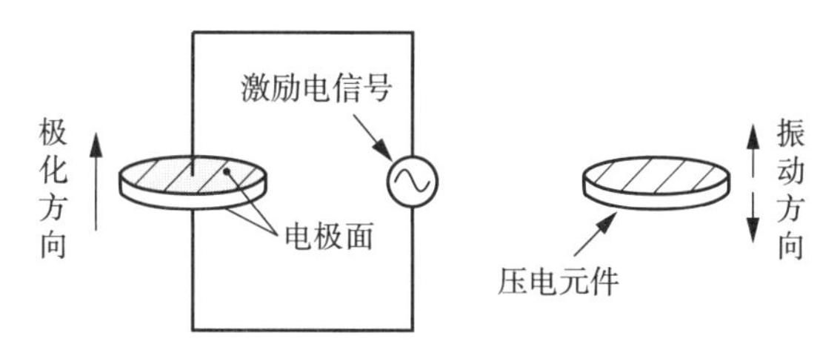

图 5－3　厚度振动模式的压电元件示意图

由于圆薄片的厚度可以做得非常薄，所以采用厚度振动模式的超声换能器，其工作频率可以达到很高的值，一般在几兆赫兹至数十兆赫兹范围内。

当厚度振动模式的超声换能器工作时，在做厚度方向振动的同时，还会激发出径向振动的基波和谐波。为了避免超声换能器径向振动带来的干扰，必须合理调整圆薄片的尺寸。当圆薄片的直径 D 和厚度 d 之比大于 20 时，可以得到较好的厚度振动的基波响应。

压电元件的振动频率与超声换能器的固有频率很接近，也必须与工作用的激励频率相一致。压电元件的振动频率主要取决于材料厚度和超声波在材料中的传播速度。为了得到较高的振动效率，应使压电元件处于共振（谐振）状态，即要求材料厚度接近或达到 1/2 波长。压电元件直径与超声波半扩散角成反比，直径越大，波束就越窄。

5.1.2 超声换能器基本结构

超声换能器通常选用厚度振动模式，设计成图 5－4 所示的结构，主要由压电元件与双面银涂覆层、阻抗匹配材料、吸收材料、超声换能器外壳及信号引出(接入)线等组成。

为了使超声波顺利进入到阻抗较低的被测水介质中，压电元件前面必须设置一种及以上的阻抗匹配材料；同时，为了使压电元件发射超声波后能够快速停止振动，便于超声换能器正常进行接收或进行第二次发射，压电元件背面也应设置相应的吸收材料。阻抗匹配材料和吸收材料的选用应符合相关的要求。

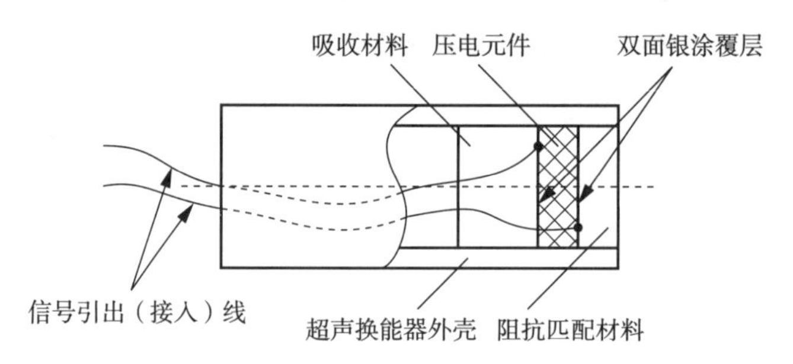

图 5—4　厚度振动模式超声换能器结构示意图

1) 阻抗匹配材料

通常情况下，采用一种阻抗匹配材料就能基本符合超声水表使用的要求；特殊情况下，如声距较长时，为了增加超声波发射的透射性，也可采用两种阻抗匹配材料来改善超声波的传输特性。阻抗匹配材料宜采用低密度、低声速的高分子材料制成，如氟塑料、聚乙烯等，其厚度通常为 $\lambda/4$(λ 为超声波的波长)的奇数倍。

2) 吸收材料

在压电元件背面设置的高阻抗、高衰减的吸收材料，因其阻尼作用可使压电元件的谐振过程快速终止。这样做可使超声换能器发射超声波的脉冲宽度变窄，对提高超声换能器检测分辨力有利。但吸收材料的使用也会降低超声换能器的机械品质因数，使其接收灵敏度降低。

3) 信号输入与输出

压电元件经过高电压极化处理，在其两表面镀有金属银层，作为电极使用，由此可以将激励信号引入压电元件，或将接收到的超声波电信号引出。当把一定频率和功率的交流信号加到超声换能器压电元件的两电极上时，圆薄片的厚度将随交变电场的频率而变化，此时，因正压电效应而使超声换能器成为发出超声波的声源；反之，当圆薄片接收到超声波时，压电陶瓷的逆压电效应也会使其厚度发生周期性变化，并在其两电极上输出与声源同频率的电信号。

4）超声换能器外壳

多数情况下，压电元件用高强度环氧树脂黏结剂黏结在阻抗匹配材料上，有时可直接将阻抗匹配材料设计成超声换能器的外壳使用。

超声换能器外壳要有足够的机械强度和长期工作的稳定性，避免超声换能器安装与使用时因外壳受力产生形变造成压电元件产生附加干扰电荷，影响超声水表正常工作。超声换能器工作时外壳受到的外力主要来自管道内水的瞬时压力或水锤影响，当然还有装配过程中过度受力等因素造成的扭应力影响。

超声换能器外壳必须有极好的密封性，防止潮气侵入。如果压电元件受潮，将会大大降低超声换能器的发射声功率和接收灵敏度，甚至出现失效。

5）工作频率

用于测量液体流量的超声换能器，其工作频率通常在 1.0MHz～5.0MHz 范围内。过高的工作频率会导致超声波在被测水介质中发生较大的衰减；如果频率过低，也会使超声换能器体积增大，接收波形斜率减小。压电元件的工作频率可由下式确定：

$$f_0=\frac{k_d}{d} \tag{5-2}$$

式中：

f_0——压电元件工作频率，kHz；

k_d——频率常数（PZT 约为 2 200），kHz·mm；

d——压电元件厚度（应远小于直径尺寸），mm。

在设计超声换能器时，需要重点关注以下几个问题：

(1) 超声换能器要有足够的发射声功率和接收灵敏度，以及较尖锐的声束指向性；

(2) 发射、接收的超声波信号，其波形畸变应小且无杂波；

(3) 外壳密封性好（在测量液体介质时尤为重要）；

(4) 具有耐环境腐蚀、振动、温度、湿度等影响的特性；

(5) 有足够的机械强度和使用可靠性；

(6) 安装方便、牢靠。

5.1.3 超声换能器主要指标

评价超声换能器的性能指标主要有：工作频率、机电转换系数、机电耦合系数、品质因数、阻抗特性、指向特性、频率特性、发射声功率、传输效率、接收灵敏度、等效噪声电压等。

1）工作频率 f_0

发射与接收换能器的工作频率 f_0 应等于它自身固有频率的基频，这样可以获得最佳工作状态，取得最大的发射声功率、传输效率和接收灵敏度。发射与接收换能器的发射与接收频率是相等的。

2）机电转换系数 n

机电转换系数 n 指超声换能器在机电转换过程中，其转换后的力学量（或电学量）与转换前的电学量（或力学量）之比。发射换能器和接收换能器的机电转换系数 n_1 和 n_2 的计算公式分别为

$$n_1=\frac{F_1}{M_1} \tag{5-3}$$

$$n_2=\frac{M_2}{F_2} \tag{5-4}$$

式中：

F_1——发射换能器输出的力或振速；

M_1——发射换能器施加的电压或电流；

F_2——接收换能器输入的力或振速；

M_2——接收换能器输出的应变电势或应变电流。

3）机电耦合系数 k^2

超声换能器机电耦合系数 k^2 用来描述能量转换过程中能量相互耦合的程度。发射换能器和接收换能器的机电耦合系数 k_1^2 和 k_2^2 的计算公式分别为

$$k_1^2=\frac{P_1}{T_1} \tag{5-5}$$

$$k_2^2=\frac{T_2}{P_2} \tag{5-6}$$

式中：

P_1——发射换能器机械振动系统因力效应而获得的交变机械能；

T_1——发射换能器电磁系统所储存的交变电磁能；

P_2——接收换能器机械系统因声场信号作用而储存的交变机械能；

T_2——接收换能器电磁系统因电效应获得的交变电磁能。

4）品质因数 Q

通常采用电品质因数 Q_e 和机械品质因数 Q_m 来共同描述超声换能器的品质因数。可以利用超声换能器的等效电路图和等效机械图来求得超声换能器等效的 Q_e 和 Q_m。

超声换能器的 Q 值与其工作频带宽度和传输能量的效率有密切关系，Q 值的大小不仅与超声换能器的材料、结构、机械损耗有关，还与辐射声阻抗、振动模式等有关。同一个超声换能器处于不同介质中时，其 Q 值是不相同的。

5）阻抗特性

超声换能器作为机电四端网络，它具有一定的特性阻抗和传输常数。通常要求超声换能器分别与发射电路和接收电路相匹配，所以在设计时除了应计算出超声换能器的等效输入电阻抗，还应分析其各种阻抗特性，如等效电阻抗、等效机械阻抗、静态和动态阻抗、辐射阻抗等。

6）指向特性

对超声换能器而言，指向特性的尖锐程度决定了其能量的集中程度和作用距离。

7）频率特性

频率特性指超声换能器的一些重要参数指标随工作频率变化的特性。

8）发射声功率

发射声功率是描述一个发射换能器在单位时间里向介质声场辐射多少声能的物理量，它的大小直接影响超声信号的作用距离。超声换能器的发射声功率一般是随工作频率变化的，工作频率为机械谐振频率时超声换能器可以获得最大的发射声功率。

9）传输效率

超声换能器作为能量传输网络，其传输效率通常采用三个不同的效率概念来描述，即机电效率 η_{me}、机声效率 η_{ma} 和电声效率 η_{ea}。超声换能器的各种效率不仅与其工作频率有关，也与超声换能器的类型、材料、结构等有关。

10）接收灵敏度

接收换能器的灵敏度分为自由场电压灵敏度和自由场电流灵敏度两种。

自由场电压灵敏度 $M_u(\omega)$ 指接收换能器的输出电压与在声场中引入超声换能器之前该点的自由声场声压的比值，其计算公式为

$$M_u(\omega)=\frac{U(\omega)}{P_f(\omega)} \tag{5-7}$$

式中：

$U(\omega)$——接收换能器电负载上所产生的电压，V；

$P_f(\omega)$——接收换能器接收面处自由声场的声压，μPa。

自由场电流灵敏度 $M_i(\omega)$ 指接收换能器的输出电流 $i(\omega)$（单位为 A）与在声场中引入超声换能器之前该点的自由声场声压的比值，其计算公式为

$$M_i(\omega)=\frac{i(\omega)}{P_f(\omega)} \tag{5-8}$$

11）等效噪声电压

接收换能器内部电-声转换器件在一定温度下因内部分子热运动而产生的噪声，称为固有噪声。固有噪声的大小决定了接收换能器所能测量的有用信号的最小可能值，它包含许多频率成分，可用 1Hz 频带宽度上的均方根电压值来衡量其大小。将一正弦超声波入射到接收换能器上，当接收换能器输出电压的有效值等于接收换能器固有噪声在 1Hz 频带宽度上的均方根电压值时，则入射声压的有效值称为等效噪声电压。

5.2 换能器常用材料

换能器材料主要包括压电元件材料、阻抗匹配材料、吸收材料、黏结材料、换能器外

壳以及密封材料等几种。其中最为重要的是压电元件材料、阻抗匹配材料和吸收材料这三种。

5.2.1 压电元件材料

目前,用作换能器振子的压电元件主要有:压电晶体、压电陶瓷、压电半导体、压电高分子聚合物等。

1. 石英晶体

石英晶体有天然和人工培育两种。石英晶体性能稳定,随着温度和时间的变化其产生的变化非常小。200℃以下时,其压电常数几乎与温度变化无关。石英晶体的机械性能也很好,易于切割、研磨和抛光加工;因机械损耗小,石英晶体的机械品质因数 Q_m 值可高达 10^6。石英晶体的介电系数较低,谐振时阻抗较高,广泛用于制作高稳定性的晶振元件及高选择性的滤波器;用其制作的大功率发射换能器可在高温下工作。

石英晶体的熔点为 1 750℃,线膨胀系数约为 1.5×10^5,体积电阻率大于 $10^{12}\,\Omega\cdot m$,密度为 2.65×10^3 kg/m^3,安全应力最高为 95×10^6 N/m^2,X 切割棒的声速为5 450 m/s,X 切割板的声速为 5 700 m/s,Y 切割板的声速为 3 860 m/s。

在使用石英晶体时必须注意其切割取向,切割的方位不同,晶体的性能将不同。X 切割常用于厚度振动模式,Y 切割和 AC 切割常用于纯剪切模式;用 AT、BT 等切割方式时,频率温度系数很小,可用于频率控制的压电元件,还常用于高频滤波器元件;而 CT、DT、ET、FT 切割可用于低频滤波器元件;石英晶体中的声速衰减与切割方式和波传播方向有关。

2. 其他压电晶体

除了石英晶体外,常用的还有酒石酸钾钠($NaKC_4H_4O_6\cdot4H_2O$,简称 RS 或 KNT)和铌酸锂等压电晶体材料。

1) *酒石酸钾钠*

这种晶体机械性能比较差,承受不了大功率的振动,但具有铁电性,有电滞损耗,工作频率不能太高,一般只能在声频范围内工作。20 世纪 40 年代,这种压电材料作为换能器材料曾起到过重要作用,主要用作水声换能器、电唱机的拾音器、微音器以及晶体喇叭等。酒石酸钾钠主要缺点是性能不稳定,温度高于 55℃时晶体会分解为酒石酸钾和酒石酸钠,所以使用时一定要控制温度。在 20℃下,相对湿度低于 35%时晶体会脱水,相对湿度大于 85%时晶体会潮解,因此使用时应将其密封。

酒石酸钾钠有两个居里温度,一个是 24℃,另一个是−18℃,在−18℃~24℃它是铁电体;在两个居里温度之外,铁电性消失,它变成一般的压电晶体。当它用作换能器材料时,常采用厚度振动模式;在用于电唱机的拾音器时,普遍采用弯曲振动模式;在声频范围内使用时,常使用 45°的 X 切割方式;当需要有较好稳定性使用场合时,一般采用 Y 切割方式。

2）铌酸锂

铌酸锂具有较强的压电效应，性能稳定。它的居里温度可高达 1 210℃，熔点为 1 240℃，机械品质因数 Q_m 高达 10^5；不溶于水，化学性能稳定；在 36°的 Y 切割时，厚度振动的耦合系数可达 0.55；频率常数高，适用于制作高频换能器，其频率常数为 3.62 MHz·mm。超声波在铌酸锂内的传播损失小，在 500MHz 时传播损失小于 0.05dB/cm。铌酸锂的声阻抗高，与压电陶瓷相当，约为 34×10^6 kg/m²，被广泛应用于超声换能器中。

3. 压电陶瓷

压电陶瓷是压电多晶体材料。目前，压电陶瓷在压电材料中无论是数量还是质量均处于支配地位，其原因是它有以下优点：(1)所用原材料价廉，且容易得到；(2)具有非水溶性，遇潮不易损坏；(3)压电性能优越；(4)品种繁多，性能各异，可满足不同设计要求；(5)机械强度好，易于加工成各种不同的形状和尺寸；(6)采用不同的形状和不同的电极化轴，可以得到所需的各种振动模式；(7)制作工艺较简单，生产周期较短，价格适中。

压电陶瓷有一元系、二元系和三元系之分。一元系中有钛酸钡、钛酸铅、铌酸钾钠（$Na_{0.5}K_{0.5}NbO_3$）和偏铌酸铅（$PbNb_2O_6$）等；二元系中有 PZT 和偏铌酸铅钡（$Pb_{0.6}Ba_{0.4}Nb_2O_6$）等；三元系的类别很多，如：铌镁-锆-钛酸铅、铌锌-锆-钛酸铅、铌锰-锆-钛酸铅等。

以下对一元系和二元系压电陶瓷材料特性做出简要介绍。

1）钛酸钡压电陶瓷

钛酸钡是发现最早并得到广泛应用的压电陶瓷。其居里温度较低，约为 115 ℃；机电性能在常温范围内很不稳定且老化率较大，在强电场下其介质损耗也较大，电场强度升高到 6kV/cm～8kV/cm 时，$\tan\delta_e$ 增大到 0.1，这样在大功率情况下其使用就受到了限制。

为了提高钛酸钡的性能，可采用离子替换或添加少量添加物的方法，以 Pb^{2+} 置换 Ba^{2+}，可使居里温度升高到 490℃；以 Ca^{2+} 置换 Ba^{2+}，虽然居里温度没有明显影响，但可使四方-正交晶型的转变温度降低，这样就使钛酸钡的压电弹性和介电性的温度稳定性得到提高；用极少量（0.1%）的 Co^{3+}、Ni^{3+} 或 Cr^{3+} 的添加物置换 Ba^{2+}，可降低场强损耗，在 95w%$BaTiO_3$＋5w%$CaTiO_3$ 的材料中加入 0.75w%$CaCO_3$，降低场强损耗的效果很显著。

2）钛酸铅压电陶瓷

钛酸铅压电陶瓷居里温度高，适合在高温环境下工作；相对介电常数较小，与 PZT 等压电陶瓷相比要小一个数量级，但与石英等压电单晶相比要大一个数量级。它的电阻抗比 PZT 的大，比石英的小；它的厚度伸缩机电耦合系数 k_t 和纵向机电耦合系数 k_{33} 较大，而平面机电耦合系数 k_p 和横向机电耦合系数 k_{31} 却很小，用其制作厚度方向振动的元件，容易得到近似的纯模；它的压电电压常数 g_{33} 也较大，可用于厚度方向检测、高频滤波器、高温检测、医疗超声等领域。

3）铌酸钾钠压电陶瓷

铌酸钾钠具有较低的介电常数、较高的频率常数和较高的切变耦合系数 k_{15}，它适合用于制作剪切振动模式的换能器，特别是在高频范围（10MHz～100MHz）具有显著的优势。其性能参数为:密度 ρ 为 14.46×10^{3} kg/m³;居里温度为 420℃;相对介电常数 $\varepsilon_{33}^{T}/\varepsilon_{0}$ 为 496,$\varepsilon_{11}^{T}/\varepsilon_{0}$ 为 938;机电耦合系数 k_p 为 0.46,k_{33} 为 0.6,k_{31} 为 0.27,k_{15} 为 0.645,k_t 为 0.46;压电应变常数 d_{33} 为 127×10^{-12}C/N、d_{31} 为 -51×10^{-12}C/N,压电电压常数 g_{33} 为 29×10^{-3}V·m/N、g_{31} 为 -11.6×10^{-3}V·m/N;频率常数 k_d 为 2 570Hz·m;介质损耗 $\tan\delta_e$ 为 1.4%;弹性柔顺系数 s_{33}^{E} 为 10.1×10^{-12}m²/N,s_{11}^{E} 为 8.2×10^{-12}m²/N;机械品质因数 Q_m 为 240。

这种无铅陶瓷不污染环境,是今后发展方向之一。

4) 偏铌酸铅压电陶瓷

偏铌酸铅压电陶瓷的第一个特点是能够经受接近居里温度的高温而不会严重的去极化;第二个特点是具有很低的机械品质因数 Q_m,它有较大的 d_{33}/d_{31} 值,k_{33} 远大于 k_{31} 和 k_p,可得到单纯的厚度振动模式,可用于检测技术,特别适宜制作耐高温和耐高静水压的换能器。国产偏铌酸铅压电陶瓷的性能参数为:$k_t=0.39$,$k_p<0.1$,$\varepsilon_{33}^{T}/\varepsilon_0=270$,$\tan\delta_e=2.2\%$,$Q_m=13$,$\rho=6.0$ g/cm³。

5) PZT 压电陶瓷

PZT 是钛酸铅和锆酸铅的合成物,其居里温度为 300℃~400℃,在较大的温度范围内性能都比较稳定,作为换能器材料,其压电效应是显著的。为了满足不同的需求,可通过调整其配比来满足性能要求,例如以 Nb^{5+} 置换 Ti^{4+}、Zr^{4+},或以 La^{2+} 置换 Pb^{2+} 可提高机电耦合系数、介电常数和柔性常数,同时会增大 $\tan\delta_e$ 和直流电阻率,还能减小老化率(PZT-5 系列)。

PZT-4 是发射型锆钛酸铅压电陶瓷,具有较大的交流退极化场,较高的机电耦合系数、介电常数和压电常数。它由于具有较低的机械损耗和介电损耗,因此可用作发射换能器。PZT-8 也是发射型锆钛酸铅压电陶瓷,它的介电常数、机电耦合系数、压电常数比 PZT-4 稍低,但其抗张强度、稳定性及介电损耗等皆优于 PZT-4,因此常用来制作高机械振幅的发射换能器。

PZT-5 是接收型锆钛酸铅压电陶瓷,具有较高的机电耦合系数、压电应变常数、介电常数、弹性常数和压电常数。它具有较好的时间和温度稳定性,在低功率情况下,共振状态和非共振状态都能使用。它不仅可用来制作接收换能器,也可用来制作发射接收换能器,还可用作声呐的水听器。

常用 PZT 压电陶瓷的参数见表 5-2。

表 5-2 常用 PZT 压电陶瓷主要参数

材料	密度 ρ 10^3kg/m³	压电应变常数 10^{-12}C/N			相对介电常数				机电耦合系数				
		d_{15}	d_{31}	d_{33}	$\varepsilon_{11}^{T}/\varepsilon_0$	$\varepsilon_{33}^{T}/\varepsilon_0$	$\varepsilon_{11}^{S}/\varepsilon_0$	$\varepsilon_{33}^{S}/\varepsilon_0$	k_{15}	k_{31}	k_{33}	k_t	k_p
PZT-2	7.6	440	-60.2	152	990	450	504	260	0.70	0.28	0.63	0.51	0.47
PZT-4	7.5	289	-123	596	1 475	1 300	730	635	0.71	0.33	0.70	0.51	0.58

续表

材料	密度 ρ 10^3kg/m^3	压电应变常数 10^{-12}C/N			相对介电常数				机电耦合系数				
		d_{15}	d_{31}	d_{33}	$\varepsilon_{11}^T/\varepsilon_0$	$\varepsilon_{33}^T/\varepsilon_0$	$\varepsilon_{11}^S/\varepsilon_0$	$\varepsilon_{33}^S/\varepsilon_0$	k_{15}	k_{31}	k_{33}	k_t	k_p
PZT—5A	7.75	584	—171	374	1 730	1 700	916	830	0.685	0.34	0.705	0.49	0.60
PZT—5H	7.5	741	—274	593	3 130	3 400	1 700	1 470	0.675	0.39	0.75	0.505	0.65
PZT—6A	7.45	—	—80	189	—	1 050	—	730	—	0.25	0.54	0.39	0.42
PZT—6B	7.55	130	—27	71	475	460	407	386	0.377	0.145	0.375	0.30	0.25
PZT—7A	7.6	362	—60	150	840	425	460	235	0.67	0.30	0.66	0.50	0.51
PZT—8	7.65	330	—97	225	1 290	1 000	900	580	0.55	0.30	0.64	0.48	0.51

6）偏铌酸铅钡压电陶瓷

偏铌酸铅钡性能参数为：居里温度为 260℃；密度为 5.9×10^3kg/m^3；k_p 为 0.38、k_{33} 为 0.22；相对介电常数 $\varepsilon_{33}^T/\varepsilon_0$ 为 1 500；介质损耗 $\tan\delta_e$ 为 1%；压电应变常数 d_{33} 为 220×10^{-12}C/N、d_{31} 为－90×10^{-12}C/N，压电电压常数 g_{33} 为－16.6×10^{-3} V·m/N、g_{31} 为－6.8×10^{-3} V·m/N；频率常数 k_d 为 1 915 Hz·m，弹性柔顺系数 s_{11}^E 为 11.5×10^{-12}m^2/N，机械品质因数 Q_m 为 250。

4. 压电半导体

压电半导体主要用作超高频换能器材料，其工作频率一般在 100 兆赫兹至数吉赫兹范围。超声显微镜等常采用压电半导体作为其换能器材料。

5. 压电高分子聚合物

压电高分子聚合物主要由 β-聚偏氟乙烯等材料所构成，常见压电高分子材料性能见表 5—3。目前压电高分子聚合物已在电声、水声、医学成像等领域得到了一定的应用。

表 5—3　常见压电高分子材料性能

聚合物材料	β-聚偏氟乙烯	聚氟乙烯	聚氯乙烯	尼龙 11
d_{31}/(10^{-12}C/N)	26.0～50.0	0.33～0.49	0.99～1.32	0.49

从表 5—3 中可以看出，β-聚偏氟乙烯的压电应变常数 d_{31} 是最大的。一般都是将 β-聚偏氟乙烯材料做成薄膜形状。

β-聚偏氟乙烯薄膜具有以下优点：(1)高柔顺性；(2)高的压电电压常数；(3)低的机械品质因数 Q_m；(4)低密度；(5)薄膜性能稳定，不易受周围环境影响，机械强度也较好。因此，用 β-聚偏氟乙烯制成的换能器具有结构简单、重量轻、失真小、稳定性高等优点。

5.2.2　声阻抗匹配材料

以实现声阻抗的过渡或匹配为目的，以均匀层形式夹在声阻抗率不同的两种媒质之间的材料称为声阻抗匹配材料。

在超声应用中，由于两种媒质的声阻抗失配而造成声传播困难的情况是会经常发生的。最典型的是压电元件材料与工作对象媒质（如水、空气、人体组织等）之间的阻抗失配。声阻抗的显著差异不仅会降低界面透射系数，而且会使压电元件以高 Q 值谐振，频带窄而脉冲长，从而严重影响换能器的发射声功率、接收灵敏度和轴向分辨力以及信息的丰富程度。

阻抗匹配材料的声阻抗率 Z_i 可以分为三段：$Z_i \geqslant 10\times10^6$ Pa・s/m 为高段，10×10^6 Pa・s/m$>Z_i\geqslant 3.5\times10^6$ Pa・s/m 为中段，$Z_i<3.5\times10^6$ Pa・s/m 为低段。高段声阻抗率的阻抗匹配材料可以选用玻璃、石英、铝等金属和无机非金属材料，低段声阻抗率的阻抗匹配材料可以从工程塑料中选用，而中段声阻抗率的阻抗匹配材料却无现成材料，必须自行配制复合材料。

在符合低段声阻抗率要求的材料中，以工程塑料为宜。但考虑到工程塑料的声衰减特性，特别是其加工工艺和组合工艺，应优先选用有片材产品的品种，如聚酯（涤纶）、聚碳酸酯、聚氯乙烯、偏二氯乙烯的均聚物和共聚物。

5.2.3 吸收材料

吸收材料，就是置于压电元件背面，并与之连成一体，用以控制换能器的频带宽度、接收灵敏度和接收脉冲波持续时间等特性。

在采用脉冲回波方式的超声检测和诊断过程中，换能器的脉冲宽度直接影响轴向分辨力。为了获得脉冲宽度较窄的声脉冲，除了限制激励电信号的脉冲宽度和采用低 Q_m 值的压电元件外，最有效的办法就是在元件背面附加高阻抗、高衰减的吸收材料，利用其阻尼作用使压电元件的谐振过程尽快终止。在匹配层技术得到认识和应用之前，这一直是提高换能器轴向分辨力的唯一办法。但是，吸收材料一部分能量被转化成热损耗，在带来好处的同时，也使其发射声功率与接收灵敏度降低（脉冲宽度越窄，接收灵敏度越低）。实际工程中只能侧重某一要求或在两方面要求都不高的情况下两者兼顾。

附加匹配层可以使换能器达到高接收灵敏度和窄脉冲兼顾。但在某些场合，吸收材料仍然是不可缺少的，如金属探伤、测厚用超声换能器，其压电元件与声负载之间声阻抗率非常接近，没有必要附加匹配层，只能借助于吸收材料解决脉冲宽度的问题；另外，如医用阵列式超声换能器，虽有匹配层，但因压电元件被高度分割，必须借助于硬质吸收材料作为其结构依托。

吸收材料分为高、中、低三种阻抗。在现有的各种单相材料中，从声学特性与工艺特性综合考虑，几乎没有一种可以直接用作超声换能器的吸收材料，只能采用专门配制的复合材料。

1）高阻抗吸收

声阻抗率超过 10×10^6 Pa・s/m 时一般为高阻抗吸收，此时有两种可选用的吸收材料。一种是将钨粉与高塑性金属粉混合后加高压处理，使高塑性金属挤入钨粉的颗粒间隙，在两者界面上形成键合力；或将钨粉与热塑性塑料粉末充分混合后热压成型。另一种是将钨粉挤压至紧密堆积状态后，再浸没于液态热固性树脂中，待完全浸透后加热固化。

高阻抗吸收的技术难点是吸收材料与压电元件的粘贴。为了不损伤压电元件材料，并使低黏度环氧树脂层尽量薄，可在一定的加压条件下进行黏结。

2）中阻抗吸收

声阻抗率在 4×10^6 Pa・s/m～10×10^6 Pa・s/m 范围的为中阻抗吸收。这一范围的吸收材料均采用固体粉末与环氧树脂直接混合的材料。声阻抗率在 7×10^6 Pa・s/m～10×10^6 Pa・s/m，固体粉末填充料常采用钨、氧化钨、氧化铅等材料；在 4×10^6 Pa・s/m～7×10^6 Pa・s/m 范围，可采用其他金属或矿物粉末作为填料。

3）低阻抗吸收

声阻抗率低于 4×10^6 Pa・s/m 为低阻抗吸收。此范围的吸收材料可以是固体粉末填充环氧树脂和橡胶材料等。为了制作声阻抗率在 2×10^6 Pa・s/m 以下的硬质吸收材料，只能采用玻璃或塑料空心球填充环氧树脂的方法。

5.3　换能器特性分析

本节从换能器等效电路分析、换能器动态特性分析以及换能器声学匹配技术三个方面对换能器的特性进行分析与描述。

5.3.1　换能器等效电路分析

换能器可以等效成图 5—5 所示的等效电路。

图 5—5 中，换能器等效电路通常包含一个静态电容 C_0 和与 C_0 并联工作的等效电感 L_1、等效电容 C_1 和等效电阻 R_1 等元件。C_0 反映了换能器静态时压电元件两极间的电容量。C_1 代表了压电元件的机械柔韧性，通常称其为动态电容。L_1 反映了换能器振动系统惯性量的大小，通常称其为动态电感。R_1 是辐射电阻，它等于 R_m 与 R_L 之和（即 $R_1=R_m+R_L$），通常称其为动态电阻。其中，R_m 为机械损耗电阻，其值反映了振动系统的摩擦阻力；R_L 为负载等效电阻，代表了换能器辐射能量时的负载值。当换能器处于空载工作时，$R_L=0$。

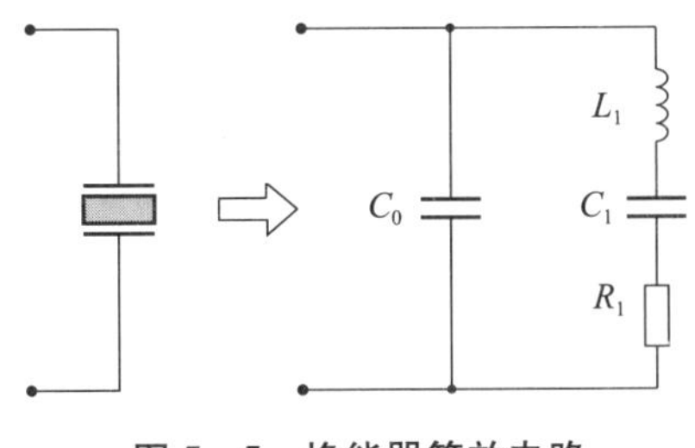

图 5—5　换能器等效电路

当发射电路给换能器以发射激励时，换能器储能元件的电场或磁场发生变化，借助电场或磁场的某种“力效应”，对换能器压电元件产生推动力，使其进入振动状态，从而向负载介质辐射声信号；当换能器处在声波的接收状态时，其能量转换过程与上述正好相反。换能器的机械振动引起其储能元件的电场或磁场发生相应的变化，在这种“电效应”的作用下，就会在接入电路中输出电压(电荷)或电流的信号。

换能器工作时包含了电路系统、机械系统和声学系统，而且三者有机地融合在一起，这就决定了对它的研究需要用到电子学、力学和声学等方面的知识和方法。

换能器的压电元件是一弹性体，具有确定的固有频率。当施加的激励信号频率等于其固有频率时，压电元件就会发生机械谐振。处于机械谐振时，压电元件的振幅最大，即弹性能量最大，因而形变量也最大，输出的声波信号也最强；反之，当压电元件接收到的声波信号频率与其固有频率相同时，同样也会出现谐振状态，此时压电元件输出的电信号也最强。

若将换能器接入到图 5－6(a)所示的测量电路中，改变信号频率，换能器的阻抗 Z 和通过的电流 i 将随信号源频率 f 的改变而变化，见图 5－6(b)与(c)。

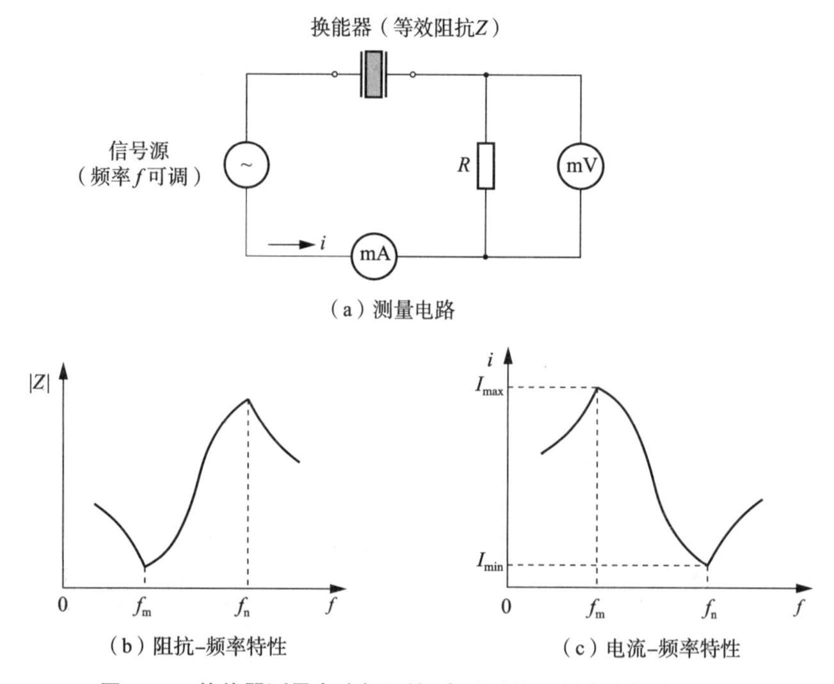

图 5－6　换能器测量电路与阻抗、电流随信号频率变化的示意图

根据交流电路理论，改变激励信号频率时，换能器会出现串联谐振(此时频率为 f_s)和并联谐振(此时频率为 f_p)这两种谐振状态。当电路中电流达到最大(即阻抗最小)时，其对应的频率 f_m 即换能器的最小阻抗频率；同样，当电路中电流达到最小(即阻抗最大)时，其对应的频率 f_n 即换能器的最大阻抗频率。另外，根据谐振理论可知，换能器在最小阻抗频率 f_m 附近存在着一个电压与电流同相位的频率 f_r，称为换能器的谐振频率；相应地，在最大阻抗频率 f_n 附近也存在着一个电压与电流相位相反的频率 f_a，称为换能器的反谐振频率。

在上述基础上，如果继续提高图 5－6(a)电路的输入频率，换能器还将有规律地出现一系列次最大值和次最小值(见图5－7),其相应的频率组合为f_{m1},f_{n1};f_{m2},f_{n2};……。f_m和f_n为基频,f_{m1}和f_{n1},f_{m2}和f_{n2}则分别称为一次谐波频率和二次谐波频率。

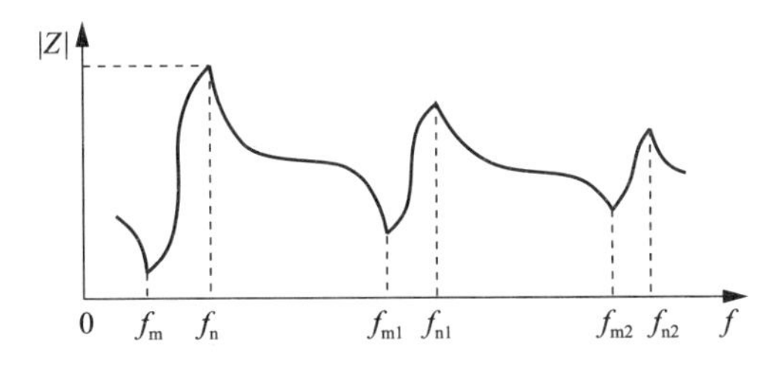

图5－7　换能器阻抗随频率变化示意图

当换能器的机械损耗可以忽略不计时(即$R_1=0$时),上述六个频率之间就会有下列关系存在:

$$f_m=f_s=f_r, f_a=f_p=f_n$$

当需要考虑机械损耗时(即$R_1\neq0$时),这六个频率之间的关系则变为

$$f_m<f_s<f_r<f_a<f_p<f_n$$

5.3.2　换能器动态特性分析

1. 导纳与阻抗特性

导纳Y与阻抗Z互为倒数关系,即

$$Y=\frac{1}{Z} \tag{5-9}$$

上述两种参数,在换能器特性分析时会经常用到。式(5－10)为图5－5所示的换能器等效电路的导纳表达式:

$$Y=Y_1+Y_0=G_1+\mathrm{j}(B_1+\omega C_0) \tag{5-10}$$

式中:

Y_1——动态元件支路导纳;

Y_0——静态电容支路导纳,等于ωC_0;

G_1——动态元件支路的电导;

B_1——动态元件支路的电纳。

由于

$$G_1=\frac{R_1}{R_1^2+\left(\omega L_1-\frac{1}{\omega C_1}\right)^2}, B_1=\frac{-\left(\omega L_1-\frac{1}{\omega C_1}\right)}{R_1^2+\left(\omega L_1-\frac{1}{\omega C_1}\right)^2} \tag{5-11}$$

所以

$$Y=\frac{R_1}{R_1^2+\left(\omega L_1-\frac{1}{\omega C_1}\right)^2}+\mathrm{j}\left[\frac{-\left(\omega L_1-\frac{1}{\omega C_1}\right)}{R_1^2+\left(\omega L_1-\frac{1}{\omega C_1}\right)^2}+\omega C_0\right] \tag{5-12}$$

现设

$$R_1^2+(\omega L_1-\frac{1}{\omega C_1})^2=x$$

则

$$\sqrt{x-R_1^2}=(\omega L_1-\frac{1}{\omega C_1})$$

由式(5—11)可得

$$x=\frac{R_1}{G_1}$$

$$B_1=\frac{-G_1}{R_1}\sqrt{x-R_1^2}$$

$$B_1^2=\frac{G_1^2}{R_1^2}(x-R_1^2)=-G_1^2+\frac{G_1}{R_1}$$

因此有

$$B_1^2+G_1^2-\frac{G_1}{R_1}=0 \tag{5—13}$$

若在式(5—13)等号两边都加上$\left(\frac{1}{2R_1}\right)^2$，可得

$$B_1^2+\left(G_1-\frac{1}{2R_1}\right)^2=\left(\frac{1}{2R_1}\right)^2 \tag{5—14}$$

式(5－14)就是圆的方程式，其圆心在$\left(0,\frac{1}{2R_1}\right)$，半径为$\frac{1}{2R_1}$，这就证明串联支路的导纳 Y_1 的矢量终端在复平面上的轨迹是一个圆。当 $f<f_s$ 时，$B_1>0$；而当 $f>f_s$ 时，$B_1<0$。因此，Y 的矢量终端随频率变化的轨迹是沿顺时针方向变化的。图 5—8 是换能器的导纳圆示意图。图 5—8 中，f_1 为最大电纳频率，f_2 为最小电纳频率［$f_2-f_1=(\Delta f_s)_{-3dB}$］。

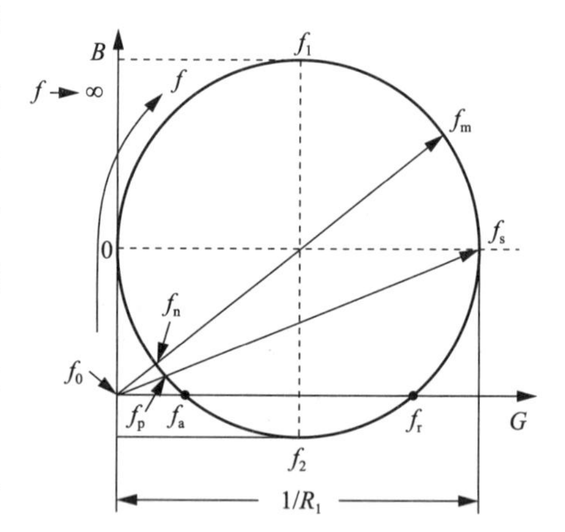

图 5—8　换能器导纳圆示意图

上述讨论只有在导纳圆的直径 $1/R_1$ 远大于谐振范围内 ωC_0 的变化时才是正确的。如果不满足这一条件，换能器的导纳曲线将变得更为复杂，具有蔓延曲线的特征。

2. 电品质因数与机械品质因数

由于换能器是由机械系统和电路系统两部分所组成，因此常用电品质因数 Q_e 和机械品质因数 Q_m 来共同描述其品质因数。

1) 电品质因数 Q_e

所有的换能器压电元件由于都是采用电介质材料，但它们又都不是理想介质，因此

不可能完全处于绝缘状态。在交变电场作用下，压电元件仍具有一定的导电性能，会产生电导电流和电导损耗。因此，压电元件所产生的总损耗应该包括电导损耗和介质损耗两部分。在较低温度下，电导损耗很小，可以忽略不计。显然，介质损耗越大，压电元件材料的性能就越差。由此可以用介质损耗作为判断材料性能和选择材料的重要参数之一。图 5－9 是换能器压电材料在交变电场中的等效电路。

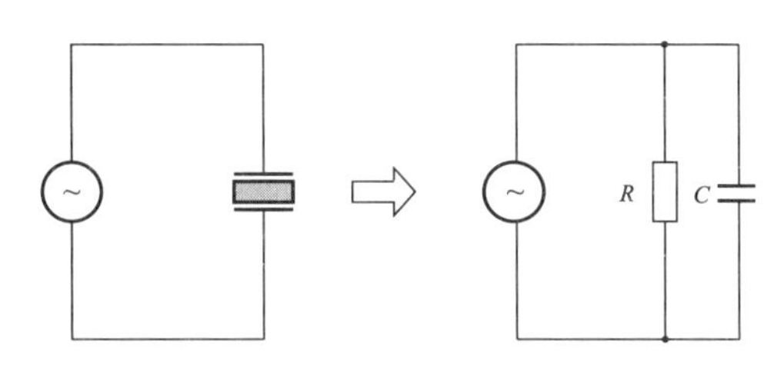

图 5－9　换能器压电材料在交变电场中的等效电路

电品质因数 Q_e 可以用式(5－15)表达：

$$Q_e=\frac{1}{\tan\delta_e}=\omega CR \tag{5-15}$$

式中：

R——等效损耗电阻；

C——等效电容；

ω——信号角频率；

$\tan\delta_e$——压电材料介质损耗(介质损耗与电品质因数之间呈反比关系)。

2) 机械品质因数 Q_m

机械品质因数 Q_m 反映了换能器压电元件谐振时机械损耗的大小，也反映了换能器压电元件振动时因克服内摩擦而消耗的能量。机械品质因数 Q_m 的定义为

$$Q_m=2\pi\frac{W_0}{W_R} \tag{5-16}$$

式中：

W_0——谐振时压电元件贮存的机械能量；

W_R——谐振时压电元件每周(期)内损耗的机械能量。

机械品质因数 Q_m 与换能器各参数之间的关系为

$$Q_m=\frac{2\pi f_s L_1}{R_1}=\frac{1}{2\pi f_s C_1 R_1}\approx\frac{1}{4\pi(f_p-f_s)(C_0+C_1)|Z_m|} \tag{5-17}$$

式(5－17)中：f_p，f_s 分别为圆薄片厚度振动模式时的并联谐振频率和串联谐振频率，按式(5－18)和式(5－19)计算；$|Z_m|$ 为对应于最大导纳频率 f_m 时的最小阻抗(绝对值)；C_0+C_1 为换能器在低频时的电容值(只有当 R_1 较小时，即 Q_m 较大时，才有 $f_p-f_s\approx f_n-f_m$)。

$$f_p=\frac{1}{2\pi\sqrt{L_1\left(\frac{C_0C_1}{C_0+C_1}\right)}} \tag{5-18}$$

$$f_s = \frac{1}{2\pi\sqrt{L_1 C_1}} \tag{5-19}$$

在数值上，实际使用的换能器的 Q_m 值往往会比其材料的 Q_m 值小一至二个数量级，这是因为换能器工作时会处在一个较大的声负载中。通常情况下，一般都希望换能器具有较低的 Q_m 值，这是因为较高的 Q_m 值会限制换能器的工作带宽。

串联谐振处的机械品质因数 Q_{ms} 与并联谐振处的机械品质因数 Q_{mp} 和串联谐振频率 f_s、并联谐振频率 f_p、半功率点频率（f_4、f_3 与 f_2、f_1）之间的关系分别为式（5—20）和式（5—21），其关系曲线图分别见图 5—10 的（a）和（b）。

$$Q_{ms} = \frac{f_s}{f_2 - f_1} = \frac{f_s}{(\Delta f_s)_{3dB}} \tag{5-20}$$

$$Q_{mp} = \frac{f_p}{f_4 - f_3} = \frac{f_p}{(\Delta f_p)_{3dB}} \tag{5-21}$$

式（5—20）和式（5—21）中，f_2、f_1 与 f_4、f_3 为当电流振幅降低为串联与并联谐振频率 f_s、f_p 点导纳或阻抗值的 $1/\sqrt{2}$ 处（即—3dB）的频率值。

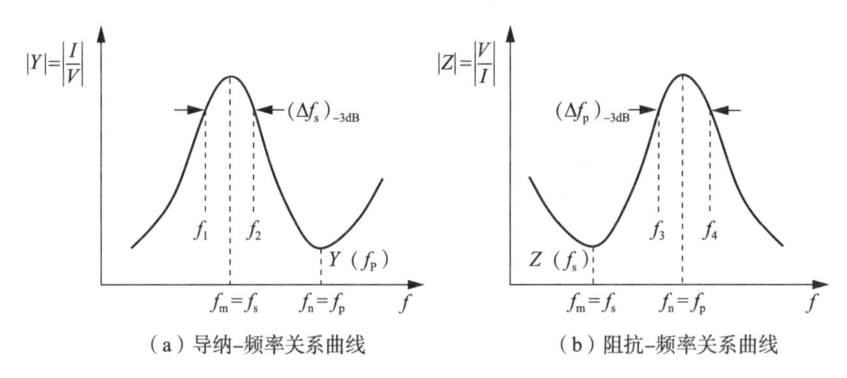

（a）导纳-频率关系曲线　　（b）阻抗-频率关系曲线

图 5—10　换能器导纳-频率/阻抗-频率之间的关系曲线

Q_m 不仅与材料的组分和工艺有关，而且与振动模式有关。对于压电陶瓷来说，一般资料中给出的 Q_m 值，如果不加特别说明，通常指圆薄片厚度振动模式的机械品质因数，如：PZT—4 的 Q_m＝500，PZT—8 的 Q_m＝1 000。

3. 频率特性分析

换能器频率特性可以从以下两种情况进行粗略分析。

1）辐射电阻 R_1＝0 时

当压电元件的机械损耗和负载特性接近零的状态，根据图 5—5，可以计算得到换能器阻抗表达式：

$$Z = \frac{\omega L_1 - \frac{1}{\omega C_1}}{\omega C_0\left(\omega L_1 - \frac{1}{\omega C_1}\right) - 1} = \frac{2\pi f L_1 - \frac{1}{2\pi f C_1}}{2\pi f C_0\left(2\pi f L_1 - \frac{1}{2\pi f C_1}\right) - 1} \tag{5-22}$$

为求得最小阻抗频率 f_m，可使 $Z \to 0$，即

$$\omega L_1-\frac{1}{\omega C_1}=0$$

也就是

$$\omega_m L_1=\frac{1}{\omega_m C_1}\quad 或\quad 2\pi f_m L_1=\frac{1}{2\pi f_m C_1}$$

因此换能器最小阻抗频率为

$$f_m=\frac{1}{2\pi\sqrt{L_1 C_1}} \tag{5-23}$$

同理，为求得最大阻抗频率 f_n，可使 $Z\to\infty$，即需要

$$\omega_n C_0\left(\omega_n L_1-\frac{1}{\omega_n C_1}\right)-1=0$$

即

$$\omega_n C_0\left(\omega_n L_1-\frac{1}{\omega_n C_1}\right)=1$$

因此，换能器最大阻抗频率为

$$f_n=\frac{1}{2\pi\sqrt{L_1\left(\frac{C_0 C_1}{C_0+C_1}\right)}} \tag{5-24}$$

此种情况下，当施加的信号频率等于最小、最大阻抗频率时，电路中就会出现串联谐振和并联谐振现象，此时串联谐振频率 f_s 等于最小阻抗频率 f_m，并联谐振频率 f_p 等于最大阻抗频率 f_n。

2）辐射电阻 $R_1\neq 0$ 时

当换能器的辐射电阻 R_1 不为零时，换能器的等效电路中就存在电导 G_1 和电纳 B_1 两部分的数据项，其阻抗与频率的关系就比较复杂。由于机械损耗的影响，六个频率之间的关系发生了改变。当采用一级近似时，有式(5—25)～式(5—29)成立。

$$f_m\approx f_s\left(1-\frac{1}{2M^2\gamma}\right) \tag{5-25}$$

$$f_n\approx f_p\left(1+\frac{1}{2M^2\gamma}\right) \tag{5-26}$$

$$f_r\approx f_s\left(1+\frac{1}{2M^2\gamma}\right) \tag{5-27}$$

$$f_a\approx f_p\left(1-\frac{1}{2M^2\gamma}\right) \tag{5-28}$$

$$M=\frac{Q_m}{\gamma}=\frac{1}{2\pi f_s C_0 R_1} \tag{5-29}$$

式(5—25)～式(5—29)中，γ 为电容比，$\gamma=\frac{C_0}{C_1}$。

从式(5—25)～式(5—29)可以看出，压电元件的机械损耗越大（即机械品质因数 Q_m 值越小），各频率间的差别就越大。此时，这六个频率之间的关系为

$$f_m < f_s < f_r, f_a < f_p < f_n$$

且有

$$(f_a - f_r) < (f_p - f_s) < (f_n - f_m)$$

由于多数压电材料的$\frac{1}{2M^2\gamma} \ll 1$，故可近似认为：

$$f_s \approx f_m \approx f_r, f_p \approx f_n \approx f_a$$

如采用$M^2\gamma = 500$的压电换能器，f_m与f_s之间的频率差异仅为0.1%。

在上述六个频率中，用阻抗分析仪可以直接测量出最小阻抗频率f_m、最大阻抗频率f_n、谐振频率f_r和反谐振频率f_a四个值。

5.3.3 超声换能器的声学匹配技术

超声换能器的电学和声学匹配对于超声换能器的性能和工效等的影响极大。当超声换能器仅用于检测场合，且多数工作在脉冲发射与接收状态时，超声换能器的电学匹配显得不是那么重要，而声学匹配就非常关键了。

超声换能器声学匹配工作主要针对的是小信号应用场景，如超声检测、超声成像以及超声探伤等。声学匹配的主要方法是通过采用不同匹配层材料以实现声阻抗的匹配与过渡。在超声工程应用领域，因两种介质的声阻抗失配而造成超声波传播困难的情况经常发生，其中最为典型的是压电换能器的阻抗失配，即压电陶瓷与工作介质（如水和空气）之间的阻抗失配。阻抗的显著差异（失配）不仅会降低界面处的声波透射系数，而且会使压电元件以较高的Q_m值产生谐振，导致超声换能器频带宽度窄而脉冲持续时间长，从而严重影响超声换能器的接收灵敏度和轴向分辨力。

1）阻抗匹配方法

声学匹配是建立在超声波的反射和透射理论基础之上的。当超声波垂直入射到两种介质的平面分界面上时，超声波的声压反射率r和声压透射率t可由式（5－30）和式（5－31）分别给出。

$$r = \frac{Z_2 - Z_1}{Z_2 + Z_1} \tag{5-30}$$

$$t = \frac{2Z_2}{Z_2 + Z_1} \tag{5-31}$$

式中：

Z_1、Z_2——第一种、第二种介质的声阻抗。

在超声检测与诊断等领域，负载作为第二种介质，压电陶瓷作为第一种介质，两者的声阻抗相差很大，此时超声波的声压透射率很小而声压反射率很大，造成大部分超声波被反射，只有一小部分超声波被透射。为了克服这一问题，在压电陶瓷元件与负载之间需要插入一层或多层其他的介质，使超声波的特性阻抗逐渐变化以增加超声波的透射。插入一层介质层的称为单层阻抗匹配层；插入两层介质层的称为双层阻抗匹配层；插入三层及以上介质层的称为多层阻抗匹配层。

另外，在超声换能器的应用中，除了应用匹配层外，还需要在超声换能器的背面设置吸收层(由吸收材料组成)。通常来说，超声换能器的吸收材料置于压电陶瓷元件的背面，并与之联系在一起，可以起到控制超声换能器的频率和脉冲响应的作用，从某种意义上看，超声换能器的吸收层与匹配层具有相同的作用。

目前，超声换能器中应用最多的是单层阻抗匹配层和双层阻抗匹配层，由于工艺上的原因，多层阻抗匹配层应用的很少。对于单层阻抗匹配层，理想匹配条件为

$$Z_p=\sqrt{Z_0Z_1} \tag{5-32}$$

式(5－32)中，Z_p、Z_0、Z_1 分别是匹配层、压电陶瓷元件以及负载介质的声阻抗。

对于双层阻抗匹配层，则有式(5－33)和式(5－34)成立。

$$Z_{1p}=\sqrt[4]{Z_0^3Z_1} \tag{5-33}$$

$$Z_{2p}=\sqrt[4]{Z_0Z_1^3} \tag{5-34}$$

式(5－33)和式(5－34)中，Z_{1p}、Z_{2p}分别是第一匹配层、第二匹配层的声阻抗。

有关超声换能器声阻抗匹配的理论很多，其中最主要的有梅森(Mason)模型理论、KLM 模型理论、串并联阻抗相等理论以及多模式滤波器合成理论等。

在实际使用中，除了采用阻抗适宜的匹配材料外，有时还通过改变匹配层的厚度来实现理想的声阻抗匹配。因此，在声阻抗匹配理论分析和工程实践中，匹配层的厚度基本上设计成四分之一波长，统称为四分之一波长阻抗匹配层。由于匹配层对超声换能器的性能影响很大，因此匹配层材料的选择是非常重要的。通常，匹配层材料应选用传播声速较大的材料，这使得高频超声换能器的匹配层加工比较方便。另外，匹配层材料的声衰减系数越小越好。

对于工作在工作频率的超声换能器，要求匹配层的厚度为式(5－35)。

$$\delta=(2m+1)\frac{\lambda}{4} \tag{5-35}$$

式中：

δ——匹配层厚度；

λ——超声波的波长(工作频率对应的波长)；

m——自然数(0,1,2,…)。

匹配层的材料、阻抗和厚度对超声换能器的性能影响很大，能影响超声换能器的接收灵敏度、频带宽度、传递函数及脉冲回波波形等。因此，在设计超声换能器及其匹配层时，应根据对超声换能器某些性能要求的侧重点、所用的信号源、匹配层的材料等情况进行反复试验后确定。

吸收层也是影响超声换能器性能的一个重要因素，尤其对于采用脉冲回波方式的超声检测和诊断技术中的超声换能器。

当电脉冲激励压电元件时，超声换能器不但向前方辐射声能，同时也向后方辐射声能。在超声检测和超声诊断等领域中，来自前方的回波信号是有用的，而后方来的信号属于干扰杂波，应尽可能予以消除。故应将吸收层做成类似无限大的吸声介质一样，使

后方辐射的声能几乎全部消耗在吸收材料中。如果没有吸收材料，超声换能器受到电脉冲激励而发生振动，当电脉冲激励停止时，压电元件不会立即停止振动，而是会持续一段时间才停止振动。超声换能器产生的声脉冲比受激励电脉冲的持续时间要长得多，回波持续时间也会长得多，从而使超声换能器的轴向分辨力下降。增加吸收材料就是增加超声换能器的阻尼，使超声换能器能瞬时停止振荡。

2）阻抗与吸收材料

阻抗材料按照声阻抗率的大小可分为高中低三段：对于高段声阻抗率，可用的匹配材料有玻璃、石英和铝等金属及无机非金属材料；低段声阻抗率的匹配材料可以从工程塑料中选用；而中段声阻抗率却没有现成的匹配材料，必须自行配制。

在配制中段声阻抗率匹配材料时，应注意基料与配料的选取，以及配料的含量和颗粒度选择。常用的基料为低黏度的环氧树脂，配料的选择应结合所需声阻抗的大小而定。

和阻抗匹配材料类似，吸收材料也可分为低阻抗吸收、中阻抗吸收和高阻抗吸收三种材料。工作在连续状态下的超声换能器用低阻抗吸收，如空气吸收。为了提高超声换能器分辨力，常常使用高阻抗吸收，吸收材料的特性阻抗非常接近压电元件的特性，因而可以得到良好的振动特性。为了满足超声换能器的特性要求，需选择合适特性阻抗的吸收材料，这里通常指中阻抗吸收材料。中阻抗吸收材料通常选用环氧树脂加钨粉进行配制。除此之外，吸收材料还采用硅橡胶加钨粉、聚乙烯醇加钨粉、环氧树脂加氯化汞等配制。

5.4 超声换能器综合特性

超声换能器的性能指标主要有：工作频率、机电转换系数、机电耦合系数、品质因数、指向特性、发射声功率、传输效率、接收灵敏度等。根据使用场景的不同，对超声换能器的性能也会提出不同的要求。

根据超声水表整机的要求，可以对其超声换能器提出一些面向具体使用要求的综合性能评价指标，以满足整机产品的需要。这些综合性能评价指标大都是建立在超声换能器的基本性能指标基础之上的。

5.4.1 超声换能器综合性能评价

根据超声水表对各部件的要求，可以设置以下综合性能指标对超声换能器进行评价。

1. 超声换能器综合静态特性

1）静态电容

静态电容 C_0 反映了超声换能器中压电陶瓷在未受超声辐射和脉冲激励时两电极间

的电容量，其值大小与压电陶瓷的直径、厚度，以及介电常数等有关。根据超声换能器压电陶瓷规格不同，超声换能器的静态电容量一般在数百皮法至数千皮法之间，但多数情况下其容量为 1 200pF～1 300pF，可用普通准确度的电容表测量其数值。超声换能器的静态电容值应在规定的公差范围内。如果电容量偏离规定值很多，则说明压电陶瓷材料的介电常数不合格。

2）绝缘电阻

超声换能器静态时相当于一个电容器，电容器的绝缘电阻主要受介质漏电、环境湿度和杂质等因素影响。超声换能器是高阻器件，输出的是电荷量，因此环境湿度、自身绝缘状况、压电陶瓷材料性能等对其正常工作影响极大，为此要求超声换能器静态时两导线间的绝缘电阻值应趋于无穷大，通常要求其阻值应大于 1 000MΩ，可以用测量上限大于 $1\times10^{9}\Omega$ 的高阻欧姆表（电压应不大于 100V）进行测量。

2. 超声换能器综合动态特性

1）固有频率

超声换能器固有频率 f_g 与工作频率 f_0 偏离的范围通常应不超过±5%。测量时，固有频率 f_g 可用超声换能器的反谐振频率 f_a 间接表征。采用阻抗分析仪测量超声换能器在水中的反谐振频率 f_a，按式（5－36）计算测量值的偏离量 ε_1。

$$\varepsilon_1=\frac{f_a-f_0}{f_0}\times100\% \tag{5-36}$$

式中：

f_a——测得的超声换能器反谐振频率；

f_0——超声换能器的工作频率。

2）机械品质因数

超声换能器在水中的机械品质因数 Q_m 应不低于 10，可按式（5－37）或式（5－38）方法计算 Q_m。

$$Q_m=\frac{f_m}{f_2-f_1} \tag{5-37}$$

式中：

f_m——超声换能器最小阻抗频率；

f_1、f_2——阻抗 Z 为 $Z_{max}/\sqrt{2}$ 时的两点频率值（即半功率点的值）。

$$Q_m=\frac{1}{2\pi f_r CR} \tag{5-38}$$

式中：

f_r——超声换能器谐振频率；

C——超声换能器的电容；

R——超声换能器的电阻。

3）接收换能器输出电压幅值

在超声波作用下，接收换能器输出电压幅值V_{p-p}的大小对超声水表能否正常工作非常重要。V_{p-p}会随测量管道的公称通径增加（即测量距离增加）而减小，因此超声换能器的输出电压幅值应控制在规定范围内，不能太低，超声换能器需要通过筛选进行配对工作。

超声水表接收换能器输出电压波形示意图见图5－11。V_{p-p}高，超声水表工作时的信噪比就高，信号处理就比较可靠。通常，阈值既要大于噪声信号的电平，又要兼顾输出电压幅值受温度、时间等因素影响下降所导致的测量风险（即因输出电压幅值下降可能使阈值相交于下一波，造成stop点显著后移）。

V_{p-p}可以在标准发射换能器（常用"试验用发射换能器"替代）和标准发射脉冲电路配合下，采用高灵敏度数字示波器进行观测和测量。

V_{p-p}值应符合超声水表产品的设计要求，通常其允许变化量应不超过输出电压幅值设计值的10%。接收换能器输出电压幅值检测装置示意图见图5－12（图中"试验用发射换能器"需要在同批次制造的超声换能器中经过老化与优选程序进行筛选，挑出性能稳定者替代为"标准发射换能器"之用）。

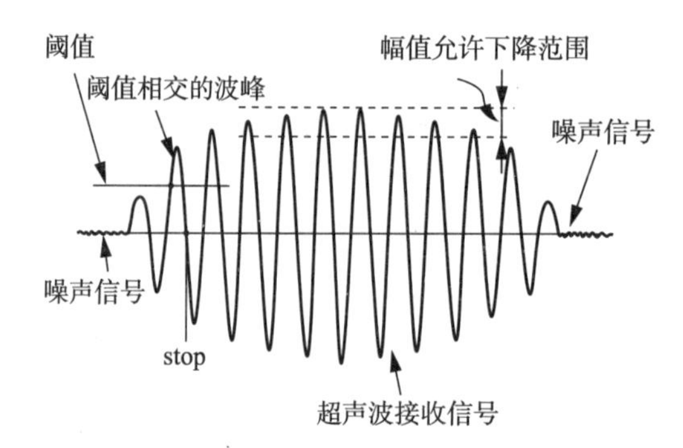

图5－11　超声水表接收换能器输出电压波形示意图

4）接收换能器输出电压幅值重复性

在标准发射换能器（即试验用发射换能器）和标准信号源配合下，对接收换能器的输出电压幅值进行短时间多次重复测量（一般为5～10次，可以在图5－12所示的检测装置上进行），接收换能器输出电压幅值的重复性应在规定范围内。重复性计算可采用实验标准偏差法，见式（5－39）。

$$s=\sqrt{\frac{\sum_{i=1}^{n}(x_i-\overline{x})^2}{n-1}} \tag{5-39}$$

式中：

s——实验标准偏差（重复性评价指标）；

x_i——第i次测量结果；

$\overline{x}$——n次测量平均值；

n——测量次数。

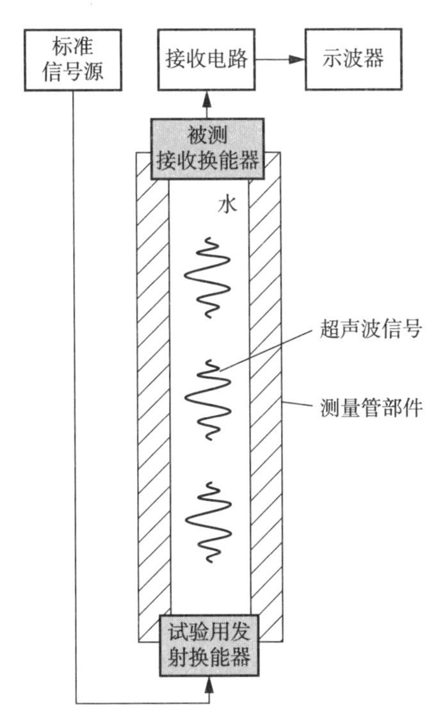

图 5—12　接收换能器输出电压幅值检测装置示意图

5）接收换能器输出电压幅值稳定性

接收换能器输出电压幅值不仅要适中、一致性好，且要长期工作稳定可靠，这是超声换能器的基本要求，也是一项非常重要的技术指标。

输出电压幅值稳定性主要指温度与时间变化导致接收换能器输出电压幅值发生变化的程度。实验证明，由 PZT 类压电陶瓷材料构成的超声换能器，其输出电压幅值随温度影响的变化在 0～50℃范围内的变化量约为 10%，且容易补偿；而输出电压随时间的影响则会因压电陶瓷材料及黏结、阻抗、吸收等材料中某些参数改变而逐步发生衰减，每个超声换能器的衰减速率不一样，个别超声换能器甚至会在使用期内出现失效，且无法补偿。

大量试验表明，经过老化试验后的一批超声换能器，在 3～5 次的稳定性测量后，基本可以确定超声换能器是否符合稳定性指标的要求。两次测量间隔时间通常可设为 24h 以上，以 1～2 个月试验时间为界限。试验过程中，超声换能器输出电压幅值随时间变化的衰减量应在规定的范围内。图 5－13 为超声换能器输出电压幅值稳定性试验的时序示意图。

3. 超声换能器其他技术指标

1）卫生安全

超声换能器涉水部位和涉水防护材料应无毒、无污染、无生物活性，不得污染水质，应符合相关标准的要求。

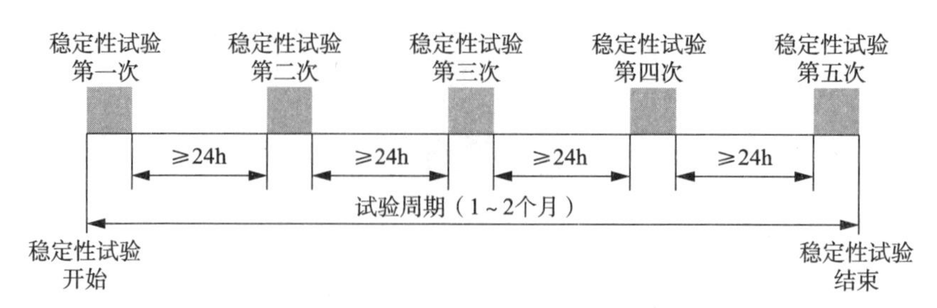

图 5—13　超声换能器输出电压幅值稳定性试验的时序示意图

2）外壳防护

超声换能器的外壳防护非常重要，这关系到能否确保超声换能器的绝缘性能和正常工作。超声换能器的防护性能一般应达到 IP68 的等级，且超声换能器必须经过承压涉水试验。

3）寿命试验

采用与电功率老化相似的方法对超声换能器进行寿命试验。将激励信号调至极限值附近，超声换能器进行连续的脉冲波或正弦波激励，连续工作时间为 1～2 个月，试验结束后超声换能器应能正常工作，其输出电压幅值 V_{p-p} 不应超出规定的范围。

5.4.2　超声换能器环境影响试验

1. 被测介质影响

1）管道内水温变化

水温在 0.1℃～30℃范围内，超声换能器输出电压幅值 V_{p-p} 允许变化量应不超过参比试验条件下测量值的 5%。试验时，将被试超声换能器安装在被测介质影响量试验装置上，水温调到若干测试温度值，测量 V_{p-p}，其值应符合相关规定的要求，见图 5—14。

2）管道内水压变化

将被试超声换能器置于图 5—14 的试验装置中，水的静压力调至超声水表最高允许压力的 1.6 倍，持续 15min；然后继续将水的静压力调至超声水表最高允许压力的 2 倍，持续 1min。水压试验结束后，在参比试验条件下测量超声换能器的输出电压幅值 V_{p-p}，其允许变化量应不超过 5%。

2. 机械环境影响

按相关试验程序对被试超声换能器进行振动（随机）试验。试验结束后，在参比试验条件下测量超声换能器的输出电压幅值 V_{p-p}，其允许变化量应不超过 5%。

3. 气候环境影响

1）高温（无冷凝）

按相关试验程序将被试超声换能器置于 55℃±2℃的环境温度下稳定 2h，采用阻抗

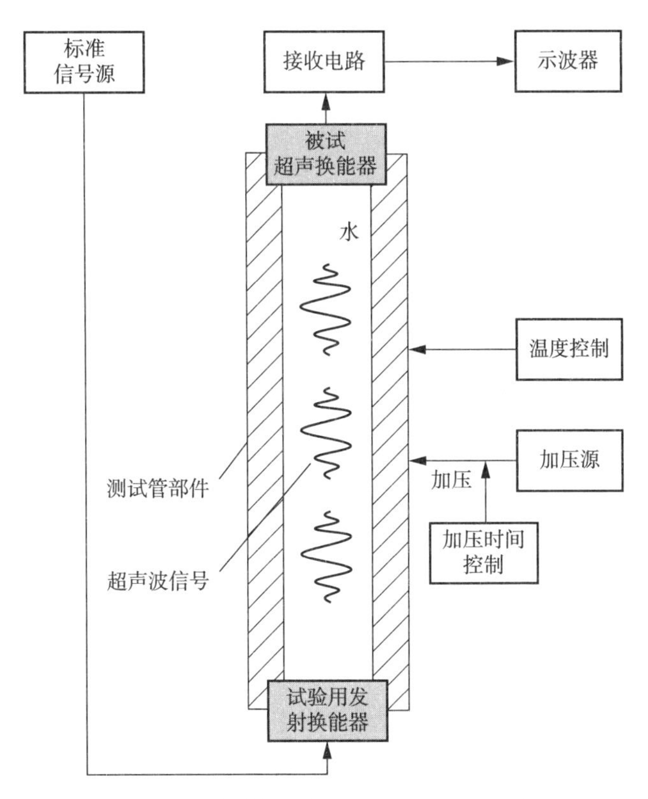

图 5—14 超声换能器被测介质影响量试验装置示意图

分析仪测量超声换能器的固有频率 f_g，应符合相关规定的要求。试验结束后，在参比试验条件下测量超声换能器的输出电压幅值 V_{p-p}，仍应符合相关规定的要求。

2）低温

按相关试验程序将被试超声换能器置于－25℃±3℃的环境温度下稳定 2h，采用阻抗分析仪测量超声换能器的固有频率 f_g，应符合相关规定的要求。试验结束后，在参比试验条件下测量超声换能器的输出电压幅值 V_{p-p}，仍应符合相关规定的要求。

3）交变湿热（冷凝）

按相关试验程序将被试超声换能器置于空气温度下限范围为－25℃±3℃、上限范围为 55℃±2℃之间的温度交替变化中（两个 24h 循环），在温度变化期间和低温阶段相对湿度保持在 95％以上、高温阶段相对湿度保持在 93％±3％下进行交变湿热（冷凝）试验。空气温度稳定在上、下限值时，采用阻抗分析仪测量超声换能器的固有频率 f_g，应符合相关规定的要求。试验结束后，在参比试验条件下测量超声换能器的信号输出幅值 V_{p-p}，仍应符合相关规定的要求。

5.4.3 试验用发射换能器筛选

超声换能器综合性能评价与环境影响试验都需要用到各项性能均十分稳定可靠的超声换能器来充当“试验用发射换能器”的角色。如何从质量稳定的成批超声换能器中筛选出若干个符合要求的优质超声换能器就将成为能否顺利开展超声换能器综合性能试验与环境影响试验的关键点。

1. 筛选前准备工作

(1) 按相同生产工艺制作 n 个超声换能器,并经老化处理。

(2) 测量 n 个超声换能器的绝缘性能、机械品质因数 Q_m、固有频率 f_g 等指标,选出符合相关规定要求的超声换能器。

(3) 对超声换能器进行编号。

(4) 选出 m 个($m \leqslant n$)机械品质因数 Q_m 相对较高、固有频率 f_g 与工作频率 f_0 偏离较小的超声换能器作为备选的试验用发射换能器。

2. 筛选基本流程

(1) 从 m 个备选的试验用发射换能器中任选 1 个超声换能器作为临时试验用发射换能器。

(2) 用临时试验用发射换能器逐个测量 $m-1$ 个被测超声换能器的输出电压幅值 V_{p-p}和输出电压幅值重复性,将符合相关规定要求的被测换能器留用,不符合要求的超声换能器予以剔除。

(3) 若连续出现 3 个被测超声换能器的输出电压幅值 V_{p-p}和输出电压幅值重复性不符合相关规定的要求时,应将该临时试验用发射换能器予以剔除,然后从合格的(或还未测量过的)被测超声换能器中挑选一个超声换能器作为新的临时试验用发射换能器,重新开始测量,并以此类推。

(4) 从被测超声换能器中选出 k 个输出电压幅值 V_{p-p}相对较大、信号输出幅值重复性指标相对优良的接收换能器作为选用的试验用发射换能器(建议 $k \geqslant 3$)。

(5) 对筛选出的 k 个试验用发射换能器进行互测,其输出电压幅值 V_{p-p}均应符合相关规定的要求。若出现不符合要求的超声换能器,再予剔除。

(6) 筛选合格的试验用发射换能器需要放置一段时间(如 5d～7d)再进行互测,如出现输出电压幅值 V_{p-p}变化量大的超声换能器,予以剔除。

(7) 将最终确定的试验用发射换能器按要求进行贮存和保管。

注:试验用发射换能器应进行不定期互测,剔除不符合要求的超声换能器。

5.4.4 超声换能器稳定性处理

超声换能器的稳定性是一项十分重要的技术指标。影响超声换能器稳定性的因素主要有两个方面:其一,压电元件性能不稳定,其性能指标随时间推移而发生衰变;其二,超声换能器内部应力状态随时间推移而发生变化。因此,除在设计上采取措施以改善超声换能器稳定性外,还必须辅以有效的工艺措施。实践证明,经适当的工艺处理后,超声换能器的稳定性将获得明显的改善。

1. 压电元件老化处理

(1) 将压电元件两极间短路,放入恒温箱,升温至该种压电材料居里温度的 60%处,

保温一段时间(约 4h);

(2) 关闭恒温箱电源,使箱内温度缓慢冷却至室温。

(3) 按(1),(2)再升温—恒温—冷却—升温……,经几次循环后,压电元件的稳定性会得到明显改善。

经老化处理后的压电元件,其压电系数将会有所降低。

2. 超声换能器老化处理

装配后的超声换能器,由于在装配过程中所引起的应力集中等不稳定因素,也需要老化。老化工艺可分为加温老化和加载老化两种。

(1) 加温老化。工艺过程与压电元件老化基本相同,也需将传感器两极间短路。老化温度一般不高于 80℃,经数次升温—恒温—冷却循环,即可消除超声换能器局部应力集中现象,使超声换能器特性趋于稳定。

(2) 加载老化。对新装配的超声换能器加额定负载,并加载—卸载循环数千次,即可使超声换能器趋于稳定。加、卸载荷的作用是消除装配过程中形成的应力集中,使结构趋于稳定。通常,可以用尺寸合适的金属重物或砝码放置在超声换能器的发射面或接收面上,然后用极限条件下的激励电压加载在超声换能器两端进行加载老化处理。

第六章
超声水表性能评价

评价超声水表性能的主要依据是GB/T 778.1～778.5—2018。考虑到该标准是从机械水表产品标准演进与发展而来，因此在评价电子水表产品性能指标方面尚有一些不足之处。为此，中国计量协会水表工作委员会制定了团体标准T/CMA SB 053－2020《电子水表性能评价与试验技术规范》，对GB/T 778.1～778.5—2018进行补充和完善。众多超声水表的设计与制造企业，在执行水表产品标准的同时，还参考了超声流量计产品的国际标准、国家标准等要求，长期不断提升并完善超声水表的性能评价指标与试验方法。

6.1 相关标准

与超声水表相关的各类标准详见表6－1。

表6－1　超声水表常用标准列表

序号	编号	名称	类别
1	GB/T 778.1～778.5—2018	饮用冷水水表和热水水表	国家标准
2	GB/T 35138—2017	封闭管道中流体流量的测量 渡越时间法液体超声流量计	国家标准
3	T/CMA SB 053—2020	电子水表性能评价与试验技术规范	团体标准
4	JB/T 14526(未发布)	超声水表用换能器	行业标准
5	ISO/TR 12765:1998	封闭管道中流体流量的测量 用渡越时间法超声流量计方法 Measurement of fluid flow in closed conduits— Methods using transit-time ultrasonic flowmeters	国际标准化 组织技术报告
6	JJG 162—2019	饮用冷水水表	国家计量检定规程
7	JJF 1777—2019	饮用冷水水表型式评价大纲	国家计量器具 型式评价大纲
8	JJG 1030—2007	超声流量计	国家计量检定规程
9	JJF 1358—2012	非实流法校准DN1 000～DN15 000 液体超声流量计校准规范	国家计量校准规范
10	CJ/T 434—2013	超声波水表	行业标准

本节对与超声水表产品密切相关的部分标准做以简要的介绍。

6.1.1　GB/T 778.1～778.5—2018《饮用冷水水表和热水水表》

GB/T 778.1～778.5—2018 是使用翻译法等同采用了 ISO 4064-1～4064-5:2014《饮用冷水水表和热水水表》(《Meters for cold potable water and hot water》),于 2018 年 6 月 7 日发布,2019 年 1 月 1 日实施。

GB/T 778.1～778.5—2018 由 5 部分组成:

——第 1 部分:计量要求和技术要求;

——第 2 部分:试验方法;

——第 3 部分:试验报告格式;

——第 4 部分:GB/T 778.1 中未包含的非计量要求;

——第 5 部分:安装要求。

GB/T 778.1—2018《饮用冷水水表和热水水表　计量要求和技术要求》是标准的主体部分。它规定了测量封闭满管道中水流量并配有累积流量指示装置的饮用冷水水表和热水水表的计量要求和技术要求。该文件既适用于基于机械原理的水表,也适用于基于电或电子原理以及基于机械原理的带电子装置、用于计量饮用冷水和热水体积流量的水表,还适用于通常作为选装件的电子辅助装置。

GB/T 778.1—2018 设置有:"范围""规范性引用文件""术语和定义""计量要求""带电子装置的水表""技术要求"和"计量控制"等章节。其中,"计量要求"中规定了水表的准确度等级和最大允许误差、调整与修正装置等内容;"技术要求"中则规定了水表的安装条件、额定工作条件、压力损失和电子封印等内容。

GB/T 778.1～778.5—2018 是目前国内所有水表产品性能评价的主体标准,是从机械水表产品标准经过多年逐代演进与发展而完善起来的。由于该标准没有设置电子水表的"稳定性"和"零漂"等性能指标,因此在实际使用时,需要增加一些指标,对电子水表的长期工作稳定性和可靠性进行评价与试验。

6.1.2　GB/T 35138—2017《封闭管道中流体流量的测量　渡越时间法液体超声流量计》

GB/T 35138—2017《封闭管道中流体流量的测量　渡越时间法液体超声流量计》也是使用翻译法等同采用 ISO 12242:2012《封闭管道中流体流量的测量　渡越时间法液体超声流量计》(《Measurement of fluid flow in closed conduits—Ultrasonic transit-time meters for liquid》)的国家产品标准。

该标准规定了利用超声波信号的渡越时间来测量封闭管道中单相同质液体流量的液体超声流量计的术语、测量原理、性能、校准、输出特性以及安装条件等要求。该标准适用于有或没有专用验证(校准)系统、采用插入式和夹装式超声换能器(用于波束不折射和波束折射两种配置)的流量计,包括带表体的流量计和现场安装超声换能器的流量计。

该标准分析了温度和压力变化以及管道内壁粗糙度的不同可能会对超声流量计测量准确度带来的影响程度，并给出了校准系数与公式。它还给出了超声流量计测量不确定度的计算示例。

超声流量计与超声水表工作原理完全一致，仅在流量测量范围、测量准确度表达形式以及使用场景（如：超声流量计偏重于工业过程测量与控制，关注的是瞬时流量的测量；而超声水表则偏重于用水量的贸易结算，关注的是累积流量的计量）等方面有所差异。因此，该标准中的很多条款可以供超声水表的设计、制造与使用者参考与借鉴。

6.1.3 JJG 162—2019《饮用冷水水表》与 JJF 1777—2019《饮用冷水水表型式评价大纲》

JJG 162—2019《饮用冷水水表》和 JJF 1777—2019《饮用冷水水表型式评价大纲》都参考了国际建议 OIML R49:2013。由于 OIML R49:2013 与 ISO 4064:2014 的内容基本一致，因此这两个计量技术文件与 GB/T 778.1～778.5—2018 在主要内容上基本相同。

6.1.4 JB/T 14526《超声水表用换能器》

JB/T 14526《超声水表用换能器》规定了超声换能器的术语和定义、额定工作条件、技术要求、试验方法、检验规则，以及标志、包装、运输和贮存等内容。该标准适用于公称通径 DN15～DN500、工作频率 1MHz～4MHz、水温范围 0.1℃～30℃的超声换能器。

为了满足超声水表整机对关键核心部件超声换能器的性能要求，该标准规定了超声换能器的卫生安全要求，绝缘性能，机械品质因数，固有频率，信号输出幅值，信号输出幅值重复性，信号输出幅值稳定性，水温、水压、振动及气候环境影响等技术指标与试验方法。

注：截至 2022 年 10 月 31 日，该标准未正式发布。

6.1.5 ISO/TR 12765:1998《封闭管道中流体流量的测量　用渡越时间法超声流量计方法》

ISO/TR 12765:1998《封闭管道中流体流量的测量　用渡越时间法超声流量计方法》虽然发布的年代比较早，但至今仍具有很高的使用价值和很重要的指导意义。该技术报告给出了渡越时间差法超声流量计的设计指导原则和主要特性等指标。

该技术报告主要给出了：测量的一般原则（超声信号产生、渡越时间法及体积流量计算），涉及类型（超声换能器与控制单元），测量不确定度（计算过程与影响因素），校准（非实流校准与实流校准）。技术报告在附录中还提供了超声流量计测量体积流量时的计算、使用和安装建议等内容。

6.1.6 T/CMA SB 053—2020《电子水表性能评价与试验技术规范》

T/CMA SB 053—2020《电子水表性能评价与试验技术规范》是在 GB/T 778.1～778.5—2018 基础上对电子水表产品的稳定性及特殊性能等指标做出的补充规定，如规定了“管内无水状态”“零点读数”“稳定性”“信号输出”“外壳防护”等指标。

T/CMA SB 053—2020 规定了电子水表的术语和定义、分类、计量要求、技术要求和试验方法，适用于测量封闭满管道中水流量的温度等级为 T30 和 T50 的电磁水表、超声水表和射流水表。其他类型的电子水表也可参照执行。

6.2 主要性能指标

超声水表性能指标与其他电子水表（如电磁水表、射流水表）的要求总体上是一致的，主要依据是 GB/T 778.1～778.5—2018。考虑到 GB/T 778.1～778.5—2018 在电子水表的稳定性、零漂、时间改变再现性等指标方面缺乏相应的规定，因此超声水表的这些性能指标还需辅助参考 T/CMA SB 053—2020、GB/T 35138—2017 及 JJG 1030—2007 等文件。

6.2.1 GB/T 778.1～778.5—2018 规定的主要技术指标

6.2.1.1 与超声水表有关的名词术语

要准确掌握 GB/T 778.1～778.5—2018 中涉及计量性能的内容和要求，首先要深入理解有关名词术语的定义和内涵。该标准中的下列名词术语对理解计量性能指标，掌握超声水表产品的设计、制造与使用等技术至关重要。

1. 调整装置、修正装置和检查装置

水表可配备调整装置和（或）修正装置。任何调整都应将水表的（示值）误差调整到尽可能接近零的值，使水表能公正地提供计量与结算数据。

1）调整装置

定义：水表中可对水表进行调整，使水表的误差曲线平行偏移至最大允许误差范围内的装置。

调整装置可以使水表在流量测量范围内的误差曲线发生平移，使其落在最大允许误差的范围内。但调整装置在一定范围内不能控制水表误差曲线形状，即不能改变水表的线性度。

2）修正装置

定义：连接或安装在水表中，在测量条件下根据被测水的流量和（或）特性以及预先确定的校准曲线自动修正体积的装置。

被测水的特性(如温度、压力)可以用相关测量仪表进行测量,或者储存在仪表的存储器中。

修正装置通常仅适用于电子显示水表和电子水表等产品。修正装置可以根据被测管道内水的流量大小和(或)被测水的温度、压力等物性参数变化对水表流量测量特性(即水表误差曲线)进行修正。修正装置主要由内置嵌入式计算机软硬件和相关传感器(如温度、压力传感器)等构成,在修正算法或补偿模型支撑下,可以对水表的非线性测量特性和(或)超过额定条件的介质变化进行线性化校准和(或)特性补偿。

需要特别关注以下几点内容:(1)修正装置应不允许修正预测漂移,例如与时间或体积有关的漂移。(2)不得利用修正装置将水表的(示值)误差调整到不接近零的值,即使该值仍在最大允许误差范围内。(3)不允许在流量小于最小流量 Q_1 时利用弹簧加压流量加速器等移动装置调节水流。

3) 检查装置

定义:水表中用于检测明显差错并作出响应的装置。

检查装置可分为:自动检查装置(即无需操作人员干预其工作的检查装置)、P 型自动检查装置(即每个测量周期都工作的自动检查装置)、I 型自动检查装置(即以一定的时间间隔或固定的测量周期数间歇工作的自动检查装置)和 N 型检查装置(即需要操作人员干预的检查装置)。

2. 影响量、影响因子与扰动

1) 影响量

定义:在直接测量过程中,不影响实际被测量,但影响示值与测量结果之间关系的量。例如:水表的环境温度是影响量,而流过水表的水的温度影响被测量,不属于影响量。

影响量又可以定义为:不属于被测量但却影响测量结果的量。影响量主要指环境因素对水表自身工作状态的影响,它会给测量结果带来附加误差。影响量主要有:温度、湿度、振动、电源电压、电磁干扰、腐蚀性物质等。

影响量可以分为影响因子和扰动等两种。

2) 影响因子

定义:其值在 GB/T 778.1 规定的水表额定工作条件范围之内的影响量。

GB/T 778.1—2018 规定的水表额定工作条件范围之内的影响因子试验项目有:高温、低温、电源电压变化、电源频率变化、内置电池电压低。

当水表受到 GB/T 778.1 规定的影响因子影响时应能继续正常工作,且示值误差不超过适用的最大允许误差。

3) 扰动

定义:其值在 GB/T 778.1 规定的极限范围之内但超出水表额定工作条件的影响量。

GB/T 778.1—2018 规定的超出额定工作条件但在极限范围之内的扰动试验项目

有：交变湿热，振动（随机），机械冲击，交流电源电压暂降、短时中断和电压变化，信号、数据、控制线脉冲群，交流和直流电源脉冲群（瞬变），静电放电，电磁场辐射，电磁场传导，信号、数据和控制线浪涌，交流、直流电源线浪涌。

当水表受到 GB/T 778.1 规定的外部扰动影响时应能继续正常工作，且不能出现明显差错。

GB/T 778.2—2018 规定的影响量（影响因子、扰动）试验项目见表 6－2。

表 6－2　电子水表影响因子与扰动试验项目

GB/T 778.2—2018 条款号	试验项目	试验性质	适用条件
8.2	高温	影响因子	最大允许误差
8.3	低温	影响因子	最大允许误差
8.4	交变湿热	扰动	明显差错
8.5.2	电源电压变化	影响因子	最大允许误差
8.5.2	电源频率变化	影响因子	最大允许误差
8.5.3	内置电池电压低（未接通主电源）	影响因子	最大允许误差
8.6	振动（随机）	扰动	明显差错
8.7	机械冲击	扰动	明显差错
8.8	交流电源电压暂降、短时中断和电压变化	扰动	明显差错
8.9	信号、数据、控制线脉冲群	扰动	明显差错
8.10	交流和直流电源脉冲群（瞬变）	扰动	明显差错
8.11	静电放电	扰动	明显差错
8.12	电磁场辐射	扰动	明显差错
8.13	电磁场传导	扰动	明显差错
8.14	信号、数据和控制线浪涌	扰动	明显差错
8.15	交流、直流电源线浪涌	扰动	明显差错

3. 技术条件

1）额定工作条件

定义：为使水表按设计性能工作，测量时需要满足的工作条件。

注：额定工作条件的具体范围详见本书第 2 章。

2）参比条件

定义：为评估水表的性能或对多次测量结果进行相互比对而规定的工作条件。

基本误差是在参比条件下确定的水表示值误差。

对水表进行型式评价试验时，除了被测试的影响量以外，其他所有适用的影响量都应保持下列值，但对于电子水表，影响因子和扰动允许采用相应标准中规定的参比条件：

流量：$0.7(Q_2+Q_3)\pm0.03(Q_2+Q_3)$。

水温：T30、T50 为 20℃±5℃；T70～T180 为 20℃±5℃，50℃±5℃；T30/70～T30/180

为 50℃±5℃。

水压：按额定工作条件要求。

环境温度范围：15℃～25℃。

环境相对湿度范围：45%～75%。

环境气压范围：86 kPa～106 kPa。

电源电压（交流电源）：标称电压（U_{nom}），最大允许误差为±5%。

电源频率：标称频率（f_{nom}），最大允许误差为±2%。

电源电压（电池）：$U_{bmin} \leqslant V \leqslant U_{bmax}$。

4. 差错与明显差错

1）差错

定义：水表的（示值）误差与基本误差之差。

实际测量水表时，由于存在着各种影响量，因此会出现水表示值误差与参比条件下的基本误差发生偏离的情况，这个偏离量即“差错”值。

2）明显差错

定义：大于 GB/T 778.1 规定值的差错。

明显差错的限值为流量高区最大允许误差的二分之一。设计和制造带电子装置的水表时，应确保在 GB/T 778.1 规定的扰动条件下不出现明显差错。

6.2.1.2 水表的主要性能指标

1）流量测量范围

Q_3/Q_1：从 40～1 000 范围内的系列值中选取（此系列值上限可向更高值扩展；系列值取自 ISO 3 的 R10 系列），详见表 2—1。

2）流量比值

$Q_2/Q_1=1.6$；$Q_4/Q_3=1.25$。

3）准确度等级、重复性、压力损失

准确度等级、重复性、压力损失性能指标详见第 2 章。

4）电池使用寿命

水表上应有电池电量低或者电量耗尽指示符或显示水表更换日期。如果寄存器的显示器显示“电池电量低”的信息，则自该信息显示之日起，应至少还有 180 天的使用寿命。

5）耐久性

对于 $Q_3 \leqslant 16 m^3/h$ 的水表而言，在断续和连续耐久性试验前后应分别进行水表示值误差试验，其 6 个流量点示值误差平均值的偏移量：对于 1 级水表，低区不超过 2%，高区不超过 1%；对于 2 级水表，低区不超过 3%，高区不超过 1.5%。

上述水表在进行耐久性试验后，其误差曲线均应不超过下列最大允许误差：对于1级水表，低区不超过±4%，高区不超过±1.5%（T30水表）、±2.5%（T30以外水表）；对于2级水表，低区不超过±6%，高区不超过±2.5%（T30水表）、±3.5%（T30以外水表）。

对 $Q_3>16m^3/h$ 的水表，仅进行连续耐久性试验即可，试验要求同 $Q_3\leqslant 16m^3/h$ 的水表。

表6—3是T30与T30以外水表的耐久性试验要求汇总表。

表6—3　T30与T30以外水表耐久性试验技术要求

常用流量 Q_3 m^3/h	试验流量	试验类型/准确度等级		试验技术要求				
				试验前后6个流量点示值误差平均值的偏移量		试验后的最大允许误差		
						高区		低区
				高区	低区	T30	T30以外	T30与T30以外
≤16	Q_3	断续	1级	≤1%	≤2%	±1.5%	±2.5%	±4%
			2级	≤1.5%	≤3%	±2.5%	±3.5%	±6%
	Q_4	连续	1级	≤1%	≤2%	±1.5%	±2.5%	±4%
			2级	≤1.5%	≤3%	±2.5%	±3.5%	±6%
>16	Q_3	连续	1级	≤1%	≤2%	±1.5%	±2.5%	±4%
			2级	≤1.5%	≤3%	±2.5%	±3.5%	±6%
	Q_4	连续	1级	≤1%	≤2%	±1.5%	±2.5%	±4%
			2级	≤1.5%	≤3%	±2.5%	±3.5%	±6%

6.2.2　T/CMA SB 053—2020补充的技术指标

1. 与超声水表有关的术语及定义

1）稳定性

定义：测量仪器（仪表）保持其计量特性随时间恒定的能力。

2）再现性

定义：在不同的测量条件下，对同一被测量进行多次测量的输出结果之间的一致程度（再现性的有效描述需要说明改变的条件，包括：测量时间、测量原理、测量方法、观测者、测量仪表、参考标准、地点、使用条件。再现性可用测量结果的离散性定量表示）。

3）漂移

定义：用测量标准在一定时间内（根据技术规范要求）观测被评定仪器仪表计量特性随时间的慢变化，记录前后的变化值或画出观测值随时间变化的漂移曲线。

2. 电子水表性能指标

1）空管状态

所谓“空管状态”，即电子水表测量管内没有被测水的状态。电子水表处于空管状态时，其累积流量读数应保持不变，且应有符号提示。

2）零点读数

所谓“零点读数”，即电子水表处于零流量状态时的输出值，也就是电子水表内的被测水处于完全停止流动状态时的输出值，也称为零位漂移值或“零漂”。

试验时，应保持电子水表测量管内充满水且处于静止状态，关闭小信号切除功能，观察电子水表的瞬时流量读数值 10min，其“零点读数”变化的最大值应符合：(1)准确度等级为 1 级的电子水表，零点读数应不超过±0.5%Q_2；(2)准确度等级为 2 级的电子水表，零点读数应不超过±1.0% Q_2。

3）稳定性

分时段多次测量电子水表在 Q_2 流量点的平均示值误差，均应符合最大允许误差的要求，其变化量应不超过最大允许误差的 50%。

电子水表稳定性指标评价是通过分时段多次测量流量为 Q_2 时的示值误差平均值的最大变化量 ΔE 来进行的，其试验程序为：

(1) 将电子水表安装在试验装置上，通水排空气，确保管道内没有空气；

(2) 在 Q_2 流量点，重复测量(测量次数一般不少于 3 次)并计算得到该流量点的多个示值误差值，取其平均值为 E_1；

(3) 关闭出水阀和进水阀，保持管道内水为静止状态不少于 24h；

(4) 在相同流量值和试验条件下，再次进行重复测量(测量次数同样不少于 3 次)，用上述相同方法获得多个示值误差值，取其平均值为 E_2；

(5) 重复(3)和(4)的测量过程，可以得到 i 个示值误差的平均值 E_i($i \geqslant 6$)；

(6) 按式(6−1)计算示值误差平均值的最大变化量 ΔE。

$$\Delta E = E_{i\max} - E_{i\min} \tag{6-1}$$

式中：

ΔE——各次测量得到的示值误差平均值的最大变化量；

$E_{i\max}$——i 次测量时示值误差平均值中的最大值，%；

$E_{i\min}$——i 次测量时示值误差平均值中的最小值，%；

图 6−1 是电子水表稳定性试验的时序图，可以直观反映出试验的全过程。图 6−1 中 $e_{i(1)}$、$e_{i(2)}$、$e_{i(3)}$是每次测量中的单个测量值(图 6−1 中测量值的个数等于 3)。

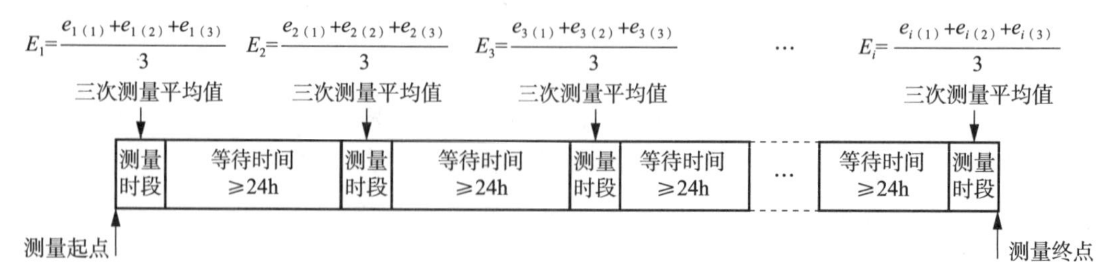

图 6−1　电子水表稳定性试验时序图

4）信号输出

DN50及以上电子水表应配置可用于试验或检定用的信号输出，且格式应可转化为脉冲信号、电流信号或频率信号等。

5）外壳防护

环境等级（气候和机械环境）为B级的电子水表，防护等级不应低于GB/T 4208《外壳防护等级（IP代码）》中规定的IP65，环境等级为O级或M级的电子水表，防护等级不应低于IP68。

6.3　影响量与示值误差试验

在评定一个影响量对带电子装置的水表（超声水表）的影响时，其他影响量应相对稳定地保持接近参比条件的值。

（1）根据气候和机械环境条件，带电子装置的水表分成三个等级：

——B级：安装在室内的固定式水表；

——O级：安装在室外的固定式水表；

——M级：移动式水表。

（2）带电子装置的水表分成两个电磁环境等级：

——E1级：住宅、商业和轻工业；

——E2级：工业。

6.3.1　影响量试验项目

（1）对电子水表而言，影响量主要来自使用环境的影响，通常可以将其分为：气候环境影响、机械环境影响和电磁环境影响这三类，相应地，影响量试验项目有以下三类：

① 气候环境影响试验项目：高温、低温、交变湿热等；

② 机械环境影响试验项目：振动（随机）、机械冲击等；

③ 电磁环境影响试验项目：电源电压变化，电源频率变化，内置电池电压低，交流电源电压暂降、短时中断和电压变化，静电放电，电磁场辐射，电磁场传导，导线脉冲群与电源脉冲群（瞬变），导线和电源的浪涌等。

其中，机械环境影响试验主要针对移动式水表产品。

（2）从影响量的影响程度分类，影响量试验项目可以分为影响因子试验和扰动试验这两类。

超声水表影响量试验的“试验程序”与“合格判据”等内容，详见GB/T 778.2—2018第8章。

6.3.2 示值误差试验

1. 试验装置

试验装置主要由下列设备组成：

(1) 供水系统(常压容器、加压容器、泵等)；

(2) 管道系统；

(3) 经过校准的参比装置(经过校准的体积测定容器、称重系统、参比表等)；

(4) 试验计时装置；

(5) 试验自动操作装置(如有必要)；

(6) 水温、水压测量装置；

(7) 密度测定装置(如有必要)；

(8) 电导率测定装置(如有必要)。

2. 试验用水要求

(1) 水表应该用水进行试验。试验用水应为饮用自来水或符合相同要求的水。

(2) 水中不应含有任何可能损坏水表或影响水表工作的物质。水中不应有汽泡。

(3) 如果使用循环水，应设法防止水表中的残留水危害人体健康。

3. 试验环境

(1) 水表的试验环境应不受环境温度变化和振动等扰动影响；

(2) 试验时，每台水表出口处的表压至少应达到 0.03MPa，并足以防止出现空穴现象。

4. 被测实际体积值的扩展不确定度

流过水表的实际体积的扩展不确定度，型式评价试验时应不超过适用最大允许误差的五分之一，首次检定试验时应不超过适用最大允许误差的三分之一。

5. 影响测量的主要因素

试验装置中的压力、流量和温度变化，以及这些物理量的不确定度是影响水表示值误差测量的主要因素。

1) 供水水压

以选定流量进行试验时，水压应保持在一个恒定值。

水表上游的压力变化应不大于 10%，压力测量的不确定度($k=2$)的最大值应为被测值的 5%。水表入口处的压力应不超过水表的最大允许工作压力。

2) 流量

试验期间流量应固定不变始终维持在选定的值。

每次试验期间流量 Q 的相对变化(不包括启动和停止)应不超过：

(1) $Q_1 \leqslant Q < Q_2$：±2.5%；

(2) $Q_2 \leqslant Q < Q_4$：±5.0%。

流量值是试验期间单位时间内流过的体积。

3) 温度

试验期间水温的变化应不大于5℃。水温测量的最大不确定度应不超过1℃。

4) 水表的方位

试验时，水表的方位应符合以下要求：

(1) 如果水表上标有“H”标记，试验时连接管道应安装成水平方向(指示装置位于顶部)；

(2) 如果水表上标有“V”标记，试验时连接管道应安装成垂直方向；

(3) 如果水表上没有标明“H”或“V”：①至少一台样品水表应安装成流动方向为自下而上的垂直方向；②至少一台样品水表应安装成流动方向为自上而下的垂直方向；③至少一台样品水表应安装成流动轴线处于垂直和水平方向之间的一个中间角度(由型式评价机构选定)；④其余样品水表应安装成水平方向。

所有的水表，无论处于水平方向、垂直方向还是一个中间角度，其流动轴线位置的最大允许误差均应为±5°。

6. 试验方法

试验按以下要求进行：

(1) 至少应在下列流量下确定水表(测量实际体积时)的基本(示值)误差，①、②和⑤每个流量下的误差测量三次(这些流量点需要计算重复性)，其余每个流量下的误差测量两次：

① $Q_1 \sim 1.1Q_1$；

② $Q_2 \sim 1.1Q_2$；

③ $0.33(Q_2+Q_3) \sim 0.37(Q_2+Q_3)$；

④ $0.67(Q_2+Q_3) \sim 0.74(Q_2+Q_3)$；

⑤ $0.9Q_3 \sim Q_3$；

⑥ $0.95Q_4 \sim Q_4$。

(2) 水表不带附属装置(如果有)进行试验。

(3) 试验期间其他影响因子应保持在参比条件。

(4) 如果误差曲线的形状表明有可能超出最大允许误差，则在其他流量下测量(示值)误差。

(5) 当除 Q_1、Q_2 和 Q_3 以外某一点的初始误差曲线接近最大允许误差时，如果能证明此误差是该类型水表的典型误差，型式评价机构可选择在型式批准证书中为首次检定另行确定一种流量。建议根据误差与流量的关系描绘出每台水表的特性误差曲线，以便于评估流量范围内水表的基本性能。

7. 合格判据

合格判据如下：

（1）每个流量下观测到的相对(示值)误差都应不超过最大允许误差的规定。如果在一台或数台水表上观测到的误差仅在一种流量下大于最大允许误差，且仅在该流量下取了两个测量结果，应以该流量重复试验。如果该流量下的三个试验结果中有两个在最大允许误差范围内，且三个试验结果的算术平均值小于或等于最大允许误差，应认为试验合格。

（2）如果水表所有相对(示值)误差的正负符号都相同，至少其中一个误差应不超过最大允许误差的二分之一。在任何情况下都应遵守此要求，这对于供水商和用户双方都公平合理。

6.4 安装与使用对性能的影响

6.4.1 超声水表安装的基本要求

超声水表安装与使用过程中应注意以下问题。

（1）为使超声水表能长期正常工作，超声水表内应始终充满水，如果有空气进入超声水表的风险，应在上游管道安装排气阀。

（2）应防止冲击或振动导致超声水表损坏。

（3）应避免超声水表承受由管道和管件造成的过度应力。

（4）应防止极端水温或环境温度损坏超声水表。

（5）如有可能，应防止超声水表井积水和雨水渗入。

（6）应防止外界环境的腐蚀导致超声水表损坏。

（7）超声水表安装后其入口处不应有内径变化和凸出物现象，以避免对流场分布产生不利影响。超声水表的法兰及相邻的上游管道应保持平直和圆柱形状，管道内径与超声水表入口内径应相同，误差应控制在3%以内，且应同轴。

（8）超声水表上游如果有阻流件存在，将会导致管道内流场畸变，产生附加测量误差。增加上游直管段长度或使用流动整流器可以减少这种误差，也可以在现场或与测量条件类似的环境下进行流量校准来补偿这种畸变造成的误差。

6.4.2 流速不规则变化对超声水表测量的影响

超声水表流量测量范围很宽，测量时一般会涉及三种不同流态：层流、过渡流和湍流。层流时，流速场呈现抛物面状的对称分布；湍流时，流速场呈现指数面状对称分布；而在过渡流时，流速场分布介于抛物面与指数面之间变化，分布为不确定状态。图6－2是封闭管道内三种流态的流速分布示意图。

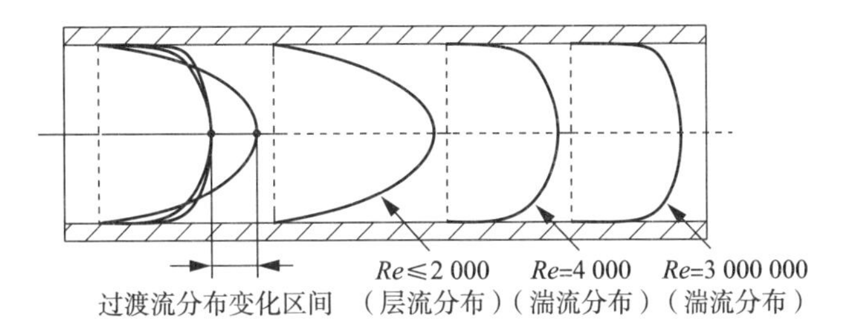

图 6—2　封闭管道内三种流态的分布示意图

当测量管道中含有阻流件(如:弯头、三通、阀门等)时,管道内流体对称分布状态就会被破坏,流场分布出现畸变,呈现非对称状态。图 6—3 是管道内含有阻流件时的流场畸变示意图,图 6—4 是管道中安装有 90°弯头时导致流场畸变的仿真图。

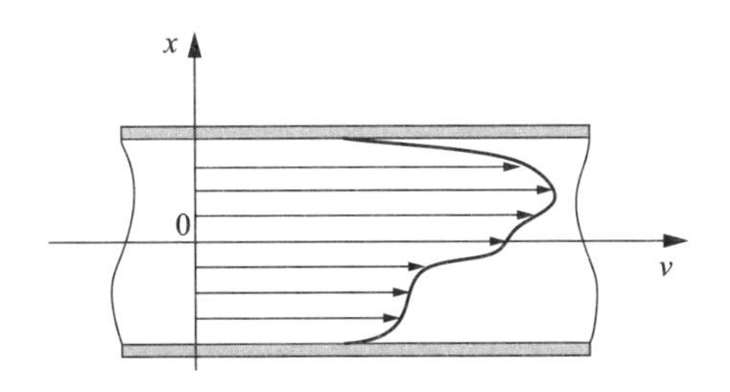

图 6—3　管道内含有阻流件时的流场畸变示意图

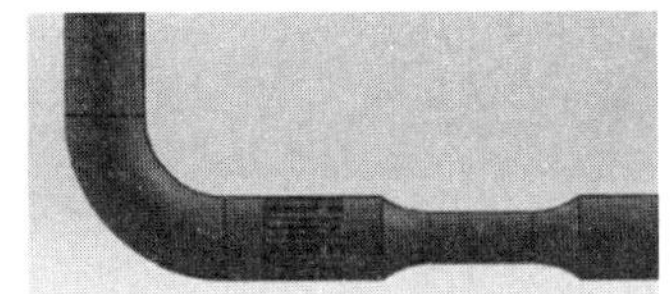
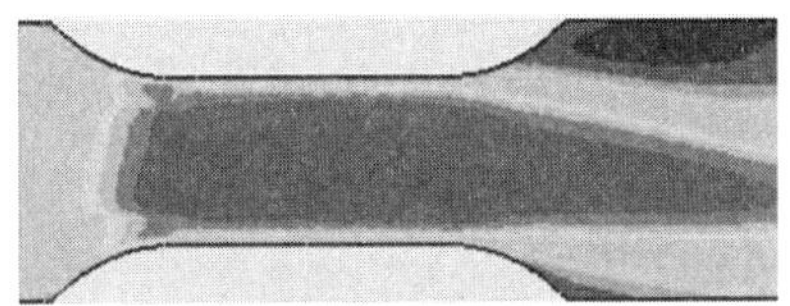
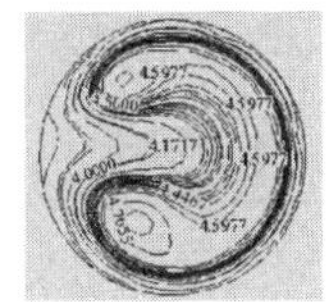

图 6—4　90°弯头导致管道内流场畸变的仿真图

消除流速非对称分布影响的主要方法有下列 4 种。

(1) 加长超声水表安装时的前后直管段。对单声道超声水表而言,有些研究证实其前后需要有近百倍的直管段方能消除由阻流件造成的流场畸变的影响。JJG 1030—2007 对单声道超声流量计做出如下规定:如果前直管段达不到 $24D \sim 70D$,后直管段达不到 $8D$ 的使用条件,其使用时的误差应在实验室检定结果基础上再增加一个不小于 0.3%的附加安装误差。

因此,增加超声水表前后直管段的长度是减小单声道超声水表附加安装误差的一种行之有效的方法。

(2) 在表前安装流动整流器。超声水表使用时,如在其进水口位置安装蜂窝状流动整流器(六边形蜂窝状流动整流器见图 6—5),可以显著改善流场畸变的影响。现按以下条件仿真:同样采用 $8D$ 的前直管段,在 90°平面单弯管下游与超声水表之间安装或不安装六边形蜂窝状流动整流器,当流量为 $3\mathrm{m}^3/\mathrm{h}$ 时,沿测量管道轴线的流场分布就会发生变化,加装流动整流器前后的流场分布对比图见图 6—6。因此,在湍流状态下加装流动整流器，管道内流体的流动分布基本可以达到较理想的状态。

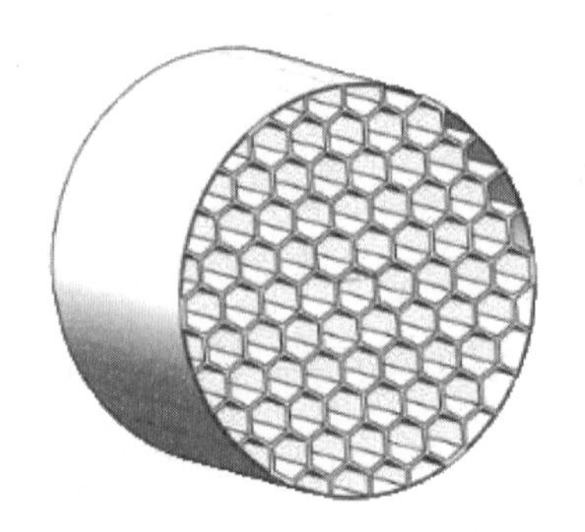

图 6—5　六边形蜂窝状流动整流器

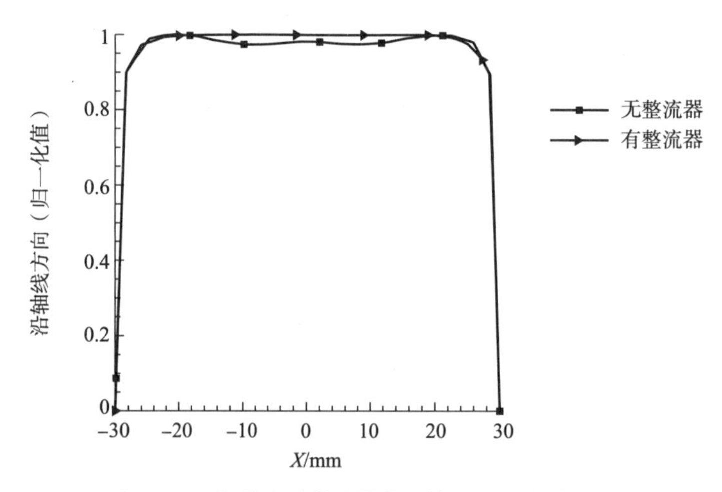

图 6—6　加装流动整流器前后的流场分布对比图

(3) 采用多声道技术。多声道技术可以降低单声道超声水表对流场分布畸变的敏感性。当测量管道内流场发生畸变时，除了轴向流动外，还存在着径向流动的二次流和漩涡流，使测量管道不同半径处的流场均处于非对称状态中。实验表明，通过在管道不同位置上布置声道的方法可以大幅度削弱流场畸变的影响。表 6—4 是平面单弯管出口与超声水表进口处之间距离为 2D 时，不同流量下采用单声道、双声道和三声道布置时平面单弯管对超声水表测量误差影响量的模拟值；图 6—7 是采用不同声道数的超声水表示值误差曲线变化图。从仿真结果看，随着声道数的增加，误差曲线大幅收窄，流场畸变削弱效果是显著的。

表 6—4　采用不同声道时平面单弯管对超声水表测量误差影响量的模拟值

序号	流量值 m^3/h	单声道 超声水表误差	双声道 超声水表误差	三声道 超声水表误差
1	0.1	−10.19%	3.28%	2.64%

续表

序号	流量值 m³/h	单声道超声水表误差	双声道超声水表误差	三声道超声水表误差
2	0.2	−9.08%	2.86%	2.41%
3	0.4	−8.14%	2.68%	1.54%
4	1	−5.74%	1.88%	1.12%
5	3	−3.98%	1.38%	0.96%
6	5	−3.55%	1.32%	0.93%
7	10	−3.39%	1.30%	0.92%
8	30	−3.65%	1.27%	0.87%
9	60	−3.56%	1.25%	0.86%
10	90	−3.57%	1.23%	0.84%
11	120	−3.55%	1.22%	0.83%

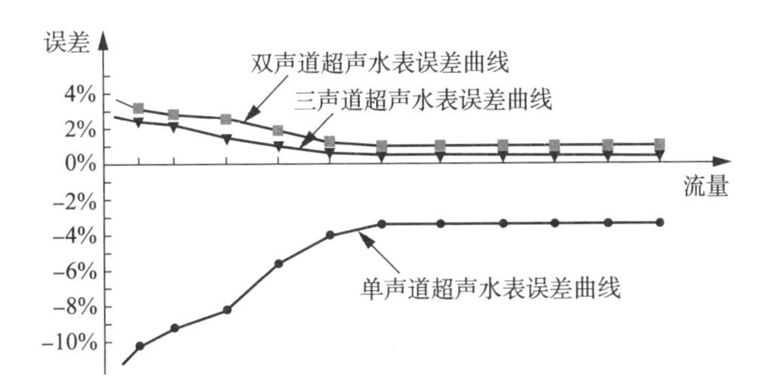

图 6−7 不同声道数的超声水表示值误差曲线变化图

图 6−8 是某种多声道超声水表声道布置示意图。

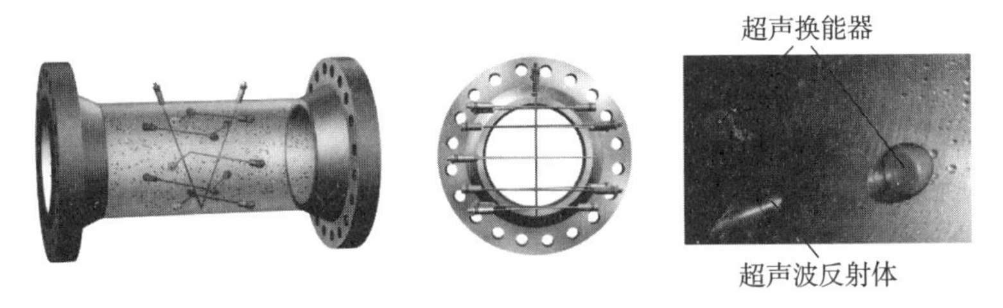

图 6−8 某种多声道超声水表声道布置示意图

多声道超声水表测量值计算公式如下：

$$\overline{v}_{\mathrm{m}} = k_h \sum_{i=1}^{n} w_i \overline{v}_i \qquad (6-2)$$

式中：

$\overline{v}_{\mathrm{m}}$——管道流速估算值，即面平均流速；

k_h——流速校准系数；

w_i——第 i 声道权重系数；

$\overline{v}_i$——第 i 声道线平均流速。

式(6—2)中的权重系数 w_i 可由表 6—5 获取。高斯法的 w_i 可以通过下式计算求得：

$$w_i = R^2\sqrt{1-\left(\frac{r_i^2}{R}\right)^2} \tag{6—3}$$

高斯-雅可比法的 w_i 可以由超声水表测量管道内半径求得，但仅适用于偶数声道。

表 6—5　高斯法与高斯-雅可比法获取 w_i 值

积分算法	双声道		三声道		四声道	
	$\frac{r_i}{R}$	w_i	$\frac{r_i}{R}$	w_i	$\frac{r_i}{R}$	w_i
高斯法	−0.577 4 0.577 4	F_i F_i	−0.774 6 0.000 0 0.774 6	0.555 5 F_i 0.888 8 F_i 0.555 5 F_i	−0.861 1 −0.340 0 0.340 0 0.861 1	0.347 9 F_i 0.652 1 F_i 0.652 1 F_i 0.347 9 F_i
高斯-雅可比法	−0.5 0.5	0.785 4 R^2 0.785 4 R^2			−0.809 0 −0.309 0 0.309 0 0.809 0	0.217 1 R^2 0.568 3 R^2 0.568 3 R^2 0.217 1 R^2
注：高斯-雅可比法仅适用于偶数声道。						

(4)正确安装超声水表与前后直管段。超声水表正确安装与否与其测量准确度有着很大的关联性。按照相关规定，供水管路与超声水表安装轴线间的夹角应不大于 3°，前后直管段与超声水表测量管道内径的偏差应不大于 2%，且不大于 3mm。在这种安装条件下，一般不会引进附加的流场畸变，也不会产生明显的附加测量误差。

6.4.3　被测介质水温或环境温度变化对测量的影响

假设管道内水的压力无很大变化，当被测介质和环境的温度变化时，会导致测量管几何形状发生变化，产生几何量误差。温度变化一般符合式(6—4)规律，因此可以通过检测工作温度与参比温度的差值对影响量进行修正。

$$\frac{q_{V\mathrm{t}}}{q_{V\mathrm{m}}} = (1+\alpha\Delta T)^3 = 1+3\alpha\Delta T+3(\alpha\Delta T)^2+(\alpha\Delta T)^3 \tag{6—4}$$

式中：

$q_{V\mathrm{t}}$——修正后的瞬时流量；

$q_{V\mathrm{m}}$——测量得到的瞬时流量；

α——测量管金属材料的温度膨胀系数；

ΔT——温度变化范围。

由于式(6—4)的高阶项是个微小量，通常可以忽略，因此式(6—4)可以简化为式

(6—5)。

$$\frac{q_{Vt}}{q_{Vm}}=1+3\alpha\Delta T \tag{6—5}$$

如果超声水表采用 304 不锈钢用作测量管材料(其温度膨胀系数 $\alpha=17\times10^{-6}$℃$^{-1}$),当工作温度偏离参比温度 20℃时,由此引起的系统误差一般不会超过0.1%。所以只有当温度变化范围很大时才需要对超声水表进行温度补偿。

表 6—6 是不锈钢材料在 0～100℃时的温度膨胀系数。

表 6—6　不锈钢材料的温度膨胀系数

材料	温度膨胀系数值/℃$^{-1}$
304 不锈钢	17×10^{-6}
316 不锈钢	16×10^{-6}
420 不锈钢	10×10^{-6}

图 6—9 是碳钢和美国钢铁学会标准的不同材料测量管的体积流量受温度变化影响的曲线。图 6—9 中,曲线 1 的材料为美国钢铁学会标准的 420 不锈钢,曲线 2 的材料为碳钢;3 为温度差为 23℃时的相对修正项示例。

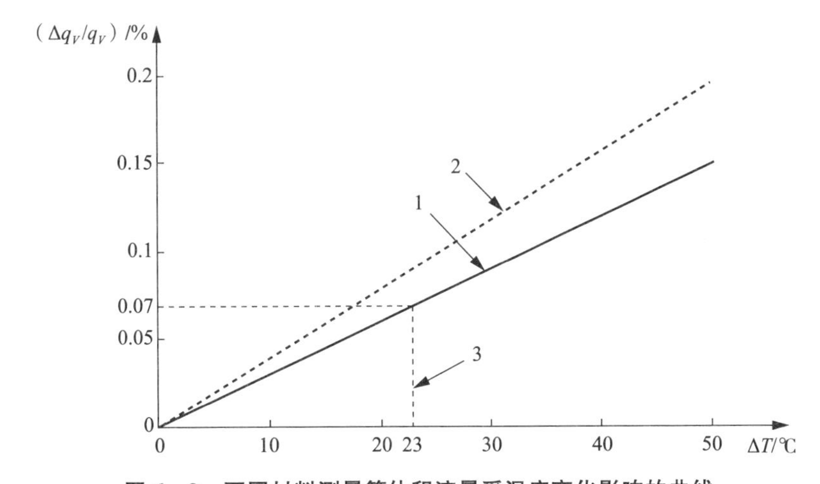

图 6—9　不同材料测量管体积流量受温度变化影响的曲线

6.4.4　管道内壁粗糙度变化对测量的影响

过大的管道内壁粗糙度会造成管道内径值改变和流速分布的变化。当管道内流速处于湍流流动时,管道内壁粗糙度对流速分布的影响很显著,管道内壁粗糙度的增加会导致管内流速分布趋于弯曲,使线、面流速校准值出现偏差,管道内壁粗糙度对流场分布曲线的影响见图 6—10。管道内壁粗糙度的影响仅出现在湍流流动条件下,可以通过改变流速校准系数予以补偿和修正。

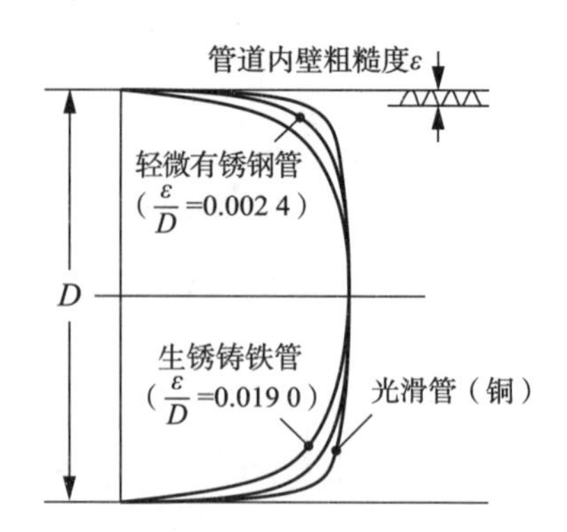

图 6－10　管道内壁粗糙度对流场分布曲线的影响

管道内壁粗糙度变化，会明显影响超声水表的测量准确度。当管道内壁粗糙度变化10倍时，会给双声道超声水表带来约1.5％的附加测量误差，但随着声道数的增多，附加测量误差就会大大减少，如四声道超声水表此时的附加测量误差可以降低至0.07％。

第七章

测量不确定度分析与特性校准

基于渡越时间法原理工作的超声水表，在对封闭满管道内水介质进行测量时，其测量结果通常会受到某些因素的影响。通过有效方法，系统发现并科学分析这些因素的表象与机理，进而控制并削弱这些因素对超声水表测量带来的不利影响，对于超声水表的设计、制造和使用来说都具有重要意义。

以下对超声水表流量测量的不确定度、影响因素、误差分析，以及超声水表的特性校准和举例做出简要的分析与介绍。

7.1 超声水表流量测量的不确定度

7.1.1 单声道流量测量

图 7－1 是单声道超声水表测量管与超声换能器的安装示意图(图中:超声换能器 1、超声换能器 2 为发射接收换能器)。从该图中可以获取超声水表的渡越时间差、管道内的线平均流速乃至体积流量等。

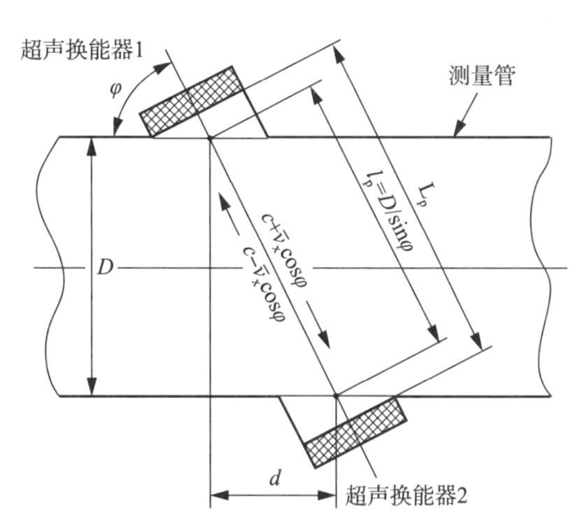

图 7－1 单声道超声水表测量管与超声换能器安装示意图(浸入式超声换能器)

根据图 7－1，超声波的正、逆向渡越时间可由下式计算获得：

$$t_{1-2}=\frac{l_{\mathrm{p}}}{c+\overline{v}_{\mathrm{x}}\cos\varphi}, t_{2-1}=\frac{l_{\mathrm{p}}}{c-\overline{v}_{\mathrm{x}}\cos\varphi} \tag{7-1}$$

式中：

c——超声波在水中的传播速度；

$\overline{v}_{\mathrm{x}}$——测量管中超声声道的线平均流速；

t_{1-2}、t_{2-1}——两超能换能器之间超声波的正、逆向渡越时间。

因为

$$\frac{1}{t_{1-2}}=\frac{c+\overline{v}_{\mathrm{x}}\cos\varphi}{l_{\mathrm{p}}}, \frac{1}{t_{2-1}}=\frac{c-\overline{v}_{\mathrm{x}}\cos\varphi}{l_{\mathrm{p}}} \tag{7-2}$$

所以

$$\frac{1}{t_{1-2}}-\frac{1}{t_{2-1}}=\frac{\Delta t}{t_{1-2}t_{2-1}}=\frac{c+\overline{v}_{\mathrm{x}}\cos\varphi-(c-\overline{v}_{\mathrm{x}}\cos\varphi)}{l_{\mathrm{p}}}=\frac{2\overline{v}_{\mathrm{x}}\cos\varphi}{l_{\mathrm{p}}} \tag{7-3}$$

从图 7—1 中可知

$$\cos\varphi=\frac{d}{l_{\mathrm{p}}} \tag{7-4}$$

所以

$$\overline{v}_{\mathrm{x}}=\frac{l_{\mathrm{p}}}{2\cos\varphi}\frac{\Delta t}{t_{1-2}t_{2-1}}=\frac{l_{\mathrm{p}}^{2}}{2d}\frac{\Delta t}{t_{1-2}t_{2-1}} \tag{7-5}$$

又由于

$$k_{h}=\frac{\overline{v}_{\mathrm{m}}}{\overline{v}_{\mathrm{x}}} \tag{7-6}$$

所以

$$q_{V}=k_{h}A\,\overline{v}_{\mathrm{x}}=k_{h}\frac{\pi D^{2}}{4}\overline{v}_{\mathrm{x}}=k_{h}\frac{\pi D^{2}}{4}\frac{l_{\mathrm{p}}^{2}}{2d}\frac{\Delta t}{t_{1-2}t_{2-1}} \tag{7-7}$$

式中：

k_{h}——线平均流速与面平均流速校准系数；

$\overline{v}_{\mathrm{m}}$——测量管道中面平均流速；

q_{V}——瞬时体积流量。

7.1.2 单声道流量测量的不确定度

单声道超声水表的相对标准不确定度是由全微分方程除以 q_V 得到的：

$$\frac{\delta q_{V}}{q_{V}}=\frac{\delta k_{h}}{k_{h}}+2\frac{\delta D}{D}+2\frac{\delta l_{\mathrm{p}}}{l_{\mathrm{p}}}-\frac{\delta d}{d}+\frac{1}{(t_{1-2}-t_{2-1})t_{1-2}t_{2-1}}(t_{2-1}^{2}\delta t_{1-2}-t_{1-2}^{2}\delta t_{2-1}) \tag{7-8}$$

通过部分项的累加可获得

$$E_{q_{V}}^{2}=E_{k_{h}}^{2}+4E_{D}^{2}+4E_{l_{\mathrm{p}}}^{2}+E_{d}^{2}+\frac{1}{(t_{1-2}-t_{2-1})^{2}}(t_{2-1}^{2}E_{t1-2}^{2}+t_{1-2}^{2}E_{t2-1}^{2}) \tag{7-9}$$

式中：

E_{q_V}——测量体积流量引起的相对标准不确定度；

E_{k_h}——流速剖面引起的相对标准不确定度；

E_D——测量管道内径（内横截面积）引起的相对标准不确定度；

E_{l_p}——两超声换能器之间距离 l_p 引起的相对标准不确定度；

E_d——超声换能器轴向距离 d 引起的相对标准不确定度；

E_{t1-2}——渡越时间 t_{1-2} 引起的相对标准不确定度；

E_{t2-1}——渡越时间 t_{2-1} 引起的相对标准不确定度。

7.1.3　多声道流量测量

单声道超声水表仅能用在管道内流场对称分布的场合，当管道内流场发生畸变时，需要用多声道超声水表进行测量。

用函数组合各声道流速测量值，可得出测量管道内面平均流速的估算值，见下式：

$$\bar{v}_m = f(\bar{v}_1, \bar{v}_2, \cdots, \bar{v}_n) \tag{7—10}$$

式中：

n——由超声换能器对构成的声道数。

测量管道内面平均流速 $\bar{v}_m$ 和被测声道流速 $\bar{v}_i$（即每一声道对应的线平均流速）之间的关系取决于流动剖面。对于充分发展流，流动剖面仅取决于雷诺数和管道内壁粗糙度。一种可能的解决方案是把平均流速作为各声道流速的加权和进行计算，并引入流速校准系数 k_h 来补偿剖面变化。k_h 值的算法应考虑流体的流态（层流、过渡流或湍流），如有需要，还应考虑其他过程变量。

对式（7—10）进行处理，可得多声道超声水表测量管道内面平均流速的表达式为

$$\bar{v}_m = k_h \sum_{i=1}^{n} w_i \bar{v}_i \tag{7—11}$$

体积流量则由下式给出：

$$q_V = KA\,\bar{v}_m = Kk_h A \sum_{i=1}^{n} w_i \bar{v}_i \tag{7—12}$$

所以

$$q_V = Kk_h \frac{\pi D^2}{4} \sum_{i=1}^{n} w_i \left(\frac{L_i^2}{2d_i}\right)\left(\frac{\Delta t_i}{t_{(1-2)i} t_{(2-1)i}}\right) \tag{7—13}$$

式中：

K——示值校准系数；

k_h——流速校准系数；

n——声道数（增大 n 可降低与流动剖面变化相关的不确定度）。

实际情况是，从发射换能器发出的超声波信号到接收换能器接收到超声波信号的渡越时间中还应包含了在非流体部分传播的时间延迟 t_0，因而需要对式（7—13）中的渡越时间项做出相应的调整，见式（7—14）。（在单声道超声水表的不确定度分析中也可引入

时间延迟 t_0 的不确定度影响）

$$q_V = Kk_h \frac{\pi D^2}{4} \sum_{i=1}^{n} w_i \left(\frac{L_i^2}{2d_i}\right) \left(\frac{\Delta t_i}{(t_{(1-2)i} - t_0)(t_{(2-1)i} - t_0)}\right) \tag{7-14}$$

7.1.4 多声道流量测量的不确定度

多声道超声水表流速测量的不确定度主要由以下分量构成：

(1) 示值校准系数 K 的标准不确定度 $u(K)$；

(2) 流速剖面的标准不确定度 $u(k_h)$；

(3) 测量段内横截面积的标准不确定度 $u(A)$ $\left(A=\frac{\pi D^2}{4}\right)$；

(4) 声道流速测量的标准不确定度 $u(v)$，其中包括了三个方面：

①声道几何因子的标准不确定度 $u(K_g)$ $\left(K_g=\frac{L_i^2}{2d_i}\right)$；

②时间测量的标准不确定度 $u(t)$；

③延迟时间补偿的标准不确定度 $u(t_0)$。

7.1.5 不确定度分量评定

不确定度分量评定主要取决于校准方法。校准方法主要有以下几种：

(1) 理论预测法；

(2) 试验室流量校准；

(3) 定期用标准表进行现场校准，标准表本身定期在试验室进行校准。

1. 示值校准系数的标准不确定度 $u(K)$

1) 流动条件下的流量校准

超声水表经过校准后，示值校准系数 K 的标准不确定度与校准不确定度相同。

为了尽量减少校准的不确定度，校准应按下列要求进行：

(1) 符合良好的试验室规范（试验时应按 ISO/IEC 17025《检测和校准实验室能力认可准则》进行）；

(2) 按照国家标准规定的校准方法校准；

(3) 有良好和稳定的流动条件；

(4) 校准时间应具有统计学意义（对单一校准流量，超声水表的测量持续时间应足够长，这样可使湍流引起测量过程中随机变化的影响变得微不足道）；

(5) 在适当的雷诺数范围内来描述超声水表工作时的响应情况，还应选取足够数量的流量试验点来正确描述超声水表的特性。

通常，参比测量装置的不确定度至少应不大于被试超声水表不确定度的 1/3。

2) 采用理论预测法

如果超声水表没有经过流量校准，但其性能可以用理论预测法进行预测，并将示值

校准系数 K 看成是声道几何因子 K_g 的不确定度。

采用理论预测法时，制造商应提供以下参数：

(1) 超声水表测量管道的内径 D(见图 7—1)；

(2) 超声水表测量管道的内横截面积 A；

(3) 每个声道一对超声换能器端面之间的长度 L_p(见图 7—1)；

(4) 每个声道的倾角 φ 或每对超声换能器之间的轴向距离 d(见图 7—1)；

(5) 以上各项参数测量的不确定度；

(6) 测量管材料；

(7) 测量管的压力和温度膨胀系数；

(8) 测量管的管壁厚度；

(9) 测量管道内壁粗糙度。

所有测量用仪器、仪表均应有效校准，并可追溯到公认的标准。

2. 流速剖面的标准不确定度 $u(k_h)$

1) 管道内壁粗糙度估算

就充分发展的湍流而言，流速剖面对 k_h 的影响可以用管道雷诺数和管道内壁粗糙度来估算。

管道内壁粗糙度变化影响的估算过程如下：

(1) 首先计算出管道雷诺数 Re_D：

$$Re_D=\frac{\overline{v}_m D\rho}{\eta} \tag{7—15}$$

式中：

D——测量管道内径；

$\overline{v}_m$——面平均流速；

ρ——实际密度；

η——动力黏度。

(2) 然后计算出初始条件下的管道内壁相对粗糙度，即 K_r/D(K_r 为管道内壁粗糙度)。

(3) 利用 K_r 和 Re_D 的计算值，从相应表中(GB/T 35138—2017 的表 B. 1)选出初始条件下的流速校准系数 $k_{h-\text{initial}}$ 值。必要时可在表中数值之间插值。

(4) 计算管道条件改变后的管道内壁相对粗糙度。

(5) 利用 K_r 和 Re_D 的计算值，从相应表中(同上)选出当前工作条件下的流速校准系数 $k_{h-\text{present}}$ 值。必要时可在表中数值之间插值。

(6) 按下式计算偏差百分数：

$$\frac{k_{h-\text{initial}}-k_{h-\text{present}}}{k_{h-\text{present}}}\times 100\% \tag{7—16}$$

2) 过渡流分析

雷诺数从 2 000 变化到 4 000 时，流态从层流变为湍流。在层流和湍流之间的阶段会出现过渡流，流速剖面在近似于层流剖面和湍流剖面的形态之间快速转换，在反复转换的过程中还会出现更为复杂的流速剖面。过渡流的雷诺数和过渡流的实际性质取决于许多因素，包括管道几何形状以及温度条件等。雷诺数在 2 000～4 000 范围内时，过渡流通常仅占全部测量范围雷诺数中的一个较小比例。

过渡流对不确定度的影响取决于超声水表的设计。只采用径向声道的超声水表对流态非常敏感，其 k_h 值从层流时的 0.75 变化到湍流时超过 0.9。因此，如果由于临界雷诺数的不确定度导致 k_h 值不准确，可能产生较大的误差。对于多声道超声水表，增加非径向(如弦向)声道不但可减少这些影响，还能够评估剖面的形态，从而检测出超声水表处于层流、过渡流还是湍流。

在实际工作中，流动剖面会受到各种扰动的干扰。$u(k_h)$的值取决于扰动的幅度及其特性，以及超声水表对扰动的敏感度。采用多个声道可以降低超声水表对流动剖面扰动的敏感度。采用流动整流器可以降低扰动的幅度。流动整流器还能降低过渡流的影响。

层流和湍流状态下流动剖面都可能发生畸变。此外，层流状态下还会出现热梯度。

流动剖面扰动产生的不确定度可以通过典型扰动条件[如上游管件(弯头等)和上游台阶]下的性能试验进行估算。性能试验可以评估超声水表所需的最小上游直管段长度，使其 $u(k_h)$值仍然有效。

3. 测量段内横截面积的标准不确定度 $u(A)$

超声水表如果不进行流量校准，就需要从几何测量的不确定度中推导出测量段内横截面积的不确定度。

测量段的内横截面积还受到温度和压力的影响。一般来说，超声水表校准期间的温度和压力不同于工作条件下的温度和压力。在工业测量过程中，超声水表不一定需要进行温度和压力校准。对于大多数超声水表来说，相比于总体不确定度，压力和温度的影响都可以忽略不计。但对于准确度要求较高的应用场合(如贸易结算的计量)以及极端温度或压力，超声水表就需要进行温度和压力校准。

4. 声道几何因子的标准不确定度 $u(K_g)$

超声水表声道几何因子的标准不确定度 $u(K_g)$评定可以采用理论预测法，详见 1 中的 2)采用理论预测法。

5. 时间测量的标准不确定 $u(t)$

时间分辨力、零点稳定性、噪声以及湍流等会导致时间测量存在不确定度，应测量超声波渡越时间的延迟，并进行超声水表的零流量验证试验。

应当检测超声水表当其测量管道内的被测水流速完全为零时的测量值。进行此试验时，超声水表应开启小流量切除功能。要认识到温差会造成超声水表内部被测水的热对流现象，并有可能会误把其当做流量来测量。因此，零漂可能表明超声水表存在着较为严重的问题。

6. 延迟时间补偿的标准不确定度 $u(t_0)$

延迟时间 t_0 是由于阻抗匹配材料、电子部件、信号处理装置、电缆长度等引起的。

7.2　影响因素

对超声水表不确定度产生影响的主要因素有以下几个方面。

7.2.1　与管道内流体扰动有关的影响因素

与管道内流体扰动有关的影响因素主要有：
(1) 环绕超声换能器流体流动的影响；
(2) 横向流成分的存在(回旋流)；
(3) 流体轴向速度剖面形状的变化；
(4) 管道内的脉动流的影响。
下列措施可以减小流体扰动带来的不确定度：
(1) 增加超声水表前后直管段长度；
(2) 在超声水表入口处安装流动调节器(整流器)；
(3) 使用多声道超声测量方法；
(4) 在与实际使用情况相似的条件下对超声水表进行流动条件下的流量校准。

7.2.2　与测量管几何尺寸有关的影响因素

与测量管几何尺寸有关的影响因素主要有：
(1) 测量管道内径 D 和内腔体圆度(圆柱度)的测定方法；
(2) 几何量测量的准确度；
(3) 管道内压力和温度引起测量部分的膨胀变形；
(4) 测量管加工后由应力释放而产生的形体蠕变。
以下措施可以减少对不确定度的影响：
(1) 用更准确方法测量管道内径 D 的尺寸；
(2) 用精密加工方法对测量管内腔进行加工，使其符合圆度和圆柱度要求；
(3) 选用更高准确度等级的几何量测量仪器及装置进行测量；
(4) 测量管加工后进行较长时间的时效老化处理；
(5) 当被测介质的温度与压力变化较大时，采用相关的补偿技术与措施；
(6) 在与实际使用情况相似的条件下对超声水表进行流动条件下的流量校准。

7.2.3　与超声换能器信号检测有关的影响因素

与超声换能器信号检测有关的影响因素主要有：

(1) 信号传输中的电子噪声；
(2) “二次流”影响(主要指横向流和回旋流)；
(3) 超声换能器工作面附近出现多相流；
(4) 超声换能器表面及其周边区域中存在污染物；
(5) 超声换能器工作面附近出现明显的流体密度梯度；
(6) 管道内出现严重的流体波动；
(7) 超声换能器自身产生的噪声；
(8) 将超声水表安装在靠近阀门的下游处。

7.2.4 与时间测量及其处理有关的影响因素

与时间测量及其处理有关的影响因素主要有：
(1) 信号检测技术；
(2) 时间测量方法(渡越时间,频率移动)；
(3) 时间分辨力；
(4) 超声波在非流体部分的渡越时间,包括在导线、电子电路、超声换能器及其测量管的管壁等部位的时间延迟；
(5) 内部计算精度的影响；
(6) 电子电路周边环境条件的影响；
(7) 湍流、旋涡、脉动等流体变化导致的时间误差；
(8) 在超声换能器外壳上的时间延迟。
采用以下措施可以减小这方面的不确定度：
(1) 采用能消除温度梯度的隔热测量管；
(2) 在实际工作条件下进行零位核查。

7.3 误差分析

超声水表的不确定度通常是由管道内流场扰动、测量管道加工、信号检测、时间测量及处理等因素引起的,如:测量时受到横向流(漩涡)、脉动流、流速分布畸变、温度压力变化等干扰,管道内壁粗糙度、管道尺寸及形状、环境电磁场、内部电子热噪声、电路计时分辨力、计时算法及计时启停点准确度等影响。

以下对导致测量不确定度的3类误差做出相应分析。

1. 系统误差

系统误差是一种有确定性变化规律的误差,因此可以通过修正或校准方法削弱其影响。构成超声水表系统误差的因素较多,以下结合不确定度分析对主要影响因素予以分项讨论,提出消除误差的方法。

1）线平均流速 $\overline{v}_x$ 与面平均流速 $\overline{v}_m$ 之间的非线性误差

超声水表测得的流速值是超声波被测介质传播路径上线流速的平均值，称为线平均流速 $\overline{v}_x$，而评定管道流量用的流速则是面平均流速 $\overline{v}_m$，在不同雷诺数测量条件下它们之间具有某种函数关系，见图 7—2。因而需要引入流速校准系数 k_h 来消除该项误差。

进行线、面平均流速校准的前提条件是，管道内的流速分布必须是经充分发展的对称流。

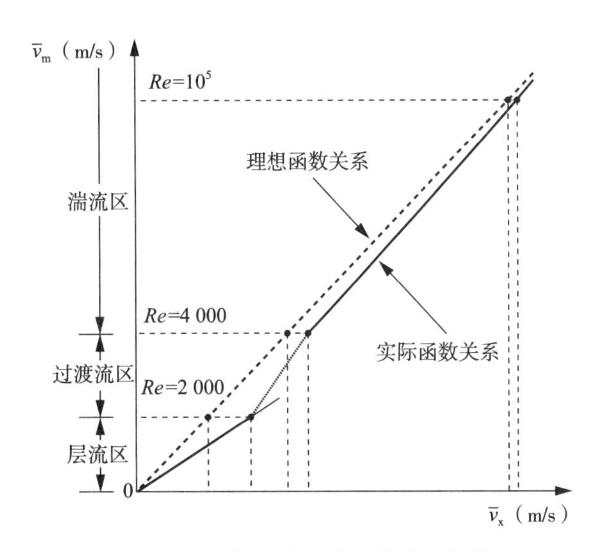

图 7—2　线、面平均流速之间的函数关系

当管道内流体流动处于层流状态时，线平均流速与面平均流速之间的关系为

$$k_h=\frac{\overline{v}_m}{\overline{v}_x}=\frac{3}{4} \tag{7—17}$$

当流体流动处于过渡流状态时，线平均流速与面平均流速之间没有固定关系。由于过渡区域很窄，通常可予以忽略。

当流体进入到湍流状态时，线平均流速与面平均流速之间的关系变为

$$k_h=\frac{\overline{v}_m}{\overline{v}_x}=\frac{2n}{2n+1},n=1.66\lg Re \tag{7—18}$$

超声水表流量测量范围通常很宽，一般都能覆盖到上述三个流动区域。线平均流速与面平均流速在三个流动区域之间的函数关系见图 7—2。除了过渡流区域，其他两个区域均可通过设立流速校准系数将两者误差消除或削弱。

2）加工、装配误差

超声水表制造加工过程中因测量管道内径 D、两反射体中心距离 L、超声换能器安装夹角 φ 等参数偏离设计值，会使测量结果出现系统偏离的情况。因加工误差属系统误差范畴，可以用一校准系数予以修正。

3）管道内壁粗糙度影响

管道内壁粗糙度对超声水表系统误差的影响详见 6.4.4 的内容。

4）超声波在非测量段传播时产生的延迟时间误差

超声波在被测介质中的渡越时间比较短，一般都在纳秒（ns）量级上，因此超声波沿导线、电子电路、超声换能器等非被测介质传播时产生的延迟时间误差就不能忽略不计了。超声波经过这些部分的延迟时间是个恒定值，同样可以采用校准方法将其修正。

5）常压下温度变化引起的误差

假设管道内水的压力无突变，对于 T30 冷水水表而言，在额定工作范围内的温度变化接近为 30℃。介质和环境的温度变化会导致测量管几何形状发生一定的形变量，产生几何量误差。金属材料的温度变化一般符合式（7－19）规律，因此可以通过检测管道内外温度变化对其几何尺寸及形状误差进行补偿。

$$\frac{q_{V\mathrm{t}}}{q_{V\mathrm{m}}}=(1+\alpha\Delta T)^3=1+3\alpha\Delta T+3(\alpha\Delta T)^2+(\alpha\Delta T)^3 \qquad (7-19)$$

式中：

$q_{V\mathrm{t}}$——修正后的瞬时流量；

$q_{V\mathrm{m}}$——测量得到的瞬时流量；

α——金属材料的温度膨胀系数；

ΔT——温度变化范围。

由于式（7－19）的高阶项是个微小量，通常可以忽略，因此式（7－19）可以简化为

$$\frac{q_{V\mathrm{t}}}{q_{V\mathrm{m}}}=1+3\alpha\Delta T$$

如果超声水表采用 304 不锈钢用作测量管材料（其温度膨胀系数 $\alpha=17\times10^{-6}$℃$^{-1}$），当工作温度偏离参比温度 20℃时，由此引起的系统误差一般不会超过 0.1%。所以，只有当温度变化范围很大时才需要对超声水表进行温度补偿。

2. 随机误差

随机误差没有确定的变化规律，但就误差的总体而言，却遵循某种统计规律。

1）计时分辨力不足引起的测量误差

目前性能较好的计时芯片其时间分辨力均在 20ps 左右，对于 DN20 小口径反射式水表而言，当被测最小流量 Q_1＝8L/h、两反射体之间距离 L＝60mm、超声波在常温水中的传播速度 $c\approx$1 500m/s 时，用式（4－12）可估算出超声波在介质中渡越的最小时间差 Δt 约为

$$\Delta t=\frac{2L}{c^2}\bar{v}_{\mathrm{x}}\approx 360\mathrm{ps}$$

由此可见，即使采用较好的计时芯片，由于其分辨力不足而造成的计数量化误差也已达到了 5.6%。考虑到计数量化误差是一种均匀分布的随机误差，因此可以采用多次连续采样求平均值的方法减少其影响量。如采用 36 次采样的平均值作为一次测量结果值，其时间分辨力导致的测量重复性误差可以小于 1.0%，即

$$\frac{5.6\%}{\sqrt{36}}=0.93\%$$

多次连续采样求平均值的方法虽然牺牲了超声水表的测量实时性，增加了电能消耗，但可以显著降低随机误差的影响，提高测量重复性。从另一方面看，水表不是流量计，它的功能偏重于累积流量的计量，对瞬时流量的实时性要求并不高。

2）计时脉冲结束点不稳定产生的误差

环境干扰（电磁或机械）、内部电子噪声，以及超声换能器输出电压幅值不稳定性等因素，会导致计时脉冲结束点（stop 点）发生一定的偏移量。图 7－3 是超声换能器输出幅值显著下降后导致 stop 点严重偏离的情形。

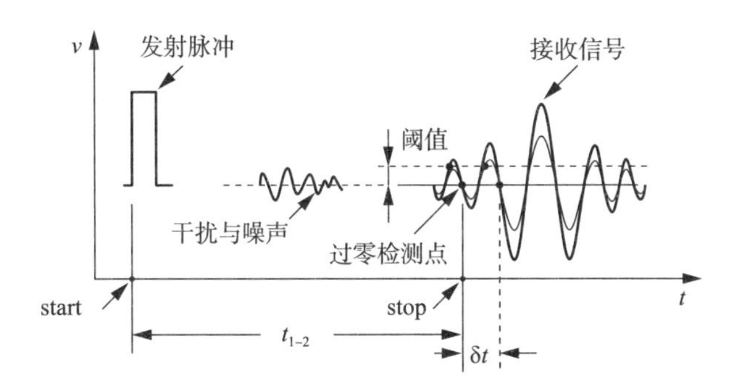

图 7－3 超声换能器输出幅值下降导致 stop 点的严重偏离

δt 属随机误差范畴，因此只能采用提高阈值电压、加强电磁屏蔽和接地、增大并稳定接收换能器输出电压幅值等方法来降低它。

目前，较先进的计时芯片都采用时间窗技术，用以减小超声波在传播过程中受到干扰与噪声的概率；也会采用对接收脉冲中心区域的多个过零检测点求平均值的方法使超声波渡越时间计时得更准确、更稳定，时间窗技术和多个过零检测点求平均值的方法见图 7－4。

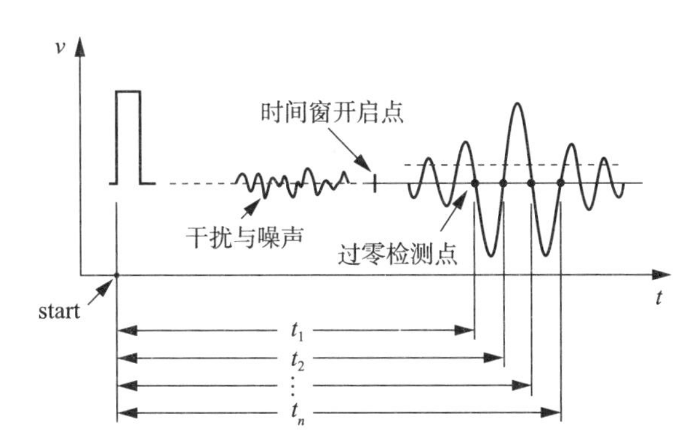

图 7－4 时间窗技术和多个过零检测点求平均值的方法

渡越时间 t_{1-2} 或 t_{2-1} 的平均值可由下式计算：

$$\bar{t}_{1-2}=\frac{1}{n}\sum_{i=1}^{n}t_i \text{ 或 } \bar{t}_{2-1}=\frac{1}{n}\sum_{i=1}^{n}t_i \qquad (7-20)$$

3)管道流动干扰的影响

超声水表测量管道内流体流动的畸变及扰动,不能用确定性规律来描述,是一种随机性干扰,例如超声换能器端面附近的横向流(漩涡)、轴向速度剖面形状的不确定性变化、管道内出现的瞬时脉动流,以及气泡(两相流)等情况,超声换能器端面附近的横向流及气泡示意图见图 7—5。这些情况会导致测量结果中出现随机性误差,使超声水表的测量重复性变差。

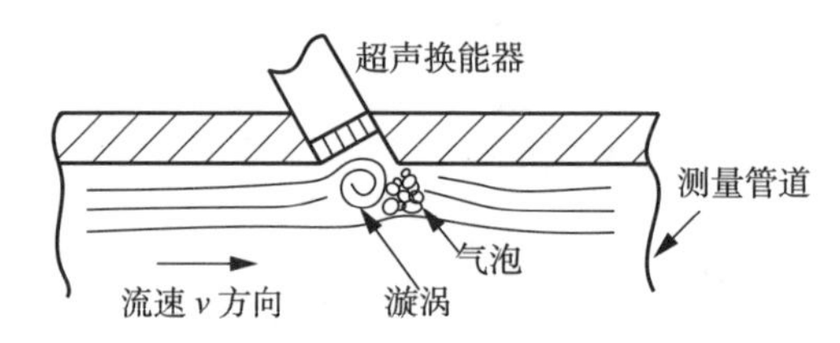

图 7—5　超声换能器端面附近的横向流及气泡示意图

对于上述流动干扰,可以通过增加超声水表前后直管段长度、安装流动整流器、采用多声道检测方式、改变超声换能器安装孔的设计方法等予以削弱和消除。

3. 综合性能误差

超声水表的综合性能与其零流量输出特性、测量特性校准,以及安装、使用的环境等情况有关。

1) 零流量输出特性的影响

当被测管道内水的流量为零时(即流速为零),超声波在液体介质中的渡越时间差也应为零。实际情况是,超声波在正向传播与逆向传播过程中除了途径液体介质外,还需经过超声换能器、电路和导线等非流体部分,由外部干扰和内部噪声产生的时间延迟是不相等的;另外,计时脉冲启动和停止过程对计时准确度的影响,以及计数量化误差等均能造成超声波正、逆向渡越时间的不一致。为简化起见,对式(4—3)中的渡越时间差用下式做进一步描述

$$\Delta t = t_{2-1} - t_{1-2} = (t_{2-1} + \varepsilon_2) - (t_{1-2} + \varepsilon_1) \qquad (7-21)$$

式(7—21)中,ε_1、ε_2 为超声波正、逆向途径非流体部分时产生的时间延迟及由外部干扰和内部噪声对延迟产生的综合影响量,以及计时启停时点不确定性和计数量化误差等带来的影响;通常 $\varepsilon_2 \neq \varepsilon_1$。

当流量为零时,式(7—21)可改为

$$\Delta t \big|_{\bar{v}_x = 0} = \varepsilon_2 - \varepsilon_1 \qquad (7-22)$$

因此,当超声水表输入量为零时,超声水表仍有零位误差,它是由 $\varepsilon_2 - \varepsilon_1$ 多次求平均值 $\bar{\varepsilon}$ 产生的,并且具有随机误差的属性,超声水表输入-输出部分特性见图 7—6。它的存在对大流量测量结果的影响不显著,但对小流量测量结果带来的影响则不可小觑。

由 $\bar{\varepsilon}$ 造成的零位误差不能太大,否则会给分界流量和最小流量附近的示值带来较大的影响。因此,应选用高稳定性计时芯片,采用降低外部干扰、准确的计时启停时点,以

及多次求平均值等方法来减少零位误差对测量结果的影响。

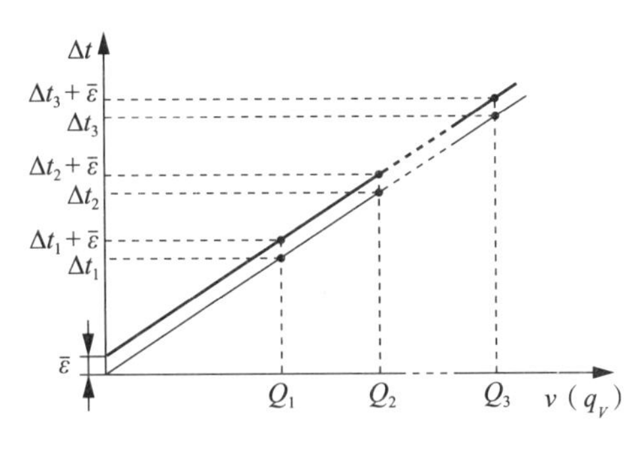

图 7—6　超声水表输入-输出部分特性图

2）测量特性校准引起的误差

超声水表测量得到的线平均流速与评定其测量结果的面平均流速之间存在着严重的非线性，需要通过校准方法将其校准到线性状态，超声水表误差曲线校准效果见图 7—7。校准方法既可采用式(7—17)、式(7—18)校准系数的倒数和关系式(理论校准)，也可采用独立或关联的分段校准、拟合直线校准及神经网络校准(实流校准)等方法。但任何一种校准方法都有它的局限性，也会带来某种风险和误差，如：过渡流时流体流动分布的不确定性易导致流速校准系数的失效，分段特性校准导致测量误差曲线的不连续，超声水表特性不稳定致使局部校准区域示值超出期望值等。因此，在设计和选用校准方法时需要综合考虑和评估，尽量保持特性校准的可靠性。

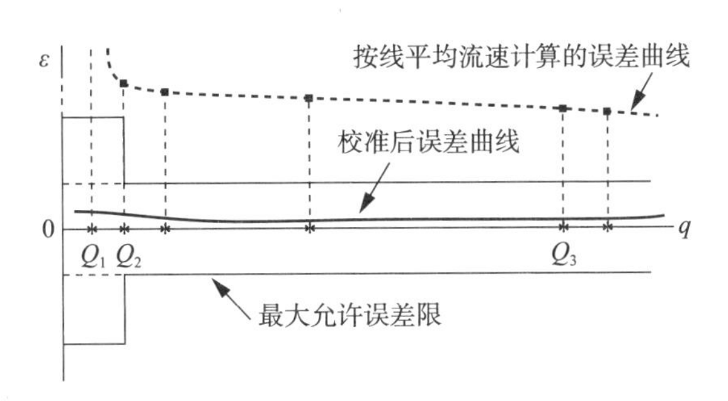

图 7—7　超声水表误差曲线校准效果图

3）安装、使用环境带来的影响

超声水表在使用过程中如不能满足其规定的要求，同样也会出现显著的误差。其影响量主要来源是：测量管道前后阻流件导致的流场分布畸变、管道中出现大的脉动流、间歇流量致使管道产生振动，以及环境振动对管道的影响等。

通常情况下超声水表(尤其是单声道超声水表)要有足够长的直管段，用以校准流场分布畸变带来的影响。当在近距离内无法避免使用管道阻流件时，应采用多声道超声水表和安装流动整流器；当管道中持续出现大的脉动流或间歇流时，需要寻找产生原因并予消除，否则应安装稳压装置将其消除；当管道振动会使管道内流体产生横向流，导致测量误差增大时，也应找到振动源，消除其影响。

7.4 特性校准

对超声水表而言，目前主要有两种校准方法可以对超声水表测量特性进行校准：理论预测法校准与流动条件下的流量法校准。理论预测法校准主要用于不确定度较大的工业测量用超声流量计和超大公称通径的超声水表；对于准确度要求较高（即不确定度较小）以及用于贸易结算的超声水表，通常应采用流动条件下的流量法校准。

7.4.1 理论预测法校准

理论预测法校准是建立在非实流条件下，通过获取超声水表的几何尺寸及其测量的不确定度，以及超声水表测量管的材质、承受的水压及管道内壁粗糙度等数据，达到预测超声水表测量结果的一种校准方法。它是依据超声水表测量原理公式，在对相关几何尺寸（如测量管道内径、内横截面积、超声换能器安装夹角、每对超声换能器声道长度等）和时间延迟参量（即超声波在非测量介质部分的时间延迟）进行试验验证基础上，同时配合超声水表的零流量试验，而得出的超声水表测量准确度的预测值。

现以单声道超声水表作为分析对象，其面平均流速的测量原理公式为

$$\bar{v}_{\mathrm{m}}=Kk_{hi}\bar{v}_{\mathrm{x}} \tag{7-23}$$

其中

$$\bar{v}_{\mathrm{x}}=\frac{D}{2\sin\varphi\cos\varphi}\left(\frac{\Delta t}{t_{1-2}t_{2-1}}\right) \tag{7-24}$$

因此，超声水表的体积流量为

$$q_V=A\bar{v}_{\mathrm{m}}=\frac{\pi D^2}{4}Kk_{hi}\bar{v}_{\mathrm{x}}=Kk_{hi}\left(\frac{\pi D^3}{8\sin\varphi\cos\varphi}\right)\left(\frac{\Delta t}{t_{1-2}t_{2-1}}\right) \tag{7-25}$$

式中：

$\bar{v}_{\mathrm{m}}$——测量管道内横截面的平均流速；

$\bar{v}_{\mathrm{x}}$——超声换能器测量获取的线平均流速；

D——测量管道内径；

φ——一对超声换能器与测量管轴线之间的安装夹角；

Δt——超声波正、逆向渡越时间差；

t_{1-2}、t_{2-1}——超声波正向与逆向的渡越时间；

k_{hi}——分段流速校准系数；

K——示值校准系数；

$\left(\frac{\pi D^3}{8\sin\varphi\cos\varphi}\right)$——几何参数。

几何参数的测量以及分段流速校准系数的确认是理论预测法校准的主要工作。考

虑到几何参数的不确定性及分段校准曲线算法存在的偏差性，有条件情况下需要对经过理论预测法校准的超声水表在其出厂前做一次由若干流量点组成的实流校准验证，以提高其测量准确度，减少系统误差的影响。

图 7—8 是单声道超声水表在流量测量范围内根据雷诺数大小的范围（即按不同流态分布）所实施的分段特性校准的示意图。当流体处于层流时，使用分段校准曲线 1，该段流速校准系数是准确值，因此不存在系统误差；当流体处于湍流时，校准曲线 2 使用的是经验公式，其与理想特性曲线存在着一定的系统误差，通常需要作实流校准的补充；当雷诺数处于过渡流时，由于流体分布的不确定性，因此没有合适的经验校准曲线使用，考虑到这一流量段占整个流量测量范围的区间极小，因此校准曲线存在一些偏差并不会影响到超声水表实际使用的效果。

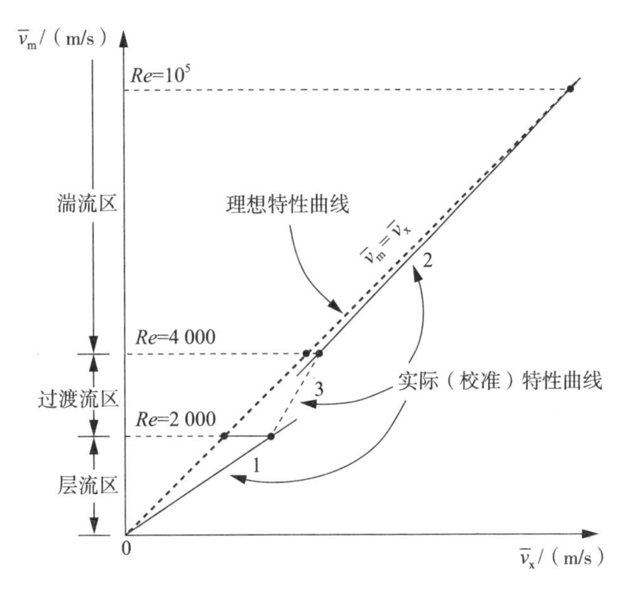

图 7—8　超声水表按流态分布实施的分段特性校准图

图 7—8 中：

校准曲线 1 的方程为：$\bar{v}_m=\dfrac{3}{4}\bar{v}_x$；

校准曲线 2 的方程为：$\bar{v}_m=\dfrac{2n}{2n+1}\bar{v}_x(n=1.66\lg Re)$；

校准曲线 3 的方程为：$\bar{v}_m=a_1+b_1\bar{v}_x$（可用直线方程拟合，$a_1$ 为直线方程的截距，b_1 为直线方程的斜率）。

7.4.2　流动条件下的流量法校准

由于实流校准方法依赖于实流校验装置的测量不确定度，因此通过多点的实流测量与校准，可以将超声水表的测量特性提高到较好的水平上，并可显著降低超声水表测量时存在的系统误差，且方法也相对简单。

从下式可以得到超声水表校准后的瞬时体积流量值：

$$q_V = k_{xi}\overline{v}_x (i=1,2,\cdots,n) \tag{7-26}$$

或

$$q_V = k_{mi}\overline{v}_m (i=1,2,\cdots,n) \tag{7-27}$$

式中：

k_{xi}，k_{mi}——超声水表特性校准系数(在流量测量范围内有效)。

实流校准时，在超声水表的流量测量范围内(即 $R=Q_3/Q_1$)，用实流分段对超声水表流量测量特性进行校准，可以采用曲线拟合方法(如理论预测法校准)，也可以采用分小段逐段校准，以及其他实流流量校准方法。

7.5 校准举例

1. 测量特性分析

通常情况下，封闭满管道的流速测量基本采用面平均流速作为超声水表流量测量特性校准与测量误差评判的依据。由于超声水表测量得到的线平均流速 $\overline{v}_x$ 与管内实际分布的面平均流速 $\overline{v}_m$ 之间，在不同雷诺数 Re 条件下的关系比较复杂，因此在整个流量测量范围内两者呈现出了明显的非线性，见图 7－2。

产生非线性测量特性的主要原因是：流速处于充分发展管流条件下，随着流速由慢至快，即雷诺数由小到大，管道内的流速会经过层流、过渡流、湍流等不同流动区域。当雷诺数 $Re \leqslant 2\,000$ 时，流速处于层流状态，其分布呈抛物面状，见图 A－1；当流速较高，即雷诺数 $Re \geqslant 4\,000$ 时，流速处于湍流状态，其分布为指数面状，见图 A－3；当雷诺数介于这两者之间时，即 $2\,000 < Re < 4\,000$，管内流速处于过渡流状态，其分布由抛物面状向指数面状逐步变化，且分布极不稳定。

(1) 层流状态下，管道内流体的流速分布可用下式表示：

$$v_r = v_{\max}\left[1-\left(\frac{r}{R}\right)^2\right] \tag{7-28}$$

式中：

v_r——距离管道中心为 r 处的流速；

$v_{\max}$——管道中心轴线上的最大流速；

R——管道内半径；

r——到管道中心的径向距离。

此时管道截面的平均流速 $\overline{v}_m$ 为

$$\overline{v}_m = \frac{q_V}{A} = \frac{\int_0^R 2\pi r\, v_r \mathrm{d}r}{\pi R^2}$$

$$=\frac{\int_0^R 2\pi r v_{\max}\left[1-\left(\frac{r}{R}\right)^2\right]\mathrm{d}r}{\pi R^2}=\frac{\pi R^2 v_{\max}/2}{\pi R^2}=\frac{1}{2}v_{\max} \tag{7-29}$$

式中：

q_V——管道截面的体积流量；

A——管道的内横截面积。

线平均流速 $\overline{v}_x$为

$$\overline{v}_x=\frac{2\int_0^R v_r\mathrm{d}r}{2R}=\frac{\int_0^R v_{\max}\left[1-\left(\frac{r}{R}\right)^2\right]\mathrm{d}r}{R}=\frac{2}{3}v_{\max} \tag{7-30}$$

由式(7－29)和式(7－30)解得

$$\overline{v}_m=\frac{3}{4}\overline{v}_x \tag{7-31}$$

因此在层流状态下，线平均流速与面平均流速之间的流速校准系数 k_h 为

$$k_h=\frac{\overline{v}_m}{\overline{v}_x}=\frac{3}{4} \tag{7-32}$$

(2) 湍流状态下，管道内流体的流速分布可用下式表示：

$$\overline{v}_x=v_{\max}\left(1-\frac{r}{R}\right)^{1/n} \tag{7-33}$$

式中：

n——随 Re 的不同而变化的系数，$n=1.66\lg Re$。

与层流相比，湍流状态下流速分布仍以管道中心轴线为对称并呈指数面状分布，其流速分布是雷诺数的函数。湍流状态下，管道截面的平均流速 $\overline{v}_m$ 为

$$\overline{v}_m=\frac{q_V}{A}=\frac{\int_0^r 2\pi r\, v_r\mathrm{d}r}{\pi R^2}=\frac{\int_0^r 2\pi r v_{\max}\left(1-\frac{r}{R}\right)^{1/n}\mathrm{d}r}{\pi R^2}$$

$$=\frac{2n^2}{(2n+1)(n+1)}v_{\max} \tag{7-34}$$

线平均流速 $\overline{v}_x$为

$$\overline{v}_x=\frac{2\int_0^r v_r\mathrm{d}r}{2R}=\frac{\int_0^r v_{\max}\left(1-\frac{r}{R}\right)^{1/n}\mathrm{d}r}{R}=\frac{n}{n+1}v_{\max} \tag{7-35}$$

从式(7－34)和式(7－35)可以解得

$$\overline{v}_m=\frac{2n}{2n+1}\overline{v}_x \tag{7-36}$$

因此在湍流状态，线平均流速与面平均流速之间的流速校准系数 k_h 为

$$k_h=\frac{\overline{v}_m}{\overline{v}_x}=\frac{2n}{2n+1} \tag{7-37}$$

(3) 过渡流状态下，管道内流体分布也是雷诺数的函数，但分布处于不稳定状态，因此 $\overline{v}_x$和 $\overline{v}_m$ 之间很难用函数关系确切描述。

2. 校准方法研究

由上述分析可知，层流时管道内线平均流速与面平均流速呈线性，流速校准系数为常数：

$$\bar{v}_{m}=k_{h1}\bar{v}_{x}=\frac{3}{4}\bar{v}_{x}$$

湍流时线与面平均流速的流校准系数为

$$\bar{v}_{m}=k_{h2}\bar{v}_{x}=\frac{2n}{2n+1}\bar{v}_{x}$$

其中

$$n=1.66\lg Re$$

$$Re=0.354\frac{q_{V}}{D\upsilon}$$

式中：

υ——水的运动黏度。

过渡流时，目前尚无合适经验校准方程。

1）校准策略

湍流状态下的校准，由于涉及对数运算等复杂数学公式，导致超声水表中嵌入式计算机运算出现困难，实时性变差；而在过渡流状态下由于没有现成的校准方程，测量效率和测量可靠性得不到应有的保证。

校准策略：在不同流速分布状态下设置计算简单的直线校准方程对超声水表流量测量范围内的特性进行分段预校准，并在实流状态下对特性方程的相关点（通常为3～5个点）进行实流微调，即可满足超声水表测量准确度的要求。

2）校准方法

计算雷诺数 $Re=2\,000$ 和 $Re=4\,000$，以及雷诺数等于超声水表流量测量上限的三个面平均流速值，并用下列已知校准方程：

$$\bar{v}_{x}=\frac{4}{3}\bar{v}_{m} \tag{7—38}$$

$$\bar{v}_{x}=\frac{2[1.66\lg Re]+1}{2[1.66\lg Re]}\bar{v}_{m} \tag{7—39}$$

可以获得三个线平均流速值 $\bar{v}_{x1}$、$\bar{v}_{x2}$、$\bar{v}_{x3}$，其中 $\bar{v}_{x1}$ 由式（7—38）计算得到，$\bar{v}_{x2}$、$\bar{v}_{x3}$ 由式（7—39）计算得到。

根据 $\bar{v}_{x1}$、$\bar{v}_{x2}$、$\bar{v}_{x3}$，建立以下三个直线校准方程式：

$$\bar{v}_{m1}=k_{h1}\bar{v}_{x1}=\frac{3}{4}\bar{v}_{x1} \tag{7—40}$$

$$\bar{v}_{m2}=-b_{2}+k_{h2}\bar{v}_{x2} \tag{7—41}$$

$$\bar{v}_{m3}=-b_{3}+k_{h3}\bar{v}_{x3} \tag{7—42}$$

图7—9为拟合校准特性、经验校准特性与理想线性特性之间关系。

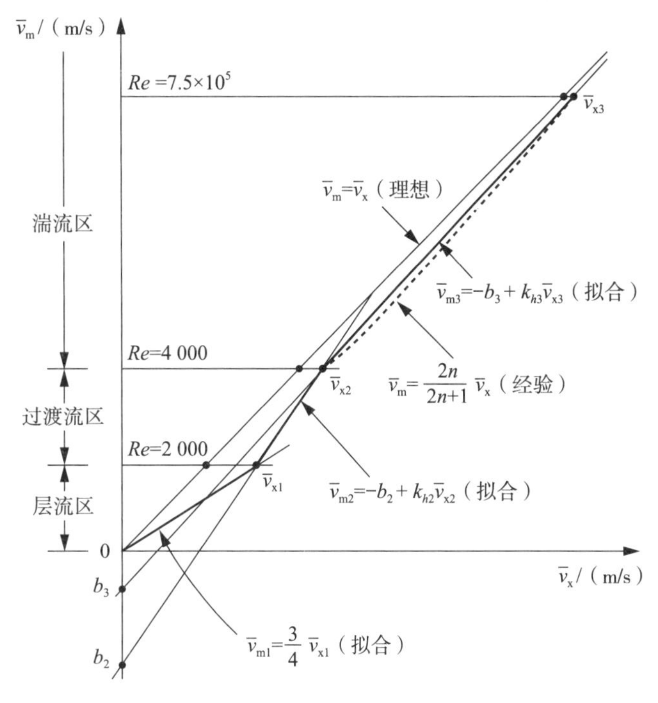

图 7—9 超声水表各特性曲线之间的关系图

GB/T 778.1—2018 规定 5 个流量测量点处（以测量截面内径 $D=0.06$m、常用流量 $Q_3=100\text{m}^3/\text{h}$ 超声水表为例），湍流状态下的经验校准方程 $\bar{v}_m=\dfrac{2(1.66\lg Re)}{2(1.66\lg Re)+1}\bar{v}_x$ 与拟合直线校准方程 $\bar{v}_{m3}=-b_3+k_{h3}\bar{v}_{x3}$ 之间的最大偏差均小于 0.5%，经验校准特性与拟合校准特性之间的偏差分析见表 7—1。

表 7—1 经验校准特性与拟合校准特性之间的偏差分析表

序号	雷诺数 Re	流量测量点 $Q/(\text{m}^3/\text{h})$	面平均流速 $\bar{v}_m/(\text{m/s})$	线平均流速的经验校准(m/s) $\bar{v}'_{x1}=\dfrac{2(1.66\lg Re)+1}{2(1.66\lg Re)}\bar{v}_m$	线平均流速的拟合校准(m/s) $\bar{v}'_{x2}=\dfrac{\bar{v}_m+0.002\,037}{0.951\,27}$	两种线平均流速校准之间的偏差 $\Delta=\dfrac{\bar{v}'_{x1}-\bar{v}'_{x2}}{\bar{v}'_{x1}}\times100\%$
1	4 000	0.68	0.067 13	0.072 74 (1.083 6$\bar{v}_m$)	0.072 71	0.04%
2	194 411	33.21	3.262 6	3.448 56 (1.057 0$\bar{v}_m$)	3.431 87	0.48%
3	394 735	67.43	6.624 3	6.980 69 (1.053 8$\bar{v}_m$)	6.965 78	0.21%
4	585 400	100	9.824 0	10.336 81 (1.052 2$\bar{v}_m$)	10.329 39	0.07%
5	731 750	125	12.280 0	12.911 2 (1.051 4$\bar{v}_m$)	12.911 20	0%

在实流条件下对三个流速分布状态下的校准方程作进一步微调，通过调整其截距 b 或斜率 k，使拟合直线的两端点与中间点示值均符合测量准确度要求。超声水表测量特性校准流程见图 7—10。

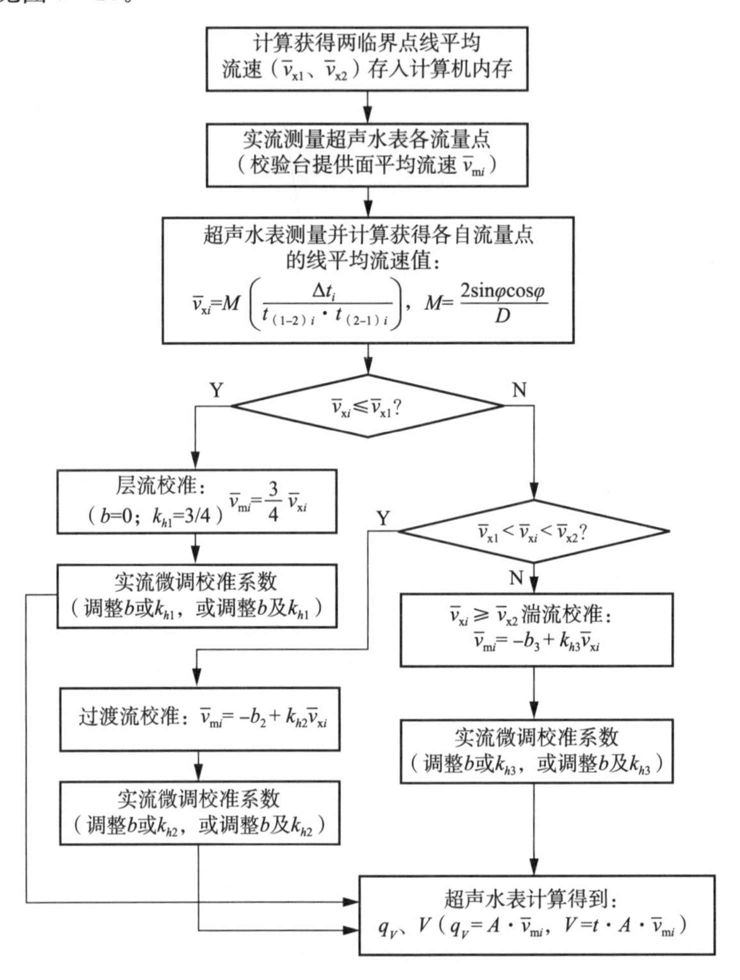

图 7—10　超声水表测量特性校准流程图

3. 校准程序

仍以测量截面内径 $D=0.06\text{m}$，$Q_3=100\text{m}^3/\text{h}$ 的超声水表为例：

设层流区上限值($Re_1=2\ 000$)和湍流区下限值($Re_2=4\ 000$)为流速分布的两个分界点，则相应的线平均流速分界值为：$\bar{v}_{x1}$、$\bar{v}_{x2}$。

现取：$D=0.06\text{m}$，水温在 20℃时的运动黏度为 $\upsilon=1.007\times10^{-6}\text{m}^2/\text{s}$。

已知：$Re=5\ 854q_V$；$\bar{v}_\text{m}=0.098\ 24q_V$；$Re_1=2\ 000$。

所以：$\bar{v}_{\text{m}1}=\frac{0.098\ 24}{5\ 854}Re_1\approx0.033\ 56(\text{m/s})$。

在层流区，因为面平均流速与线平均流速之间符合下列关系：

$$\bar{v}_{\text{m}1}=\frac{3}{4}\bar{v}_{\text{x}1}$$

所以，分界点线平均流速 $\overline{v}_{x1}$ 为

$$\overline{v}_{x1}=\frac{4}{3}\overline{v}_{m1}=0.044\ 75(m/s)$$

同理，在湍流区：

$$\overline{v}_{m2}=\frac{0.098\ 24}{5\ 854}Re_2\approx 0.067\ 13(m/s)$$

又因为

$$\overline{v}_{m2}=\frac{2n}{2n+1}\ \overline{v}_{x2}$$

所以，分界点线平均流速 $\overline{v}_{x2}$ 为

$$\overline{v}_{x2}=\frac{2n+1}{2n}\ \overline{v}_{m2}=0.072\ 74(m/s)$$

将 $\overline{v}_{x1}$、$\overline{v}_{x2}$ 存入超声水表计算机的内存中。

校准开始时用标准校验台进行实流测量并校准。将校验台位调到某一面平均流速测量值 $\overline{v}_{mi}$，超声水表测出该流速值下的$\left(\frac{\Delta t_i}{t_{1-2}\cdot t_{2-1}}\right)$，通过计算获得

$$\overline{v}_{xi}=M\left(\frac{\Delta t_i}{t_{1-2}\cdot t_{2-1}}\right),M=\frac{2\sin\varphi\cos\varphi}{D}$$

接着，判断 $\overline{v}_{xi}$ 在哪个流速分布区间，根据不同区间按相应的校准公式进行校准：

$\overline{v}_{xi}\leqslant\overline{v}_{x1}$，按层流进行校准；

$\overline{v}_{xi}\geqslant\overline{v}_{x2}$，按湍流进行校准；

$\overline{v}_{x1}<\overline{v}_{xi}<\overline{v}_{x2}$，按过渡流进行校准。

4. 实验验证

超声水表示值误差可按 GB/T 778.1—2007 要求计算：

$$\varepsilon=\frac{V_i-V_a}{V_a}\times 100\% \tag{7-43}$$

式中：

V_i——超声水表指示体积；

V_a——校验台标准容器提供的实际体积。

按 GB/T 778.1—2018 对未经校准的 DN100 单声道超声水表在实流条件下进行多点测量并做误差计算，可得图 7—7 中所示的“按线平均流速计算的误差曲线”。该曲线间接地反映了管道内流体在不同流动状态下超声水表测得的线平均流速与管道实际的面平均流速之间的基本情况，在整个流量测量范围内（$Q_1\sim Q_3$）曲线非常弯曲，在大部分流量区域，超声水表示值误差都大大超出了最大允许误差的要求。图 7—7 中的“校准后误差曲线”是经实施了分段校准方法后得到的误差曲线，曲线在流量测量范围内相对比较平直，并且整条曲线基本处于最大允许误差限的中间位置，超声水表的测量准确度有了十分显著的提高。

第八章

超声水表若干重要技术

8.1 零流量输出补偿技术

1. 零流量输出特性

超声水表零流量输出特性(主要指时漂)会显著影响超声水表小流量测量的准确性与稳定性。当超声水表流量测量范围向小流量方向延伸时,零流量输出变化会对已校准的超声水表分界流量点 Q_2 及最小流量点 Q_1 的示值带来不确定性变化,进而影响超声水表在该测量段的测量误差和测量稳定性。

根据 GB/T 35138—2017,在零流量条件下,超声流量计因时漂等原因产生的输出不确定度应不超过 1mm/s。为此,某些超声计时芯片制造企业也会提供零流量时计时芯片的输出不确定性指标,即计时芯片零流量输出时的变化范围不超过±0.5mm/s。超声水表由于流量测量范围比超声液体流量计大得多,因此零流量输出对测量的影响也就更为严重了。

零流量输出的影响量常以数据的时漂形式(即一种缓慢起伏变化的过程)出现,其统计特征值会随时间而改变,有着不可预计的变化性,通常可以用测量重复性、改变时间的再现性和稳定性等指标来发现与评价。

以下对 DN20、R250、$Q_3=4\text{m}^3/\text{h}$ 规格的小口径超声水表进行零流量输出影响量(零漂影响量)的评估。经计算,该超声水表 Q_2 流量点的流速值为 0.022 6m/s,当计时芯片零流量输出的变化范围控制在±0.5mm/s 时,其对分界流量点带来约为 2.2%的影响量,即

$$\varepsilon=\frac{0.5\text{mm/s}}{0.022\ 6\text{m/s}}\times100\%\approx2.2\%$$

上述零漂影响量对最大允许误差为±2%的 2 级水表而言是不能容忍的。图 8-1 反映的是零流量输出对超声水表测量结果的影响情况。当被测流速值越大时,零漂影响量就越小,反之则越大。如果零漂影响量足够小,或零漂接近为恒定值(可以将其校准),则不会对超声水表测量结果产生显著的影响。通常情况下,零流量输出影响必须控制在很小范围内,使超声水表在小流量(如分界流量 Q_2 和最小流量 Q_1)时的示值误差不出现"明显差错"("明显差错"为最大允许误差的 1/2)。

图 8-1 中 δV 为一微小量,它是超声水表零流量输出的体积值,可由下式计算得到:

$$\delta V = q_V T|_{q_V \to 0} \tag{8-1}$$

而超声水表测量时的正常输出值(内含零流量体积值)为

$$V = q_V T \tag{8-2}$$

式中：

T——测量时间(为方便起见，此处设为恒定值)；

q_V——水表测量时的瞬时流量(平均)值。

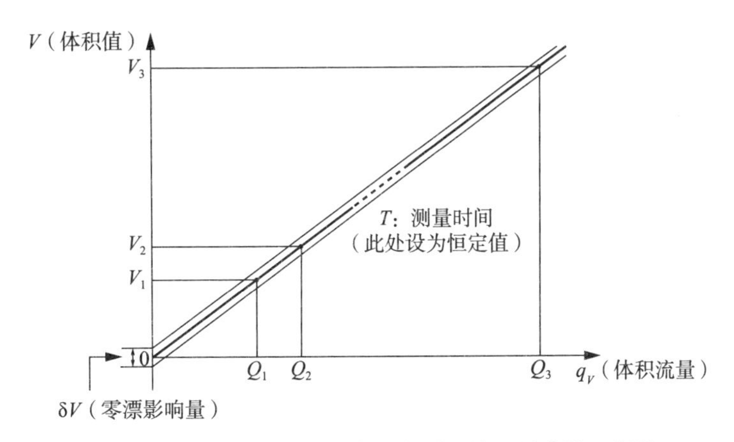

图 8—1　零流量输出对超声水表测量结果影响的示意图

所以，零流量输出对超声水表测量示值的影响可由下式评价：

$$\varepsilon = \frac{\delta V}{V} \tag{8-3}$$

式中：

ε——零漂影响量；

δV——管道流量为零时，超声水表因零漂存在而产生的零流量输出体积值；

V——超声水表累积流量输出值(即体积值)。

由于累积流量 V 与瞬时流量(平均)值 q_V 成正比，而 δV 为一微小量(在某一微小区间内变化)，因此在测量时间 T 相同的条件下，在流量值较大的测量范围内，δV 对超声水表示值误差产生的影响会非常小，可以忽略不计；而对最大允许误差仅为±2%的分界流量 Q_2 而言，δV 对其示值误差的影响则是最大的，而且零漂影响量随着测量范围 Q_3/Q_1 的增加而增大。

另外，在分界流量 Q_2 附近，管道内流体大多处于过渡流状态。这一流态下的流体分布通常不稳定，容易受到外界因素影响而发生不可预计的变化，这样也会间接导致超声水表在 Q_2 附近流量的测量重复性和稳定性变劣。

2. 零流量输出识别

超声水表在进行出厂检验或首次检定时，除了做“示值误差检定”项目外，某些制造厂还会对其进行工作稳定性试验(测量)，如：重复性试验和改变时间的再现性试验。重复性试验反映了短时间内超声水表测量结果的一致性；而改变时间(如 1 周、1 个月、数月等)的再现性试验则可反映超声水表在一段时间内测量性能的稳定性。如果这两项指标在 Q_2 或 Q_1 流量下出现较大的变动,则表明超声水表测量结果中隐含有零流量输出的影响。

导致超声水表出现多次测量不一致或计量性能随时间变化的主要原因是,超声水表存在零漂或零点不稳定等现象。当被测管道内流量绝对为零且不存在温度梯度时,根据超声水表测量原理公式,其渡越时间差为零,超声水表输出也为零。但如果超声水表在设计、制造中存在缺陷,则其在零流量条件下的实际输出通常不为零,主要有以下三种情况:

(1) 数据不为零,但偏离零位值近似恒定;

(2) 数据在一定区域内作随机变化;

(3) 数据除了随机变化外,还存在着随时间缓慢变化的趋势特性。

第一种情况,可以在零流量输出情况下进行一次性校准,就可基本消除零漂的影响。第二种情况,应将含有零漂的测量数据做多数据量的均值化处理,并以统计均值作为测量结果。多数据量的均值化处理,可以大大削弱超声水表因随机误差引起的零点不稳定,其代价是会影响超声水表测量的实时性。第三种情况,多数据量的均值化处理只能消除测量数据随机变化部分的影响,对于随时间推进过程所引起的缓慢变化则无能为力。因此,第三种情况有以下几种解决办法:一是选用性能更好的精密计时芯片和电子开关等元器件,对超声水表测量管进行可靠的时效处理;二是适当缩小超声水表流量测量范围,使零漂对测量的影响程度降到最低点;三是采用零漂补偿技术,削弱零流量输出对测量结果的影响。

图 8—2 是公称通径为 DN50 的单声道超声水表每隔一天时间测量一次零流量输出(时间差)的变化趋势图。观察图 8—2 中的“时间差-时间”曲线,可以发现这是一种输出变化缓慢、局部有较大起伏的特性曲线,也是一种典型的时漂曲线。这种曲线基本符合上述零流量条件下的第三种输出变化规律。

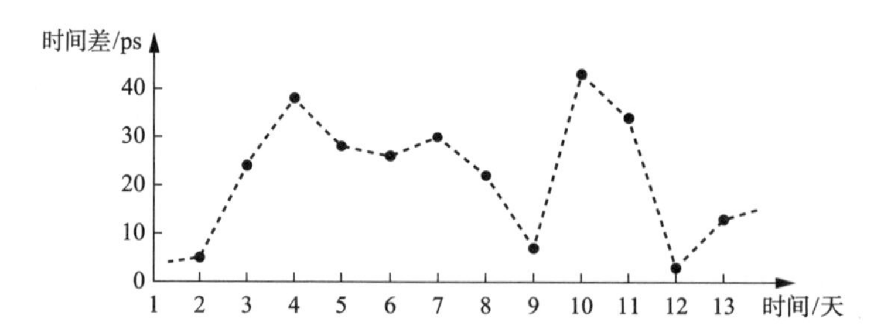

图 8—2 DN50 单声道超声水表零流量输出随时间(天)变化图

3. 削弱零漂影响的方法与措施

削弱超声水表零漂影响,提升超声水表计量性能,可以从以下几方面着手:

(1) 分析产生零流量输出的各种内、外部影响因素;

(2) 制定合理、适用的技术指标与设计方法;

(3) 改善超声水表使用(测量)环境,使其符合额定工作条件要求;

(4) 超声换能器应配对工作,其输出幅值应长期稳定;

(5) 渡越时间测量终止点(stop 点)的阈值设置应符合设计要求；

(6) 超声换能器处在激励发射与信号接收之前，其压电元件应处于无振动的静止状态；

(7) 采用零流量输出极低的精密计时芯片(即零流量输出变化范围至少应小于±0.5mm/s)、模拟开关和晶振等电子元器件；

(8) 测量结果进行多数据量的均值化处理，削弱随机误差影响；

(9) 超声水表测量管及相关零部件应进行长期稳定性时效处理；

(10) 采用零流量输出补偿技术削弱零漂影响。

采用上述方法和措施后，超声水表计量性能与长期工作稳定性会得到较大幅度的提升。但当超声水表流量测量范围需要作进一步拓展(如 R250～R800)时，零流量输出影响又会凸显出来。因此，如何进一步削弱其影响，必须采用创新思维和方法。

4. 零流量输出补偿

零流量输出补偿的具体方法为：在超声水表内设置独立的“零流量辅助校准超声换能器组”，随时检测超声波在零流量条件下的渡越时间差的平均值 $\bar{\varepsilon}$，然后通过补偿算法将其从测量结果中剔除。其补偿原理和校准流程分别见图 8－3 和图 8－4。

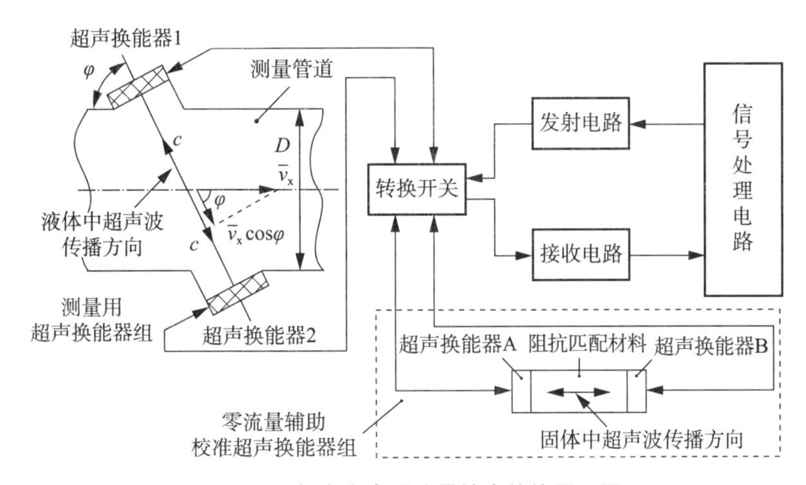

图 8－3　超声水表零流量输出补偿原理图

零流量辅助校准超声换能器组通常放置在超声水表的信号处理盒内(脱离管道水安装)，与“测量用超声换能器组”共用同一计时芯片等元器件；超声换能器 A 与超声换能器 B 之间连接有阻抗匹配材料，超声波在匹配材料中传播时不会受到流体、电磁场等外部环境因素的影响，因此测得的渡越时间差的平均值 $\bar{\varepsilon}$ 可以近似为超声水表在零流量条件下测量得到的渡越时间差 $\Delta \bar{t}_{v=0}$ 的值(即 $\Delta \bar{t}_{v=0} \approx \bar{\varepsilon}$)。这样，当超声水表因零漂存在导致零流量辅助校准超声换能器组测得输出值 $\bar{\varepsilon}$ 时，即可认为测量用超声换能器组的测量结果中也同样含有数值基本相当、方向接近一致的零漂影响量。

采用图 8－4 的算法与流程，可以剔除测量结果中的部分零漂影响量，保持超声水表小流量测量时的准确性。

由零流量辅助校准超声换能器组构成的超声水表零漂补偿方法，既适用于单声道超声水表，也适用于多声道超声水表。

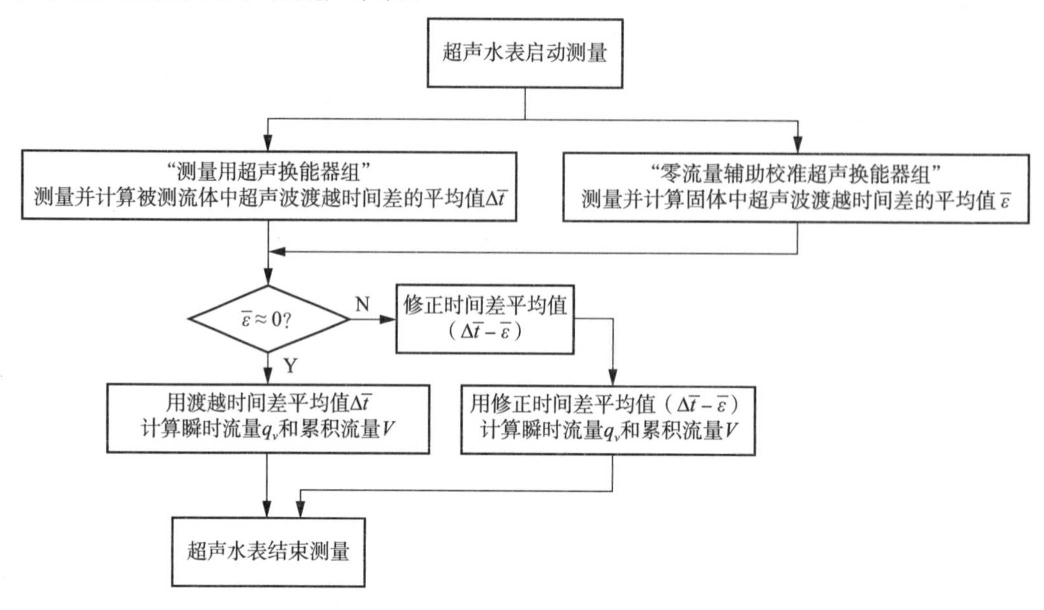

图 8—4 超声水表某一测量周期的零流量输出校准流程图

8.2 大流量实时校准技术

随着超声水表使用时间推移，大口径超声水表的某些参数将会发生改变，并有可能导致超声水表的测量误差增加、测量准确度下降。超声水表测量管道内壁会因供水质量不好而发生结垢，导致测量管道内径变小、圆度误差增大。同时，测量管道内壁结垢也会使得管道内壁相对粗糙度数值发生显著改变，影响超声水表出厂时的校准结果。此外，任何超声水表都会有"时漂"和"温漂"现象存在。上述影响因素的叠加，会使原先校准合格的超声水表使用一段时间后示值误差发生改变，甚至超出最大允许误差的范围。

由于大部分用户在常用流量值附近的大流量状态下用水，因此超声水表在常用流量值附近的测量是否准确会直接影响到供水和用水双方贸易结算的公平性和合理性。

因此需要有一种方法和装置，在超声水表使用一段时间后能自动对其测量结果进行校准，消除因上述影响因素存在而造成的测量误差。

1. 校准方法

在超声水表中设置一种长期使用性能十分稳定可靠、对上述影响因素不敏感、制造成本比较低廉、具有管道自清洁功能，但流量测量范围相对较窄的"分流式射流水流量传感器及信号处理单元"，在常用流量值附近对超声水表测量值进行随时比对，并做示值校准。射流水流量传感器因为在测量大流量时非常可靠与稳定，所以可以用作自动校准装置的标准流量传感器使用。具体校准步骤为：

(1) 射流水流量传感器的流量测量范围通常设计在被校准超声水表的常用流量值附

近。超声水表出厂时，在用相应准确度的校准装置对超声水表示值进行校准的同时，还须对射流水流量传感器的示值进行校准，使射流水流量传感器在常用流量值附近的最大允许误差尽量保持在±0.5%的范围内，测量重复性在被校准的超声水表最大允许误差的1/5以内。

(2) 超声水表接入供水管道使用时，对被测流量进行测量。当测量到被测体积流量 $q_V \geqslant 0.1Q_3$，且超声水表在进行水计量(测量)的同时，将测量得到的体积流量值 V_m 与射流水流量传感器同步得到的累积流量值 V_n 进行比较，如果两者差异大于 δ 时(即 $|V_m - V_n| \geqslant \delta$)，超声水表内的嵌入式计算机就对超声水表在该流量段的流速校准系数 k_{hi} 进行校准，使其能够保证在该流量段的测量准确性。

(3) 超声水表测量特性的校准采用分段关联校准法，即在常用流量值附近范围内设置流速校准系数 k_{h1}，其他流量测量范围分别设置流速校准系数 $k_{h2}, k_{h3}, \cdots$，但 k_{h1} 与 $k_{h2}, k_{h3}, \cdots$ 之间有一定的比例关系。当发现测量特性变化时，只要对 k_{h1} 做出校准，就可自动对其他流速校准系数进行校准。如：$k_{h2} = n_1 k_{h1}, k_{h3} = n_2 k_{h1}, \cdots$，其中 $n_1, n_2, n_3, \cdots$ 为常数值。$n_1, n_2, n_3, \cdots$ 的值需要针对不同结构的超声水表通过实验来确定。

超声水表测量误差在线自动校准方法流程见图8—5

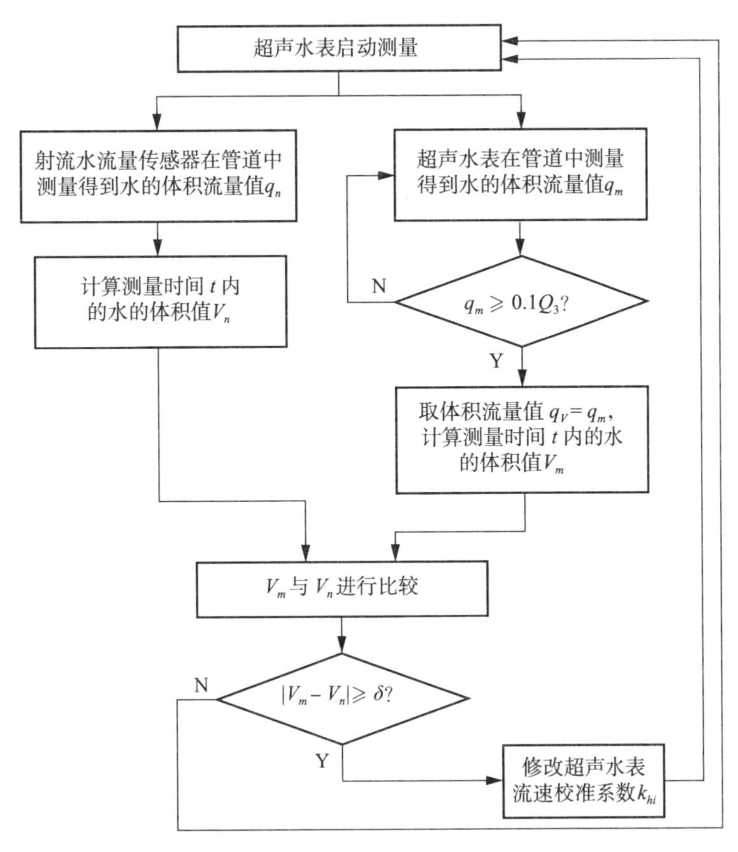

图8—5　超声水表测量误差在线自动校准方法流程图

2. 校准装置

将大口径超声水表测量管内部形状设计成缩径结构，利用缩径产生的流体压力差来驱动射流水流量传感器的测量工作。大口径超声水表测量误差在线自动校准装置工作原理如图 8—6 所示，作为校准用的差压分流式射流水流量传感器的工作原理图和差压测量管内压力差分布图可分别见图 8—7 和图 8—8，差压分流式射流水流量传感器工作原理的计算过程见式(8—4)～式(8—13)。

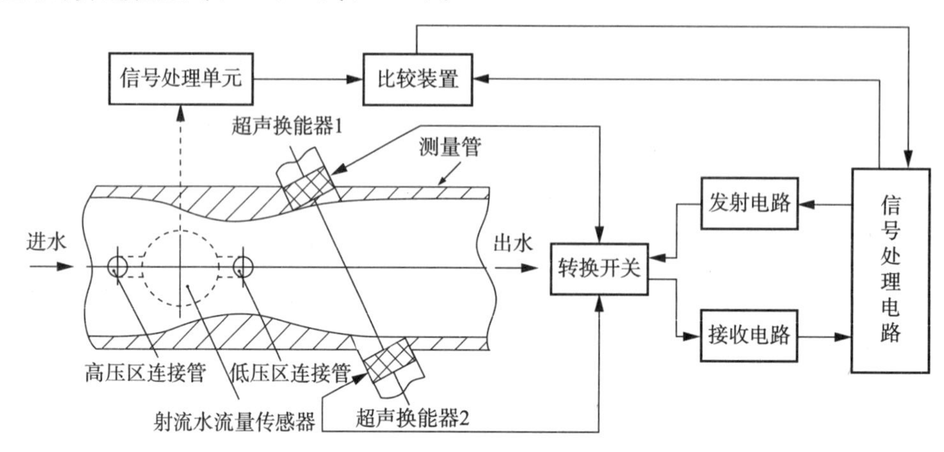

图 8—6　大口径超声水表测量误差在线自动校准装置工作原理示意图

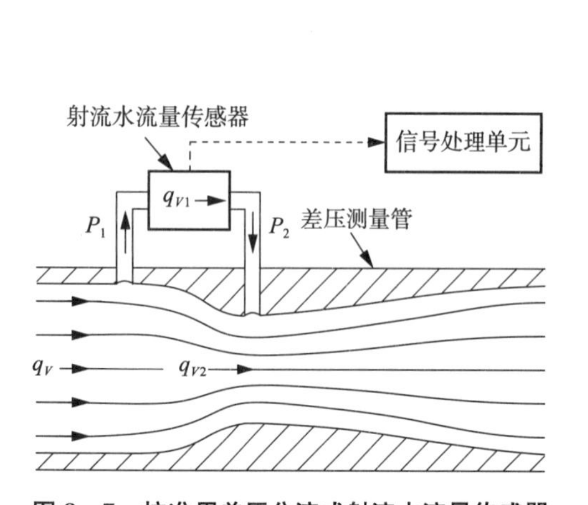

图 8—7　校准用差压分流式射流水流量传感器工作原理图

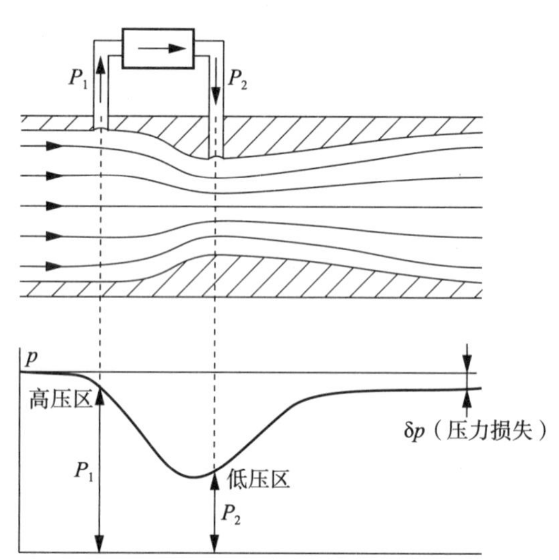

图 8—8　差压测量管内压力差分布图

根据伯努利流体能量方程和图 8—7，可以得到测量管道内被测流量 q_{V1}、q_{V2}、q_V 和压力差 ΔP 之间的关系式：

$$q_{V1}=K_1\sqrt{\frac{\Delta P}{\rho}} \tag{8—4}$$

$$q_{V2}=K_2\sqrt{\frac{\Delta P}{\rho}} \tag{8—5}$$

$$q_V=q_{V1}+q_{V2}=(K_1+K_2)\sqrt{\frac{\Delta P}{\rho}} \tag{8—6}$$

式中：

K_1、K_2——射流振荡腔体调整系数、差压测量管调整系数；

q_{V1}、q_{V2}、q_V——流入射流振荡腔体的分流量、流入差压测量管低压区的分流量、测量管道内的总流量；

ΔP——测量管内高压区和低压区的压力差（$\Delta P = P_2 - P_1$）；

ρ——被测流体密度。

对射流水流量传感器而言，有

$$q_V = \frac{dS}{Sr} f \tag{8-7}$$

式中：

d——与射流振荡腔体特征尺寸有关的参数；

S——射流振荡腔体进水喷射口截面积；

Sr—— 斯特劳哈尔（Strouhal）数；

f——射流振荡腔体内流体振荡频率。

因此，从图 8—7 中可以得到

$$q_{V1} = \frac{dS}{Sr} f \tag{8-8}$$

现设

$$k = \frac{dS}{Sr} \tag{8-9}$$

结合式（8—4）和式（8—8）、式（8—9），有

$$kf = K_1 \sqrt{\frac{\Delta P}{\rho}} \tag{8-10}$$

即

$$\frac{kf}{K_1} = \sqrt{\frac{\Delta P}{\rho}} \tag{8-11}$$

将式（8—11）代入式（8—6），可得

$$q_V = \frac{kf}{K_1}(K_1 + K_2) = \left(1 + \frac{K_2}{K_1}\right)\left(\frac{dS}{Sr} f\right) \tag{8-12}$$

因此，通过确定和调整某些参数（如确定 d、S、Sr，调整 K_1、K_2）可以建立射流振荡腔体内的流体振荡频率 f 与被测流量 q_V 之间的对应关系。

8.3　消振及信号处理技术

大口径超声水表通常安装在水表窨井中，大多数安装位置与马路靠得很近，车辆行驶和机械设施作业过程中对路面产生的振动和冲击都会通过不同途径传递到超声水表上。由于超声水表中的超声换能器是以"电-机-声"转换方式工作的，因此任何振动和冲

击产生的影响都会以声波或机械力的方式影响到超声换能器的正常工作。

超声换能器采用的转换器件多数是压电元件，它是一种具有双向机电转换特性的敏感器件。当受到声波或机械力作用时，压电元件发生形变，进而输出电信号，这与其受到超声波作用发生机械形变输出电信号的原理是相同的。因此，任何作用较强的路面振动和冲击都会形成接近及覆盖超声水表工作频率的声波和作用力，对超声换能器产生一定程度的干扰和影响。

8.3.1 路面振动与冲击影响

1. 振动与冲击信号简析

各种车辆在道路上行驶时，会对路面产生振动和冲击。车辆对路面的作用通常是以随机振动、周期振动和短时冲击等方式复合构成的。随机振动频谱通常较窄，周期振动频谱是有限个频率点，而短时冲击则是宽频谱特性。图 8－9 是短时冲击信号和随机振动信号作用下的时域与频域特性图，其中图 8－9(a)为模拟情况下的短时冲击信号时的“时-频”特性图，其频率成分连续且宽泛；图 8－9(b)为某一旋转机械运行时的随机振动信号“时-频”特性图，其频率成分连续但较狭窄。

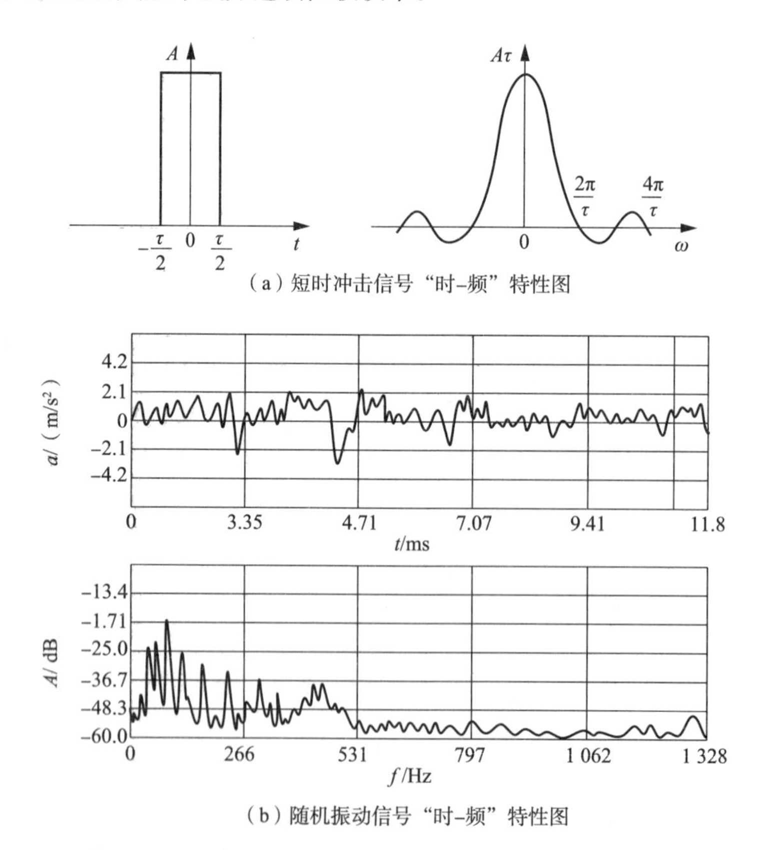

图 8－9 短时冲击和随机振动作用下的“时-频”特性示意图

车辆引起的振动和冲击，其频率大部分落在数十至数百赫兹范围内，部分可以引伸至很高的频率段。由于路面高低起伏与粗糙不平以及不同车辆工况上的差异，导致了不同频率成分的振幅不一致。图 8－10 是由某辆轿车在光滑路面上产生的几种振源合成的频率特性图，其可间接反映出车辆对光滑路面的作用情况。当这些振动和冲击通过路面、供水管道和超声水表测量管等物体传递到超声换能器时，会使超声换能器输出额外电信号(即干扰信号)。

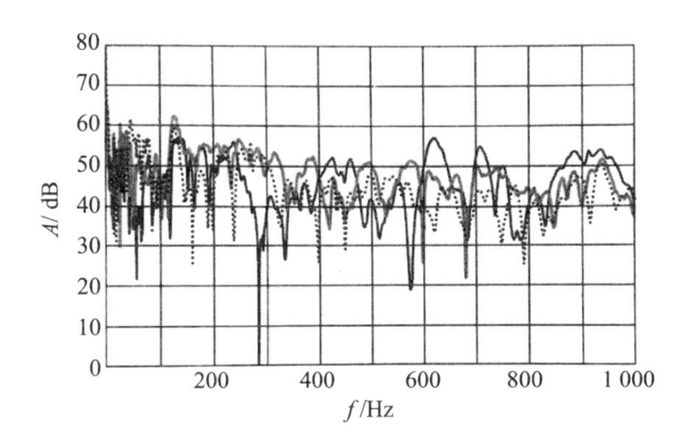

图 8－10　某辆轿车在光滑路面上产生的几种振源合成频率特性图

2. 振动与冲击影响

超声水表测量准确度在很大程度上与超声换能器接收到超声波的终止时间点有关。图 8－11 是接收换能器正常终止时间点和干扰信号影响示意图，从图中可知，将超声换能器在接收到超声波首波(或第 2 波、第 3 波)与人为设置的阈值相交后的第 1 个(或第 n 个起的数个)过零检测点作为终止时间点，可以较好地保证终止时间点的一致性。

路面振动与冲击信号虽经超声水表内电滤波器的信号处理，但那些频率较高、强度较大的干扰信号还是会通过滤波器在接收换能器上感知出较高幅值的电压值。这些干扰信号如发生在超声波发射脉冲到来前，就有可能导致接收终止时间点(stop 点)的提前，而且具有随机性，其结果会使超声水表测得的渡越时间不一致，最终导致示值误差和测量重复性变差。

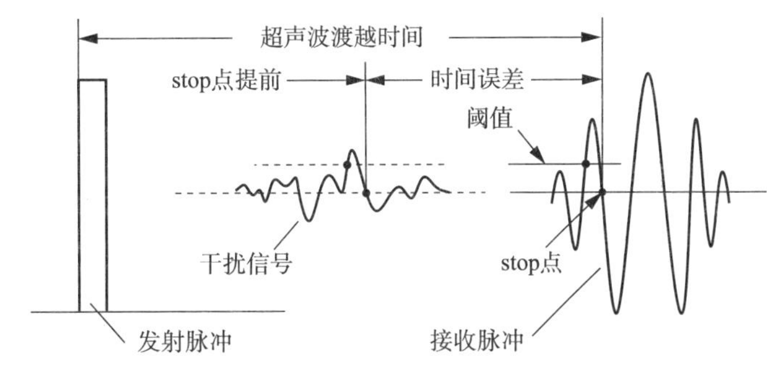

图 8－11　接收换能器正常终止时间点和干扰信号影响示意图

3. 模拟试验验证

把超声换能器安装在测量装置上，将超声换能器连接到示波器，用金属工具以不同力度、速度和方向轻敲测量装置外壳，从示波器上即能看到由冲击形成的干扰电信号，因其是短时冲击波，因此具有宽频特性，超声换能器振动与冲击模拟试验见图 8－12。图 8－13是超声换能器受到某种冲击时的单频冲击干扰波形图，其频率分别约为2 000Hz 和 250Hz，电压幅值(V_{P-P})分别约为 80mV 和 500mV。

试验表明，用不同敲击方式可以产生频率成分宽泛、波形构成复杂的干扰波，其幅值通常能达到数十至数百毫伏，频率能够从数十赫兹贯穿至数十兆赫兹，足以避开超声水表滤波器，超出阈值电压，触发接收换能器提前进入 stop 点。

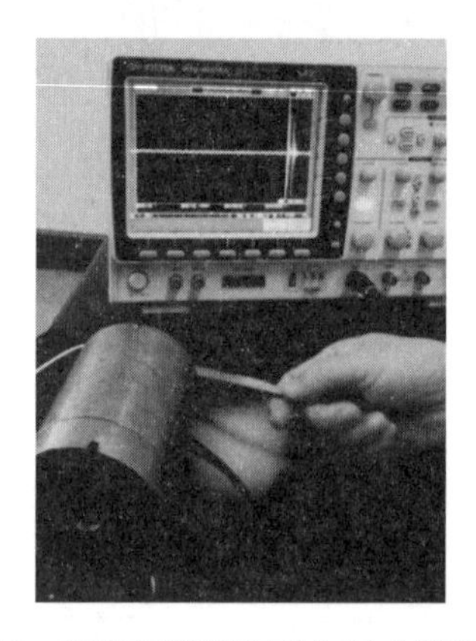

图 8－12　超声换能器振动与冲击模拟试验图

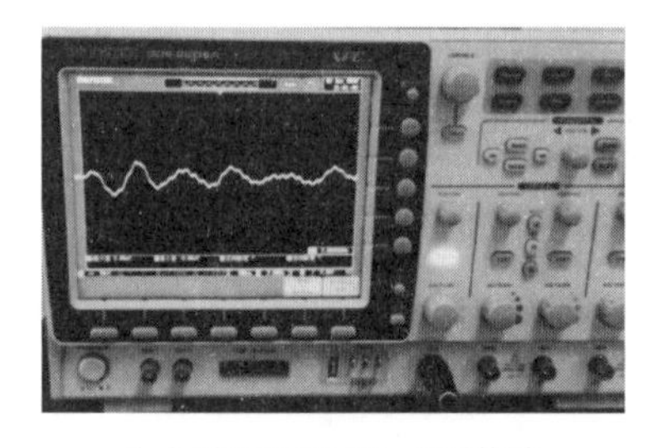

(a) 约2 000Hz/80mV干扰波

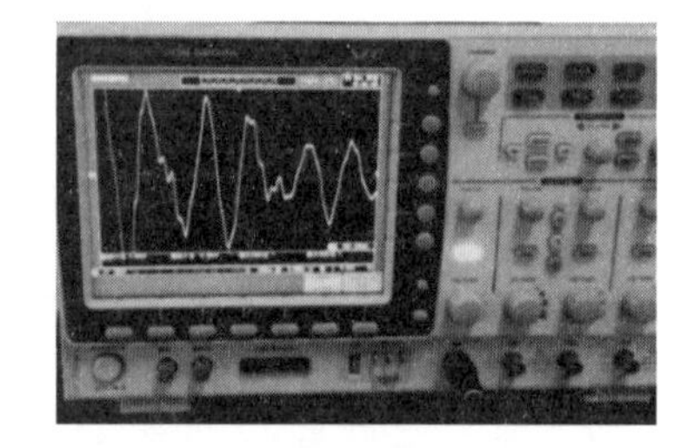

(b) 约250Hz/500mV干扰波

图 8－13　超声换能器受到某种冲击时的单频冲击干扰波形图

8.3.2　削弱振动与冲击方法

削弱振动与冲击影响的主要方法是振源隔离法，可分为“被动隔离”和“主动隔离”两种。所谓被动隔离，即只为保护某一设备不受或少受振源影响所采取的隔离措施。若设法将某一振源的影响加以控制，使其不影响或少影响其他设备或区域，则称为主动隔离。

通常，设计合理的被动隔离装置，对干扰影响的抑制作用是非常明显的。图 8－14是某一设备采用隔振措施前后的频谱图，通过隔振，某一频率段的振幅被大幅度削弱了。

对超声水表而言，主动隔离是无法做到的，而被动隔离则是切实可行的。

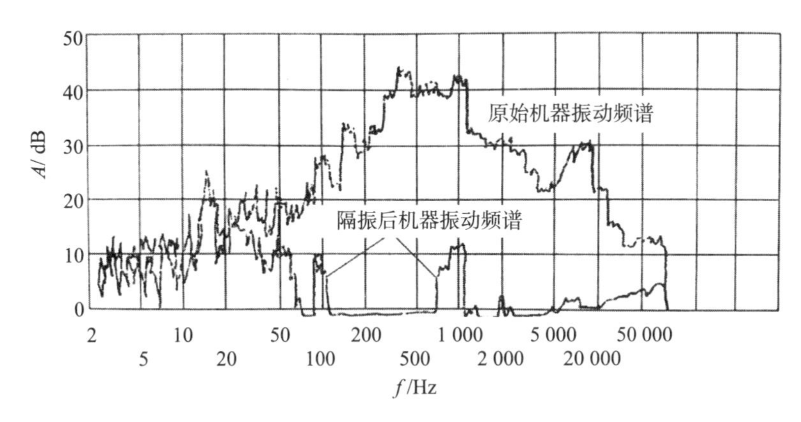

图 8—14　某一设备隔振前后的振动频谱图

1. 采用隔振措施

对超声水表而言，消除振动与冲击影响通常可采用两种隔振方法去实现。一种是对通过供水管道传入超声水表的干扰源进行隔离；另一种是对由超声水表测量管传入超声换能器的干扰源进行隔离。图 8—15 超声水表是采用两级隔振结构削弱干扰示意图，图 8—15(a)是隔断从路面和供水管道间接进入超声水表的干扰信号通道，一般采用柔性隔振材料，如橡胶、工程塑料、弹性元件等，使干扰源部分被吸收；图 8—15(b)是通过在超声换能器安装位置周边及端面等设置隔振材料来阻断干扰信号的进入。

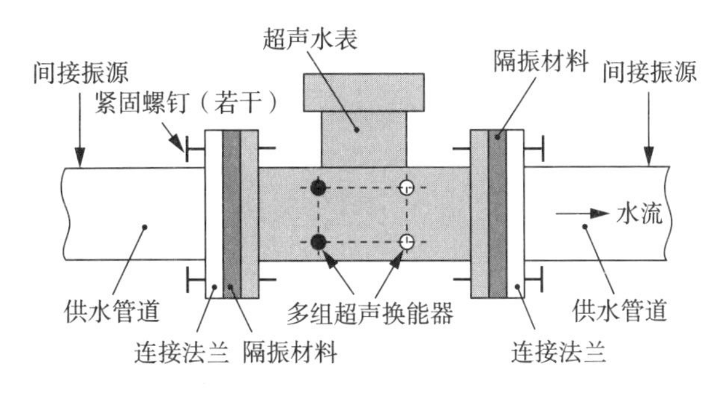

(a) 超声水表隔振装置

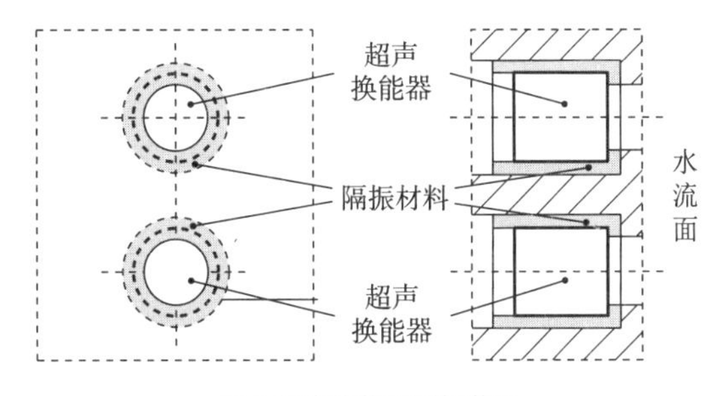

(b) 超声换能器隔振装置

图 8—15　超声水表采用两级隔振结构示意图

2. 提高信噪比

以下几种方法联合使用,可以提高超声换能器的信噪比,降低干扰信号影响超声水表的概率。

(1) 把图 8—11 中的阈值提升到较高的数值上,避开与干扰信号的相交;

(2) 同步增加超声换能器的发射声功率和接收灵敏度,提升超声波有用接收信号的幅值;

(3) 采用高阶带通滤波器,滤除超声换能器工作频率外的其他频率成分;

(4) 采用较高的工作频率,使同频干扰信号幅值大幅度下降,使其低于阈值。

3. 算法处理

优化超声水表嵌入式软件的算法。

(1) 在发射换能器发射超声波的同时,阻断接收换能器工作一段时间,待超声波临近接收换能器时再开始工作,这可以将尽可能多的干扰信号屏蔽掉,见图 8—16。阻断时间段的时长要根据超声水表流量测量范围而定。

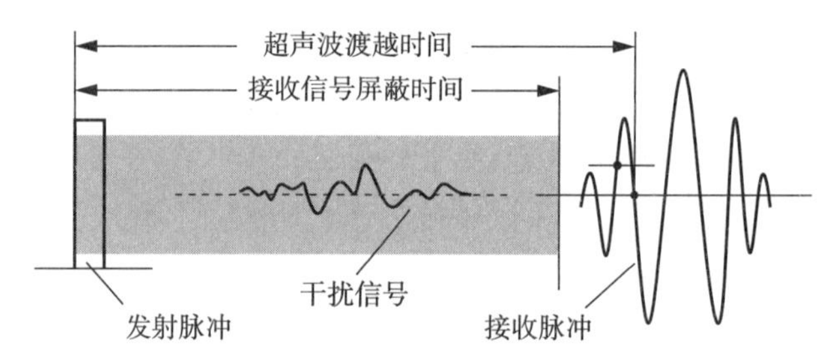

图 8—16　干扰信号屏蔽示意图

(2)接收换能器接收超声波的 stop 点不以单一过零检测点为依据,而是以规定时间间隔的多个过零检测点的平均值作为 stop 点,这样可以很大程度上排除干扰信号的影响。图 8—17 是采用超声波接收信号的第二波与阈值相交,然后在第 8 至第 11 个等间距的过零检测点求平均值获得 stop 点的示意图。图 8—17 中,1 为阈值与超声波第二波的相交点;2 为四个过零检测点。

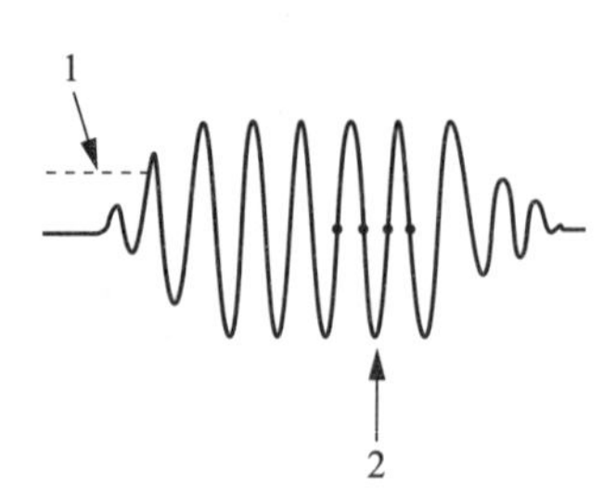

图 8—17　多个过零检测点求平均值法获得 stop 点示意图

(3)通过识别接收信号的周期均匀性来区分是超声波的正常接收信号还是由振动与冲击形成的干扰信号。超声波正常接收信号的周期非常均匀,其偏差一般不会超过

±1%，而干扰信号的周期则无规则可言。利用这一特征，可以对进入接收换能器的各类信号进行周期均匀性检验。周期均匀性符合指标要求的信号即超声波正常接收信号，并对其进行后续处理；周期均匀性不符合要求的信号可视为干扰信号，应予以剔除。

8.4　超声换能器工作频率选用

超声波工作频率是超声水表与超声换能器设计时必须共同选择的重要技术参数，考虑到超声换能器承担着发射和接收超声波的双重功能，因此需要在兼顾发射与接收性能要求的基础上理性选择工作(激励)频率，以保证超声水表能够稳定可靠工作。

8.4.1　超声换能器基本特性

1. 超声换能器

渡越时间法超声换能器通常采用压电陶瓷材料(如 PZT)作为"电-机-声"转换元件，在阻抗匹配材料和吸收材料的共同作用下，可以在被测介质中完成超声波的发射、传输与接收等任务。在水介质中工作的超声换能器，其工作频率一般可以选用较高值(如 1MHz～5MHz)，因此目前压电元件几乎都采用圆薄片厚度振动模式进行工作，如图 8－18 所示。超声换能器的内部结构示意图见图 8－19，它由压电元件、双面银涂覆层、阻抗匹配材料、吸收材料和超声换能器外壳等构成。

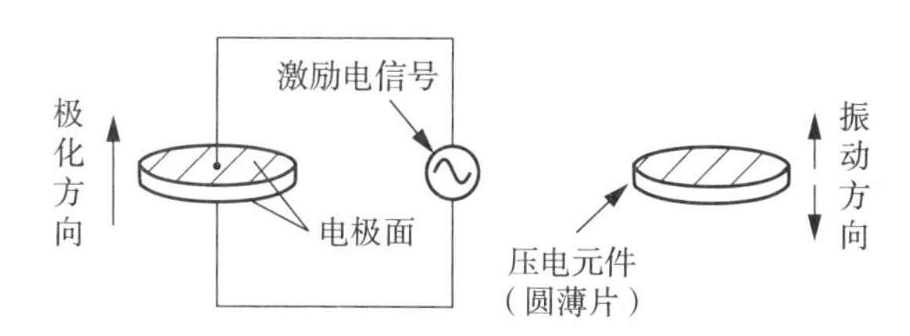

图 8－18　压电元件厚度振动模式示意图

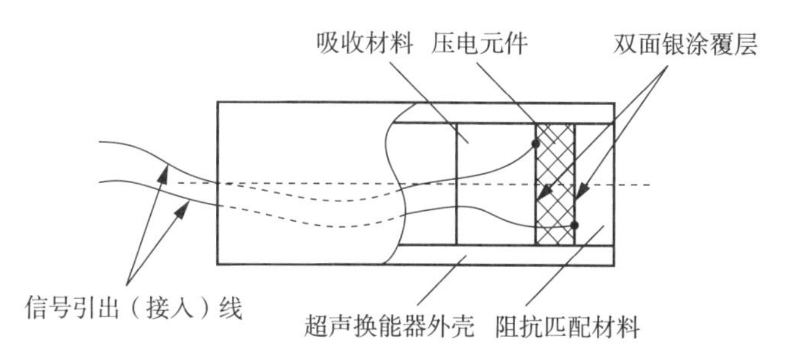

图 8－19　超声换能器内部结构示意图

2. 超声换能器频率参数

由压电元件、双面银涂覆层、阻抗匹配材料、吸收材料、黏结材料、信号引出(接入)线和超声换能器外壳等组成的超声换能器，都有自身唯一的固有频率。式(8－13)是机械弹性振动系统固有频率的通用表达式，式(8－14)是超声换能器工作在圆薄片厚度振动模式下的反谐振频率计算公式。

$$f_{\mathrm{g}}=\frac{1}{2\pi}\sqrt{\frac{k}{m}} \tag{8-13}$$

式中：

f_{g}——机械弹性振动系统固有频率；

k——结构件刚度系数；

m——结构件质量。

$$f_{\mathrm{a}}=\frac{n}{2d}\sqrt{\frac{c_{33}^{D}}{\rho}} \tag{8-14}$$

式中：

f_{a}—— 超声换能器反谐振频率；

d——圆薄片厚度；

ρ——压电元件材料密度；

c_{33}^{D}——开路弹性刚度系数；

n——压电元件叠装系数($n=1,3,5,\cdots$)。

由式(8－13)可知，综合刚性越强、质量越轻的等效结构件，超声换能器固有频率就越高。因此，由轻而薄、刚而硬的压电元件等构成的超声换能器，可以将其固有频率提升到较高的量值上。当用与固有频率相同的工作频率 f_0激励超声换能器时，超声换能器就会发生谐振。在谐振条件下，超声换能器发射与接收超声波的能力最强。通常可用式(8－13)设计超声换能器的固有频率，使其与工作频率相一致。

3. 超声换能器主要性能指标

确定超声换能器的工作特性与评价指标，应从使用方的实际需求出发。对超声水表而言，工作特性与评价指标主要集中在对接收换能器的考核上，这是因为超声水表更关注的是其接收特性的优劣。理论分析和实践表明，性能良好的接收换能器也一定是性能合格的发射换能器。

以下技术指标能较全面反映成批超声换能器的性能特性。

1）固有频率

所谓固有频率，是将超声换能器视为一个机械弹性振动系统，并由该系统的等效质量、等效刚度决定的自由振荡频率。根据超声水表设计要求，用于水介质的超声换能器，其固有频率通常在 1MHz～5MHz，超出此范围频率的超声换能器都不适合超声水表使用。当超声激励频率(即超声水表工作频率)与超声换能器固有频率相同时，就会出现串联或并联谐振的现象。

因此，设计超声换能器时必须将工作频率 f_0作为其固有频率的目标值。

2）频率稳定性与批频率特性分散性

超声换能器固有频率应长期不变，这样才能使其超声波的发射和接收特性在工作寿命期内处于稳定与可靠的状态。通常会规定超声换能器固有频率的稳定性，如改变时间的再现性、变动性等指标。

每批超声换能器制造完成后，因工艺和材料上的差异会导致超声换能器固有频率出现一定范围的分散性，批频率特性分散性通常符合正态分布规律。高质量的制造技术可以使超声换能器固有频率的批分布曲线较尖锐；反之，则较平坦，见图 8－20。

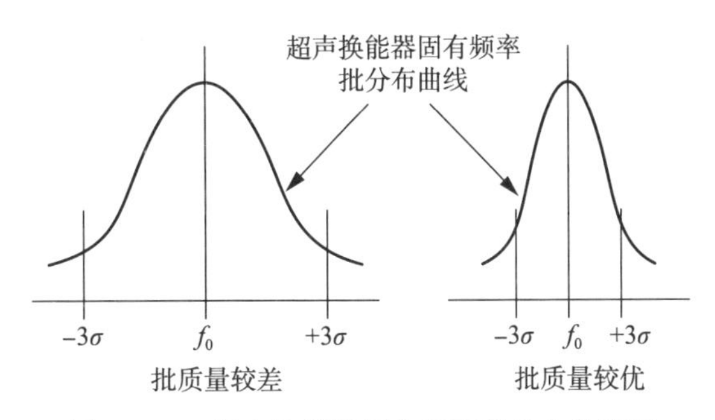

图 8－20　超声换能器固有频率批分布曲线图

3）接收换能器输出幅值与长期工作稳定性

当超声换能器接收到超声波信号时，其输出电压幅值与长期工作稳定性对超声水表而言是一项影响其测量准确性的关键技术指标。

接收换能器输出幅值通常用测量电压峰峰值(V_{p-p})表征，见图 8－21。

对于接收换能器的长期工作稳定性，可在工作条件下每隔一段时间测量接收换能器的输出电压幅值，根据其电压幅值的变化程度进行稳定性评价，接收换能器长期工作稳定性测量示意图见图 8－22。

注：时间间隔可以为 1 小时、1 天、1 周或 1 个月等，按实际需要而定。

稳定性评价指标 ε 可按下式计算：

$$\varepsilon=\frac{V_{p-p(max)}-V_{p-p(min)}}{\bar{V}_{p-p}}\times 100\% \tag{8-15}$$

式中：

$V_{p-p(max)}$——n 次试验过程中接收换能器输出幅值的最大测量值；

$V_{p-p(max)}$——n 次试验过程中接收换能器输出幅值的最小测量值；

$\bar{V}_{p-p}$——n 次试验过程中接收换能器输出幅值平均值。

4）抗环境影响能力

超声换能器工作环境比较恶劣，除了其工作面长期浸泡在水中外，大部分外壳与超声水表测量管连接，且需要连续工作多年，为此超声换能器必须具有强大的抗环境影响的能力。

开展抗环境影响能力评价，必须对超声换能器进行环境影响试验工作。在试验过程中及试验结束后，可以得到超声换能器综合特性指标受环境影响的即时偏离量和永久偏离量。

图 8－21　接收换能器输出电压幅值示意图

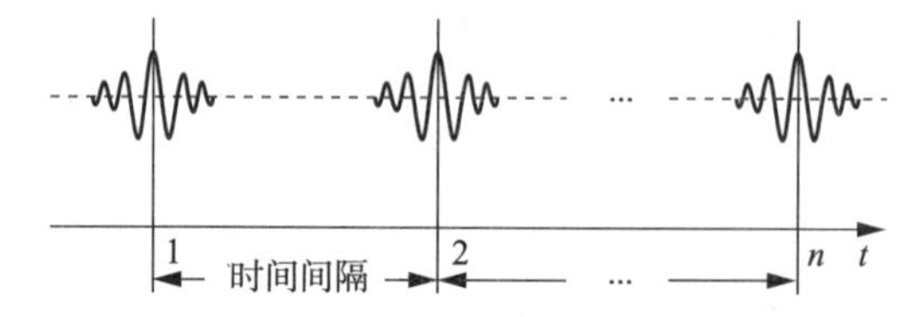

图 8－22　接收换能器长期工作稳定性测量示意图

（1）气候环境影响

气候环境影响主要指超声换能器受到工作环境中气候条件变化的影响，主要是温度、湿度、大气压等的影响。评价超声换能器耐受气候环境影响能力，可通过对其进行高低温及交变湿热试验等方法来实现。

（2）电磁环境影响

抗电磁环境影响主要指超声换能器耐受交变电磁场（如工频、射频等）、静电放电、脉冲群等影响因子或扰动的能力。电磁环境试验主要包括电磁敏感性、静电放电、脉冲群、浪涌抗扰度、静磁场等项目。

（3）机械环境影响

在安装和使用过程中，超声换能器都会受到机械振动和冲击影响，因此需要进行机械环境影响的评估与试验。机械环境影响试验主要包含机械冲击和振动（随机）等项目。

8.4.2　工作频率

1. 工作频率与超声波传播强度关系

超声波在水中传播时会发生衰减，其强度会随传播距离增加而减弱。衰减的主要原因是超声波在介质中传播时存在着吸收、散射和扩散等效应，其中以吸收和散射为主。

超声波的吸收和散射衰减均遵循指数衰减规律。对沿 z 轴方向传播的平面波来说，其声压随传播距离 Z 的变化可用下式表达：

$$p=p_0\mathrm{e}^{-aZ} \tag{8-16}$$

式中：

p——声压；

p_0——初始声压；

a——衰减系数；

Z——传播距离。

衰减系数 a 是由吸收衰减系数 a_X 和散射衰减系数 a_S 组成的，在超声水表使用条件下，水的浑浊度很低，散射衰减系数 a_S 通常可忽略不计，此时主要考虑吸收衰减系数 a_X 影响。20℃时，超声波在空气和水中传播时的吸收衰减系数分别为

$$a_{X(空气)} \approx 1.32 \times 10^{-11} f^2 \tag{8-17}$$

$$a_{X(水)} \approx 8 \times 10^{-15} f^2 \tag{8-18}$$

可以定义超声波幅值衰减到 1/e（e 为自然对数的底）时的传播距离为 Z（$Z=1/a_X$），在空气和水中，超声波的衰减传播距离分别为

$$Z_{(空气)} \approx \frac{10^{11}}{1.32 f^2} \tag{8-19}$$

$$Z_{(水)} \approx \frac{10^{15}}{8 f^2} \tag{8-20}$$

表 3—5 是超声波在空气和水中传输时的衰减对照表。由表 3—5 可知，随着超声波频率的增加，其传播距离就大幅下降。因此，在气体中工作的超声波，其频率通常应选择在 50kHz～300kHz，而在液体工作中的超声波，其频率则应选择在 1MHz～5MHz 较为合适。

当分别采用 1MHz 和 4MHz 频率的激励信号作用于相应固有频率的超声换能器时，根据式(8—20)计算，1MHz 频率超声波在水中的衰减量约为 4MHz 频率超声波的 1/16。换句话说，在同样的传播距离下，4MHz 频率超声波接收到的信号幅值将是 1MHz 频率超声波的 1/16。

2. 超声换能器固有频率与工作频率关系

超声换能器固有频率与被激励的工作频率相同时，其输出超声波信号为最强，相关内容详见本书 5.3.1。

超声水表最关注的是超声换能器的接收特性，这就需要其电负载具有较高的输入阻抗特性，且能工作在并联谐振状态下。因此，选择压电换能器的反谐振频率作为设计超声换能器的固有频率是比较合理的。

3. 脉冲宽度与频带宽度关系

当激励电信号作用于发射接收换能器时，其发射的超声波在介质中传播、反射并经原路返回超声换能器，这种经“电-声”与“声-电”两次转换形成的电信号称为超声换能器的脉冲响应，超声换能器脉冲响应示意图见图 8—23。从图 8—23 中可以看出，超声换能器输出为持续一段时间的振荡信号，振荡频率约等于超声换能器的工作（激励）频率 f_0。输出信号幅值大于最大信号幅值 A 的 10%的脉冲持续时间 τ 与其所含脉冲周期数 N 之间的关系为

$$\tau = \frac{N}{f_0} \tag{8-21}$$

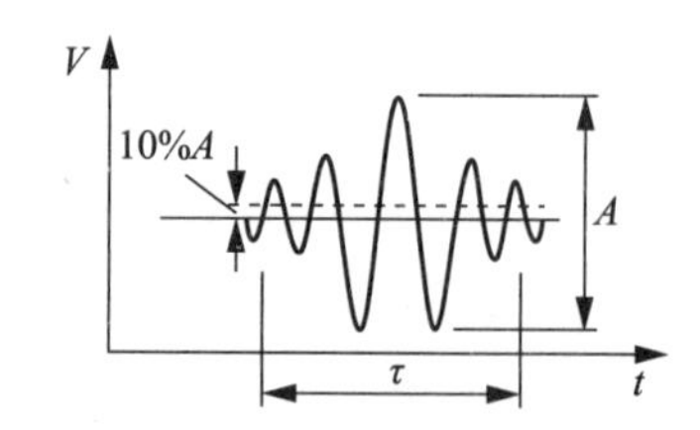

图 8－23　超声换能器脉冲响应示意图

由式(8－21)可知，在工作频率 f_0 不变条件下，脉冲持续时间(即脉冲宽度)τ 越长，脉冲周期数 N 就越多。脉冲宽度和频带宽度是在时域和频域分别描述超声换能器信号特征的两个重要参数，且两者互为反比关系。时域的脉冲宽度窄，则频域的频带宽度宽；反之亦然，见图 8－24(a)与(b)。

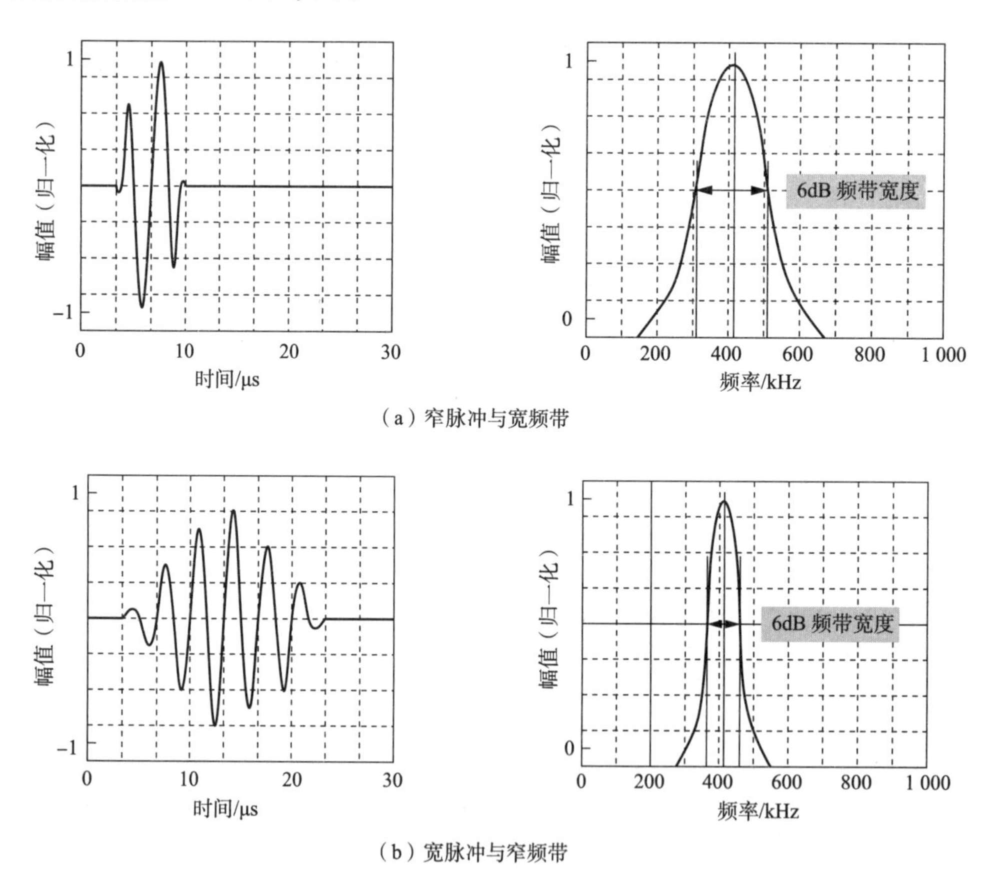

图 8－24　超声换能器“时-频”域关系图

通常，当工作频率 f_0 相同，且超声换能器选用较低的机械品质因数 Q_m 值时，其频率特性曲线就会变得平坦，此时频带 $\Delta f(\Delta f=f_2-f_1)$ 相对较宽；与此相对应，其脉冲持续时间 τ 就会缩短。Q_m 值可用式(8－22)描述，式(8－22)表明，频带越宽，Q_m 值就越小。

$$Q_m=\frac{f_0}{f_2-f_1} \tag{8－22}$$

式中：

f_2——上限截止频率；

f_1——下限截止频率。

在超声水表应用中，为了使接收换能器在收到超声波信号后能较快停止振荡，迅速转入发射状态，一般都希望超声换能器脉冲持续时间 τ 不能太长，即要求其频率特性曲线不能太尖锐，也就是机械品质因数 Q_m 值不能太高。因此，某种程度上可通过减小 Q_m 值，换取超声换能器脉冲持续时间缩短，使振荡较快停止。

如果确实无法缩短超声波接收脉冲持续时间 τ，为了不影响超声换能器从接收状态迅速切换至发射状态，也可以采用软件延迟方法使超声换能器的接收（或发射）余振影响降低到较低的程度。

4. 脉冲周期数与工作频率关系

根据式（8－21），在已确定脉冲持续时间 τ 的条件下，为了增加脉冲周期数 N，使接收换能器的脉冲串中有较多、较稳定的振荡波，以便更准确地确定接收换能器接收信号的时间终止点（即 stop 点），可以通过提高接收换能器工作频率 f_0 的方法来实现。式（8－21）表明，τ 恒定时，频率提高与振荡周期数增加成正比。

8.4.3 不同工作频率的超声换能器的特性分析

目前，超声换能器的工作频率有增高的趋势（如从 1MHz 增加到 2MHz，甚至 4MHz），可能是因为：

（1）某些厂家为了增加超声水表声道数，提高识别管道内流场分布分辨力，需要缩小超声换能器的体积，故而要提高工作频率值；

（2）在较短的脉冲持续时间内增加脉冲周期数，使超声波信号接收时间终止点更趋稳定与可靠；

（3）工作频率提高，可以减少超声换能器因工作频率的漂移对超声波接收时间终止点的影响；

（4）降低超声换能器制造成本等。

超声换能器的工作频率目前多数使用 1MHz、2MHz 和 4MHz 等几种规格。不同工作频率会对超声水表工作特性带来哪些方面的影响，以下试图做出分析与讨论。

1. 衰减特性

超声波在水介质中传播时会发生显著的衰减，且工作频率越高其衰减程度越严重。当超声换能器在接收同样发射强度的超声波信号时，工作频率为 4MHz 的超声换能器接收到的信号幅值将是工作频率为 1MHz 的超声换能器的 1/16。在大口径超声水表应用中，两超声换能器之间的声距会大大增加，因此超声波信号传输的衰减问题就会更加凸显。

2. 指向性

超声换能器发射超声波束的指向性与其工作频率等参数有关。一般情况下，频率越高则指向性越好。式(8—23)是超声换能器的指向性表达式，图8—25(a)和(b)是超声换能器指向性的示意图。

$$\sin\theta=1.22\frac{c}{f_0D} \text{ 或 } \theta=\arcsin1.22\frac{c}{f_0D} \qquad (8-23)$$

式中：

c——超声波传播速度；

D——圆薄片的直径；

θ——半扩散角；

f_0——超声换能器工作频率。

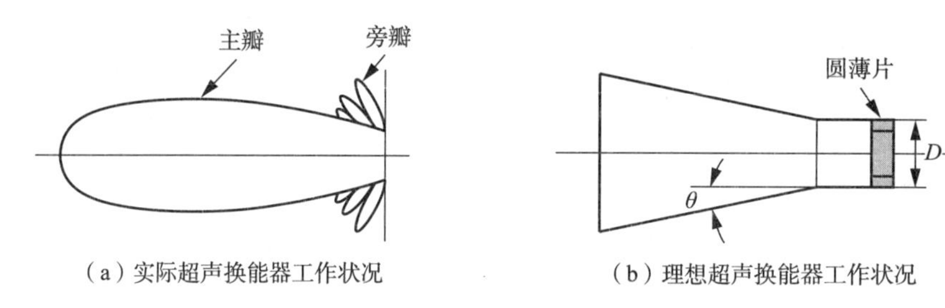

(a) 实际超声换能器工作状况　　(b) 理想超声换能器工作状况

图8—25　超声换能器指向性示意图

式(8—23)表明，超声换能器工作频率越高，其半扩散角就越小，则指向性就越强。提高超声换能器指向性，会使超声波传播过程中的能量更加集中。

根据式(8—23)，半扩散角 θ 不仅与超声换能器工作频率 f_0 有关，还与圆薄片直径 D 有关。工作频率提高，指向性向好；圆薄片直径减小，指向性变差。因此，就指向性而言，频率与直径两个参数是相互牵制的。

3. 流场识别

多声道超声水表为了增强识别管道内流速分布状态的能力，需要在测量管上安装较多的超声换能器，这就要求有体积较小的超声换能器。根据超声换能器反谐振频率计算公式(8—14)可知，超声换能器压电元件厚度与反谐振频率成反比，即超声换能器固有频率越高，其压电元件厚度就越薄。与此相对应，压电元件的直径也可以做得比较小。这样在超声水表相同内径的测量管内，就可以安装更多的超声换能器。

4. 脉冲数

根据上文分析，提高超声换能器工作频率，可以在较短的脉冲持续时间内获得较多的脉冲周期数，便于用较多的过零检测点求平均值的方法获得较稳定的超声换能器接收信号时间终止点，见图8—17。

5. 频率漂移影响

超声换能器工作频率变化会导致接收信号时间终止点发生改变，进而影响超声水表测量结果的准确性。图8—26中的虚线反映了超声换能器因工作频率变化使接收信号时间终止点(即过零检测点)发生了 δ 的位移量。因此，即使在相同量值的频率变化影响下,如采用较高工作频率的超声换能器,其频率影响量就会显著地减少。可以做出粗略判断,在相同的频率变化条件下,4MHz 工作频率的超声换能器对时间终止点的影响程度约为 1MHz 工作频率时的 1/4。

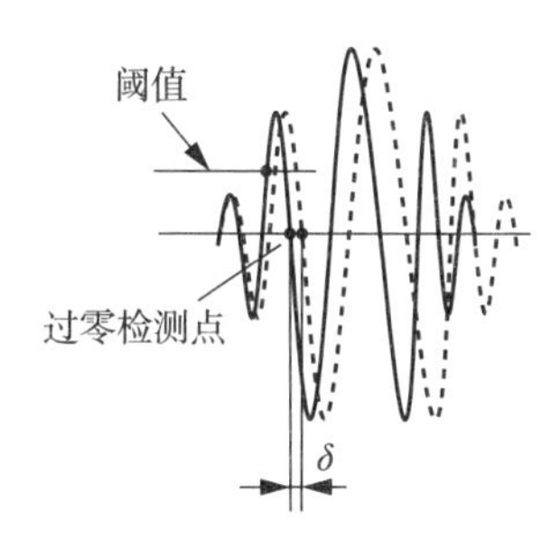

图 8－26　超声换能器工作频率变化带来的影响

6. 设计与制造

从制造角度看,超声换能器工作频率提高会对超声波信号处理、抗干扰等工作带来一定的难度。高频电路的集肤效应、信号的辐射与衰减都会随频率的提高而增加。

采用较高工作频率的超声换能器,其压电元件及外壳等零部件的成本却会随之而降低。

8.4.4　结论

综上所述,超声换能器的工作频率与超声水表的性能密切相关。在设计超声水表时,应综合考虑工作频率对超声水表各相关方面的影响。

在超声水表公称通径比较大(如大于 DN 200)的情况下,建议选用较低工作频率的超声换能器(如 1MHz),这样可以使超声波传播距离增加,减少超声波发射声功率。对中小公称通径的超声水表,可以考虑选用较高工作频率的超声换能器(如 4MHz),便于较准确地控制好超声波接收信号时间终止点,提高超声水表测量重复性,减少测量误差,降低超声换能器制造成本等。

8.5　电池使用与寿命预测

随着超声水表等电子水表产品逐步进入市场应用和无线接入技术的推行,供电电池已成为这类水表产品的关键核心器件之一,因而它的技术性能与质量水平也越来越受到超声水表设计、制造和使用方的关注。

8.5.1　产品标准要求

GB/T 778.1—2018 对供电电池提出了下列要求:

(1) 对不可更换电池,制造商应确保电池的预期使用寿命能保证水表的正常工作年限比水表的使用寿命长至少一年;对可更换电池,制造商应说明更换电池的具体规则。

(2) 水表上应有电池电量低或者电量耗尽指示符或显示水表更换日期。

(3) 如果寄存器的显示器显示"电池电量低"的信息,则自该信息显示之日起,应至少还有 180 天的使用寿命。

相对于 GB/T 778.1—2007,GB/T 778.1—2018 对电池使用寿命提出了更高的预警要求。

图 8—27 是 GB/T 778.1—2007 实施时期水表电池低电量预警的原理图。其特点是:当电池电量快用尽时,电池端电压下降,当降到某一设定值时(即欠电压值),水表立即予以报警,但此时电池容量已开始直线下降,水表也随之停止工作。这对大批量使用电子水表的供水企业来说是没有足够时间去更换电池的。图 8—28 是 GB/T 778.1—2018 实施后水表电池低电量预警的原理图。从图 8—28 中可知,虽然低电量预警的难度大大增加了,但对于供水企业而言,则是好消息。

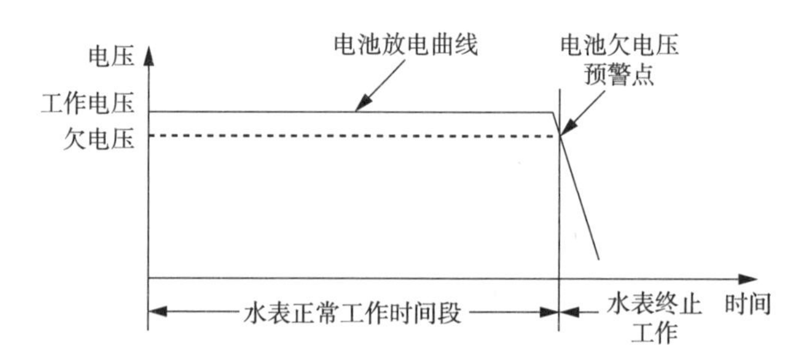

图 8—27　GB/T 778.1—2007 实施时期水表电池低电量预警原理图

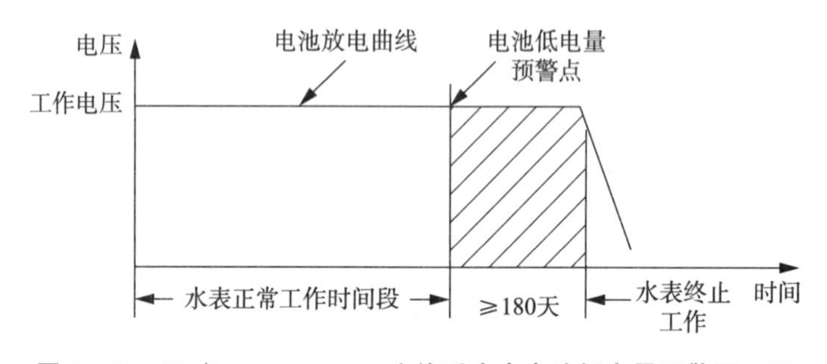

图 8—28　GB/T 778.1—2018 实施后水表电池低电量预警原理图

GB/T 778.1—2018 特别提出了水表发生低电量提示后,其电池应仍能继续使用 180 天以上(约 0.5 年)的要求,其目的是可以让供水企业接到低电量报警后有足够的时间去安排人员更换电池,以保证水表正常工作。这项要求对水表和电池制造企业提出了新挑战。

从降低使用成本角度看,电池低电量报警后预留的使用时间应该设计得尽量超过 180 天的目标值,这样可以增加电池总的使用时间,降低产品制造成本。此种情况下,电池如出现不能使用到 180 天的情况,由此造成水表无法计量而引起的水费损失将会由水表制造企业来承担;反之,从减少上述风险角度看,低电量报警后预留时间应足够长,以确保 180 天内水表肯定能正常工作。但这样做的代价是电池有效使用时间将缩短，水表使用成本也会随之而增加。

现在的问题是：在水表正常设计和使用条件下，能否较准确地预测电池实际使用寿命，设置好低电量预警点。因此，以下几个问题需要关注和重视。

1）充分了解电池使用特性

每个成品电池出厂时都会提供电池有效容量、放电曲线和自放电率等指标。但这些指标的允许误差和实际偏差是多少，其允许误差的不确定度是多少，都会给电池使用寿命带来不确定性。另外，在电池使用过程中，较准确地掌握电池剩余电量和剩余使用时间，按时发出低电量提示（报警），则更是电池使用者应关注的重点。

因此，水表设计人员应重视对电池产品性能与使用特性的了解与学习，并与电池制造企业充分沟通，选好适合某类水表使用的电池型号和容量，并掌握正确使用电池的方法。电池制造企业也应深入研究电池使用负载特性，给出各种使用条件下较可靠的电池放电曲线和自放电率等参数，找到使用成本和时间风险的平衡点。

2）关注成批电池性能离散性

成批电池质量一致性会受到制造工艺、材料、设备、环境等因素影响，如制造过程中质量控制系统存在缺陷，就会引起产品性能波动，导致成批电池质量特性发散。对于电池供电寿命，水表制造企业是以电池生产厂家提供的产品使用说明书和样品检测数据为依据进行评估的，成批电池质量特性的过度发散，会加大电池使用寿命的不确定性。因此，选择质量控制严格、设计与制造技术先进的电池制造厂家产品对保障超声水表正常工作是至关重要的。

3）开展电池质量评价方法研究

做好单个电池和成批电池质量评价方法研究工作，可以使电池制造企业更好地了解不同用户的特点和需求，提出满足用户要求的质量评价指标和检测方法，控制产品出厂质量，推动电池制造技术进步。对水表制造企业而言，掌握电池的质量评价指标和检测方法，可以识别其真实质量水平和实际使用寿命，减少使用风险。

推进电池的质量评价方法研究，需要电池制造企业和用户单位的共同配合与支持。双方通过深入研究与实践，可以对电池产品性能、使用寿命、工作可靠性、使用条件和成批产品质量特性等内容建立起一套科学有效的评价体系与方法。与此同时，要不断深入探索与研究大容量锂电池产品的放电理论模型和经验公式，在电池实际使用寿命的预测方面取得突破。

8.5.2　使用寿命预测与预警

电池使用性能和寿命与电池有效容量、放电曲线、自放电率、质量特性的一致性与稳定性、负载特性，以及使用环境条件等指标有关。

1. 锂电池特性

目前，超声水表等电子水表的供电电池都是不可充电也不可更换的锂电池，其主要种类有：锂-亚硫酰氯（$Li-SOCl_2$）电池和锂-二氧化锰（$Li-MnO_2$）电池等。

锂-亚硫酰氯电池由于具有高能量密度、宽温度使用范围、较低的自放电率和较高的输出电压稳定性等特点，在水、气、热等智能计量仪表中的应用最为广泛。为了防止电池"钝化"对大电流使用的影响，可以将该电池与超级电容器组合使用。但由于锂-亚硫酰氯电池的放电曲线比较平坦，低电量时又会出现快速下降的特性（图 8－29 是某款功率型锂-亚硫酰氯电池在环境温度为 25℃下的典型放电曲线图），因此通过欠电压方式来预测电池寿命比较困难，需要寻找其他方法预测电池的容量。

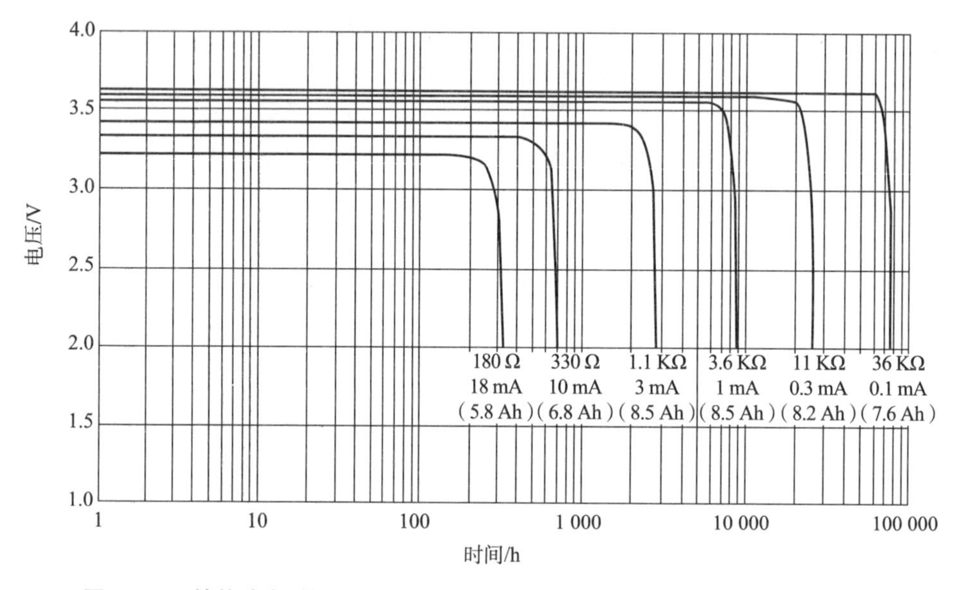

图 8－29　某款功率型锂-亚硫酰氯电池在环境温度为 25℃下的典型放电曲线图

锂-二氧化锰电池适合在中高温和大电流放电条件下工作，其放电曲线的后半部分变化缓慢，电池端电压逐步下降，直至寿命终止，图 8－30 是某款锂-二氧化锰电池在环境温度为 21℃下的典型放电曲线图。这与锂-亚硫酰氯电池的放电曲线有显著不同，有条件通过监测电池端电压和电池外部温度等方法来预测电池使用寿命。

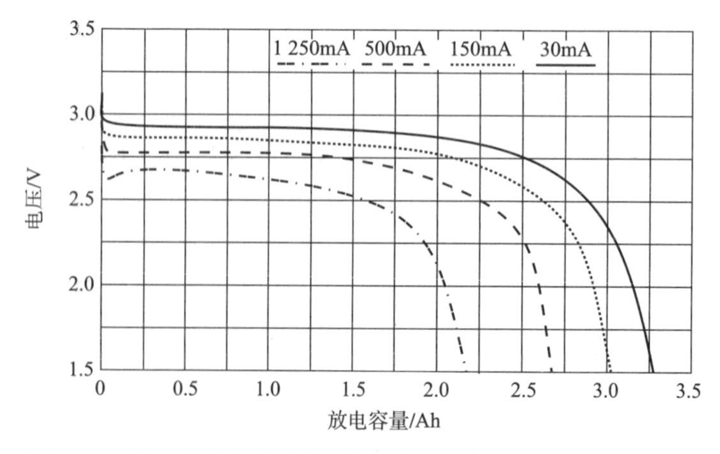

图 8－30　锂-二氧化锰电池在环境温度为 21℃下的典型放电曲线图

2. 电池使用寿命预测

锂电池使用寿命与以下条件有关：

(1) 电池使用的环境温度与壳体表面温度。如，过低的环境温度不利于电池内部的化学反应，过高的环境温度则会使电池产生电压延迟或内阻增加等。

(2) 电池使用的负载特性，如放电电流大小、持续时间长短等。

(3) 电池生产厂家提供的电池自放电率参数值。

(4) 电池使用环境的湿度。过大的环境湿度将会导致电池的自放电率增大。

(5) 是否采用 DC/DC 转换电路，有效利用电池较低的端电压。

因此，在水表电路中通过设置环境温度、湿度传感器，电路放电电流量值与时间检测装置等建立电池使用寿命预测模型，可以较好地预测电池使用寿命，在合适的时间点发出低电量预警信息，便于使用者及时更换水表电池，确保水表可靠工作和计量。

式(8－14)是某种锂电池的使用寿命预测模型：

$$y=\frac{C}{I}-kx\{a,b,c,d,e,f,g\} \tag{8－24}$$

式中：

y——电池使用寿命预测值，h；

C——电池标称容量；

I——负载平均工作电流；

k——校准系数；

x——电池使用寿命影响函数；

a——环境温度影响因素；

b——环境湿度影响因素；

c——电池壳体表面温度；

d——负载平均工作电流下的相应工作时间；

e——负载大电流放电下的相应工作时间；

f——电池自放电率；

g——出厂累计工作时间。

8.6　超声换能器时间与温度影响试验研究

超声换能器是超声水表最为关键的核心部件之一，它将供水管道中水的流速值转换成皮秒量级的时间差，经过一定的计算可以获得管道内的流速、流量、用水体积等测量结果。超声水表的使用寿命根据其公称通径不同，一般为 2～6 年，因此要在较长的使用寿命期内确保超声水表能够长期稳定、可靠工作，超声换能器的时间和温度特性非常关键。

8.6.1 超声换能器综合性能指标

超声换能器的综合性能指标由综合动态特性指标和综合静态特性指标所构成。综合动态特性指标主要有:固有频率、机械品质因数、接收换能器输出电压幅值、接收换能器输出电压幅值重复性、接收换能器输出电压幅值稳定性和寿命试验等;综合静态指标主要有:超声换能器静态电容和绝缘电阻等。

本节将研究重点放在接收换能器输出电压幅值稳定性的试验上,同时结合高低温冲击试验对超声换能器特性的影响,了解超声换能器在温度大幅变化条件下的工作特性。对于寿命试验指标则可采用电功率老化、温度老化和应力老化等加速老化试验方法进行评价,本小节不做赘述。

8.6.2 试验装置与方法

超声换能器稳定性试验装置主要由测试单元、静水试验箱,以及超声换能器输出幅值显示(记录)装置等组成,但其核心部分是静水试验箱和测试单元,见图 8－31。试验时,首先应将超声换能器组安装固定在超声水表测量管上;然后将测量管(含超声换能器组)放入静水试验箱中,需保证箱内水质干净,水体静止不流动、不受外界振动等影响,且将水淹过被试超声换能器组。静水试验箱内可以放置多组超声换能器按序进行试验;试验时,被试超声换能器组应一直连接在驱动、接收、控制电路等装置上,并保证超声换能器的引出导线间有良好的绝缘性能。超声换能器输出幅值显示(记录)装置可以人工方式按序连接到每个测试单元,对它们分别进行时间与温度改变的试验。

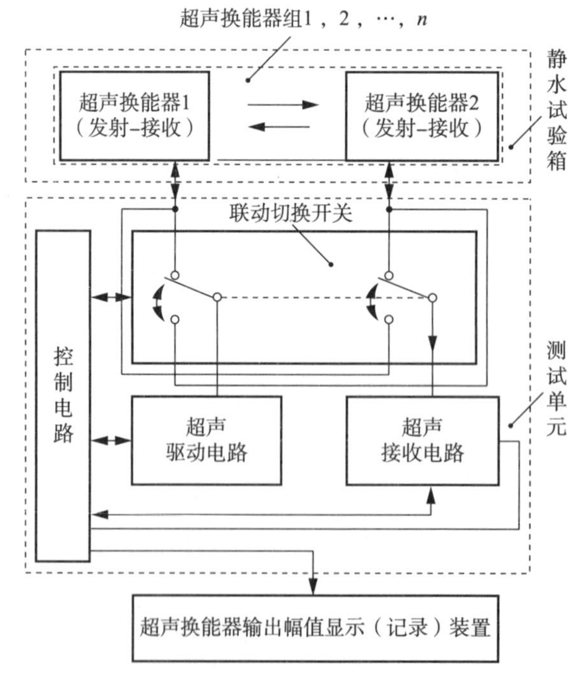

图 8—31 超声换能器稳定性试验装置原理图

稳定性试验前，被试超声换能器组需要进行常规的老化试验和综合性能检测，并做输出电压幅值特性配对，记录好相关原始数据。应确保被试超声换能器组在超声水表上能正常工作。

接收换能器输出电压幅值稳定性试验的目的主要是通过改变超声换能器介质温度、环境温度和长时间连续观测其输出电压幅值变化的方法来间接评价其长期工作特性。

8.6.3　试验条件与要求

通常情况下，与超声换能器工作稳定性有关的两大因素是温度（环境与介质）和连续工作时间。稳定性试验一是观测超声换能器长时间连续工作期间其输出电压幅值是否有显著的变化，即是否存在着不可容忍的“时漂”特性；二是，当环境及介质温度范围处于极限时，观测接收换能器输出电压幅值是否有显著的变化与衰减，即是否有不可容忍的“温漂”或“失效”的存在。

接收换能器输出电压幅值是一项能综合反映超声换能器工作状态和超声水表工作时必须用到的关键性参数。通常情况下，超声换能器只要介质温度不超过规定的额定温度范围（如，T30 水表的额定温度范围为：0.1℃～30℃；T50 水表的额定温度范围为：0.1℃～50℃），接收换能器的输出电压幅值长期保持在出厂时的允许区间内（如，出厂电压幅值的±3%～±5%），且超声水表其他各项指标符合设计要求，就可保证超声水表长期稳定、可靠地工作。

以下对采用 PZT－5 圆薄片压电元件，工程塑料（用于 S 型超声换能器）和铜合金材料（用于 A 型超声换能器）匹配层，以及采用图 8－19 结构的超声换能器分别进行时间和温度试验，以验证这类超声换能器的设计、工艺合理性和长期工作稳定性（S 型超声换能器无吸收材料，A 型超声换能器加有吸收材料）。

本次稳定性试验：时间约为 150 天，介质试验温度为 0～50℃，高低温冲击试验温度为－20℃～60℃。

1. 超声换能器工作状态下输出幅值的长期稳定性试验

试验要求：

(1) 选用 S 型和 A 型超声换能器进行长期工作稳定性试验。每种型号超声换能器各选 12 个分 6 组进行超声波接收特性测试（超声换能器两两配对工作）。

(2) 测量每个接收换能器的输出电压幅值。要求每个接收换能器每次测量 6 个数值，同时记录最大值与最小值，计算 6 次测量平均值。

(3) 用温度计测量试验时的介质温度。

(4) 每隔一天或数天测量每个超声换能器的输出电压幅值，试验持续进行约 150 天。

(5) 将测量数据列表并做图。

试验结果：

图 8－32 和图 8－33 分别是被试 S 型超声换能器（共 12 个）和 A 型超声换能器（共 12 个）的长期稳定性试验曲线图，纵坐标是超声换能器输出电压幅值，单位为 mV；横坐标是时间，单位为天。图 8－34 是稳定性试验期间（2015.8.25—2016.1.26）测试时间点的水介质温度变化曲线图。

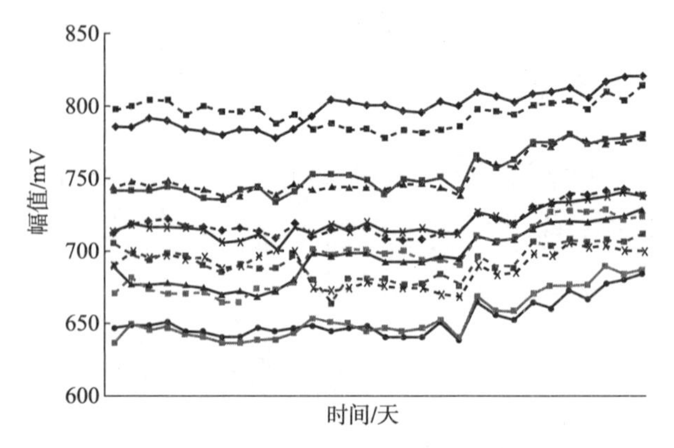

图 8－32　S 型超声换能器长期稳定性试验曲线图

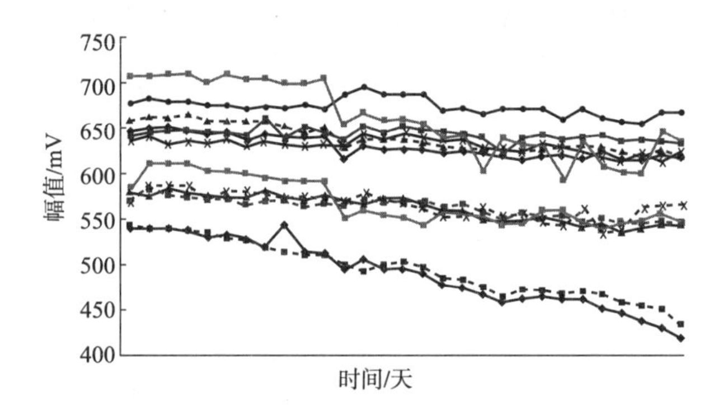

图 8－33　A 型超声换能器长期稳定性试验曲线图

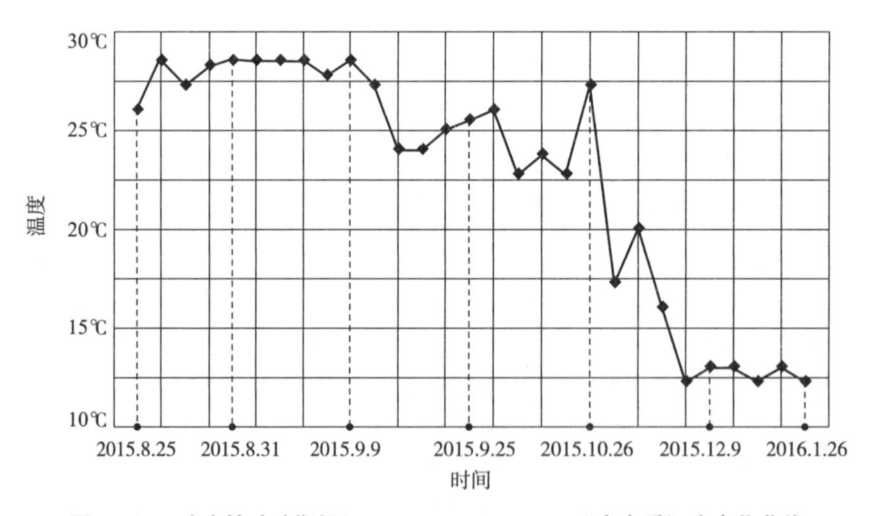

图 8－34　稳定性试验期间(2015. 8. 25—2016. 1. 16)水介质温度变化曲线

2. 介质温度改变对超声换能器输出幅值的影响试验

试验要求：

(1) 仍采用 S 型和 A 型两种超声换能器做温度改变试验。选用未做过时间试验的 S 型超声换能器 2 组共 4 个和 A 型超声换能器 1 组共 2 个进行本次试验(超声换能器仍两两配对工作)。

(2) 将被试超声换能器与静水试验箱一同放入温度试验装置中,将超声换能器引线加长至1m以上,测试单元放在温度试验装置外,改变试验装置中的温度(0℃、3℃、6℃、10℃、15℃、20℃、25℃、30℃、35℃、40℃、45℃、50℃),并在每个温度点同温30min,测量每个温度点下接收换能器的输出电压幅值,同时记录最大值、最小值,计算平均值。

(3) 将测量数据列表并做图。

注:对于0℃点的温度试验,严格意义上应该是将试验装置中水的温度调整到保证静水试验箱中的水不结冰的温度(如0.1℃)。

试验结果:

图8—35和图8—36是S型超声换能器(共4个)和A型超声换能器(共2个)温度为0℃~50℃时的输出电压幅值曲线图,纵坐标是输出电压幅值,单位为mV;横坐标是温度,单位为℃。

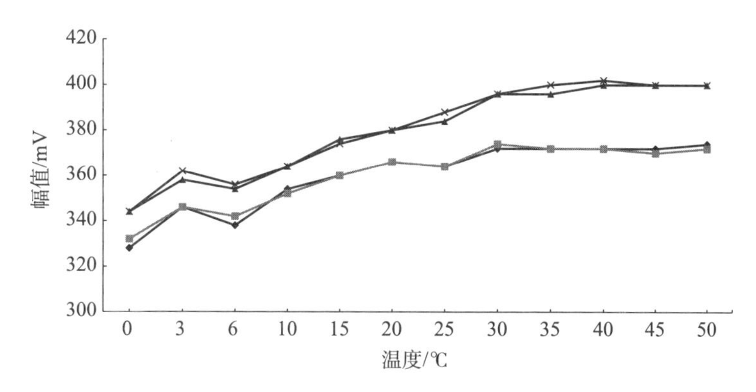

图8—35　S型超声换能器温度试验曲线图

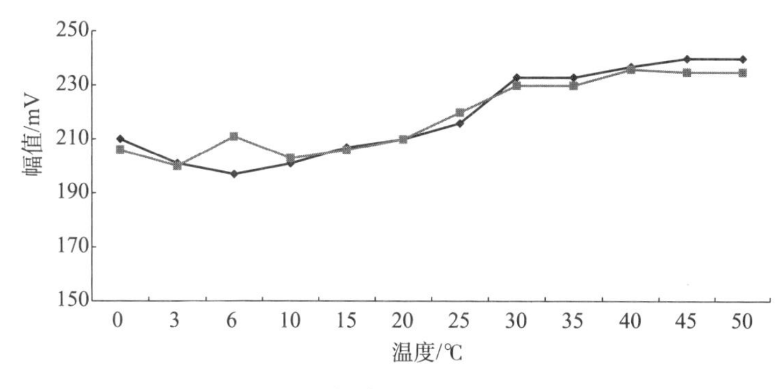

图8—36　A型超声换能器温度试验曲线图

3. 高温-高低温冲击对超声换能器输出幅值的影响试验

试验方法:

(1) 选用两组未做过任何影响量试验的S型超声换能器和A型超声换能器分别用于高温和高低温冲击试验。

(2) 高温老化试验:将被试超声换能器(S型超声换能器3组共6个,A型超声换能器 2 组共 4 个）和静水试验箱放入温度试验装置，将温度调到 60℃同温 2h，测量输出电压幅值，然后关闭电源，使温度试验装置内的温度降到室温，在室温下同温若干小时后继续将温度调到 60℃同温 2h，连续进行 16 次交替试验，将试验数据列表并做图。

（3）高低温冲击试验：将另一组同样数量的 S 型、A 型超声换能器和静水试验箱放入温度试验装置，将温度试验装置分别调到－20℃和 60℃两个温度点，在每个温度点同温 2h；持续进行 5 个循环试验，记录两个温度点下的试验数据并做图。

注：－20℃低温试验时，静水试验箱中需去掉水，待低温试验结束，温度恢复至常温时再加水继续试验。

试验结果：

图 8－37 和图 8－38 是 S 型和 A 型超声换能器的高温老化和高低温冲击试验结果曲线图，图中纵坐标均是输出电压幅值，单位为 mV；横坐标分别是高温老化试验次数和高低温冲击试验温度。

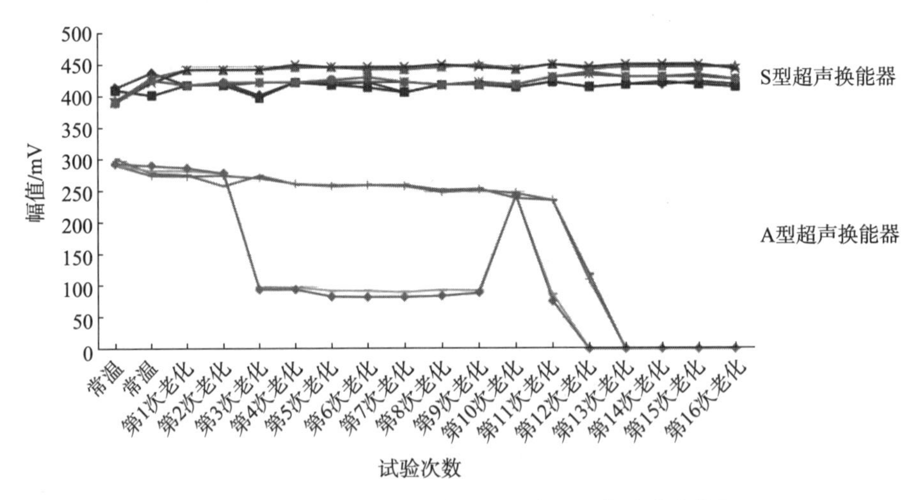

图 8－37　S 型和 A 型超声换能器高温老化试验曲线图

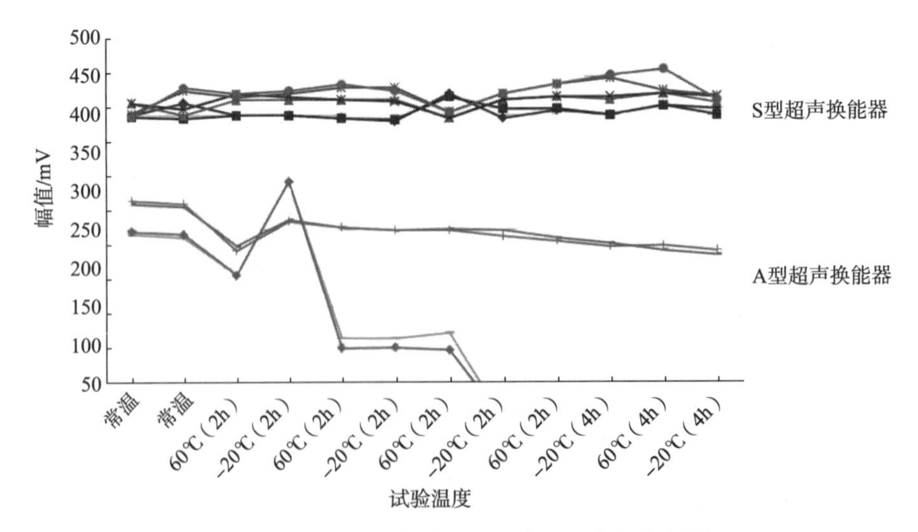

图 8－38　S 型和 A 型超声换能器高低温冲击试验曲线图

8.6.4　试验结果分析

S型超声换能器和A型超声换能器的结构基本相似，压电陶瓷材料及参数基本相同，但阻抗匹配材料、吸收材料和黏结材料等均有不同。S型超声换能器阻抗匹配材料采用高分子工程塑料，无声吸收材料；A型超声换能器阻抗匹配材料为铜合金，吸收材料为环氧基加填充料。

经过时间与温度影响试验可以看到：

(1) 总体上说，S型超声换能器输出电压幅值要比A型超声换能器的大。

(2) 随着试验时间的推进以及介质与环境温度在额定温度范围内的变化，所有S型超声换能器和多数A型超声换能器的输出电压幅值略有变化(≤5%)，但两者变化方向相反。其中2个A型超声换能器的输出电压幅值发生了很大改变，已超过−20%的变化量。

(3) 随着温度改变(从0.1℃上升至50℃)，S型超声换能器和A型超声换能器的输出电压幅值整体发生增大趋势，其中S型超声换能器最大增幅约为16%，A型超声换能器最大增幅约为20%，输出电压幅值与温度上升处于正相关状态，且在30℃以后输出电压幅值变化趋于平缓。

(4) 经过16个周期的高温老化试验(60℃～室温)，S型超声换能器输出电压幅值均未发生显著的改变；而A型超声换能器在若干试验周期后均都失效损坏，输出电压幅值为零。

(5) 经过5个周期的高低温冲击试验(60℃～−20℃)，S型超声换能器输出电压幅值也均未发生显著变化；而A型超声换能器在若干试验周期后2个超声换能器损坏、输出电压幅值为零，2个超声换能器输出电压幅值下降了25%以上。

原因分析：

(1) S型超声换能器的匹配层选用比较合理，超声波能够以较高的能量从超声换能器中发射(或接收)。S型超声换能器经阻抗匹配，超声波反射率降低、传输效率提高，因此其输出电压幅值就高。另外，由于S型超声换能器的压电陶瓷无吸收材料，因此圆薄片在发射或接收超声波时容易形变，较大幅度提升了超声换能器的发射声功率和接收灵敏度。

然而，A型超声换能器采用简化设计方案，直接利用金属外壳用作匹配层，一部分超声波经过匹配层时被反射，再加之有吸收材料存在，导致了A型超声换能器的实际发射声功率和接收灵敏度降低，输出电压幅值减小。

(2) 两种超声换能器经过长达150天的通电疲劳试验，在额定温度范围内，S型超声换能器输出电压幅值总体变化不大(略有升高)。这说明压电陶瓷材料经过一定时间的加载使用，材料的压电常数未发生衰减，黏结剂也未出现失效迹象；A型超声换能器输出电压幅值总体略有下降，这可能是压电陶瓷材料特性、黏结状态变化，或金属外壳匹配层厚度及形状等受温度变化(下降幅度约为18℃)而发生改变，导致发射与接收超声波能量下降。

(3) 压电陶瓷通常有热释电效应，随着温度升高，其自身会积累一定的固有电荷，当接收到超声波时，由超声振荡产生的信号有可能叠加在热释电信号上，导致输出值增加；此外，温度上升也会导致压电元件形变而输出额外的电荷。

(4) 高温老化与高低温冲击试验导致 A 型超声换能器失效或特性发生重大变化,说明这类超声换能器压电陶瓷的材料、极化处理、黏结方式以及超声换能器老化处理工艺等均有可能存在某些缺陷。另外,在剧烈的温度变化条件下,“刚性”的吸收材料与压电陶瓷存在不同的温度膨胀系数(可使金属镀覆层与压电元件基体分离,导致超声换能器无法输出电信号)也是导致超声换能器最后失效的重要原因之一。

8.6.5 结论

通过时间和温度影响试验,可以得出以下结论:

(1) S 型超声换能器采用阻抗匹配理论进行产品设计,使超声波在水介质中能够得到有效的传播,提高了超声换能器的发射声功率和接收灵敏度。

(2) S 型超声换能器取消了刚性很大的吸收层,这样既可以提高超声换能器的发射声功率和接收灵敏度,还可以避免超声换能器因长期工作而导致的压电元件表面金属镀覆层脱离基体材料的风险,保证超声换能器长期可靠稳定工作(超声换能器因无吸收层而引起的声干扰等问题,可以通过软件方法予以解决)。

(3) 超声换能器吸收层通常要求采用环氧基加填充料的方式组成,并直接涂覆在压电元件背面。如果环氧基体的固化剂使用不当,吸收材料就会出现固化不良和固化不稳定等现象(即随着温度变化和时间推进,吸收材料的刚性会逐步发生变化,导致超声换能器谐振频率和发射与接收等特性改变)。

(4) 超声换能器的匹配层需要用黏结剂与压电元件黏合在一起,因此要求合理选用黏结剂(含固化剂)。黏结剂涂覆时应均匀、适量,在固化过程中应使用专用工装夹具固定压电元件,确保压电元件安装位置的准确和一致。

(5) 温度升高导致的超声换能器输出电压幅值增加,可以通过温度补偿方式予以解决。试验表明,对于 T30 的冷水水表,通常不需做温度补偿。

(6) 超声换能器除了应实施温度老化和电功率老化试验外,还应进行应力老化试验,以提前将不符合要求的超声换能器予以剔除。使用前的超声换能器应按照相关工艺要求进行筛选和配对。

总而言之,S 型超声换能器的结构设计、选材及制造工艺等能够满足超声水表的使用要求,能够保证其长期可靠、稳定地工作。

8.7 超声水表流场仿真与性能改进策略研究

1. 大口径超声水表常见测量管道结构

在小流量测量时为了增加超声波在被测介质中的时间差,减少计时分辨力不足对测量结果的影响,通常会在超声水表测量管道设计时采用缩小内径(增加流速值)的方法(合适的缩径方式对流畅畸变也有一定的校准作用),见图 8－39。如果测量管道内径缩小 50%(由 D 改变为 d)，流速值就会增加 2 倍，反映到测量时间差上也是原来的 2 倍，见式(8—25)和式(8—26)。

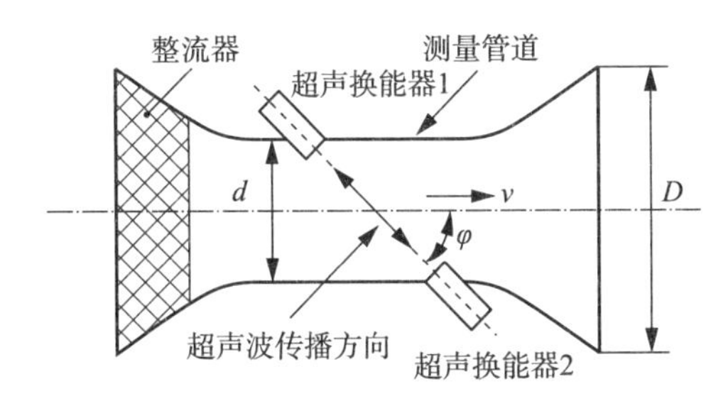

图 8—39　采用缩小内径方式的测量管道结构示意图

因为

$$v \approx \frac{c^2 \tan\varphi}{2D} \Delta t = \frac{c^2 \tan\varphi}{2(2d)} \Delta t \tag{8—25}$$

所以

$$\Delta t = \frac{2d}{c^2 \tan\varphi}(2v) \tag{8—26}$$

式(8—25)是由时间差公式推出。

超声水表测量管道缩小内径后，其付出的代价是：在大流量测量情况下，超声水表测量管的压力损失会显著增加。

2. 测量管道内流场畸变的数值模拟

当测量管道中安装有阻流件(如：平面弯管、立体弯管、阀门等)，而超声水表前后直管段又不充分长时，测量管道内的流场就会发生严重的畸变；如果再加上测量管道缩小内径等带来的流场影响，超声水表现场使用时的测量准确度是令人担忧的。

用计算流体动力学(CFD)的数值模拟方法可以定性或半定量反映上述因素对超声水表测量管道中流场分布的影响程度。

超声水表测量管道和流动整流器的三维建模见图 8—40。图 8—41 所示的超声水表使用条件下的仿真模型为：测量管道采用缩小内径结构(D＝100mm、d＝60mm、φ＝55°)；进水口安装叶片式流动整流器，并连接上下游 10D 的前后直管段；试验流量为 Q＝1m^3/h。当超声水表安装在没有阻流件的供水管路中时，其测量管道内小流量的流场分布是对称的，如图 8—42 所示的流速等值线分布图和截面流线图。

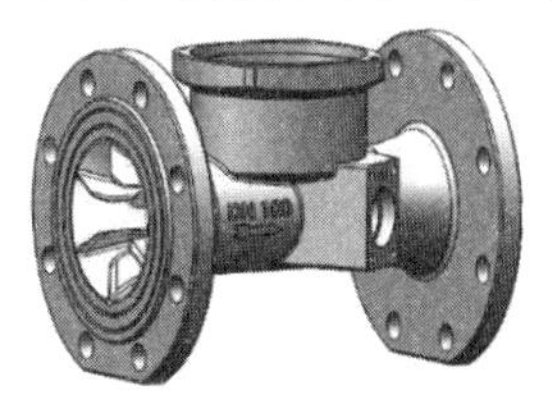

(a) 超声水表测量管道

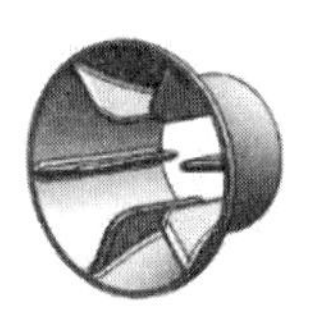

(b) 流动整流器

图 8—40　超声水表测量管道和流动整流器的三维建模图

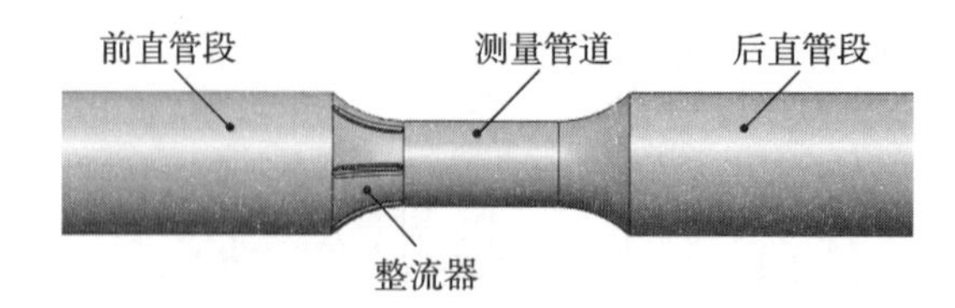

图 8－41　超声水表使用条件下的仿真模型

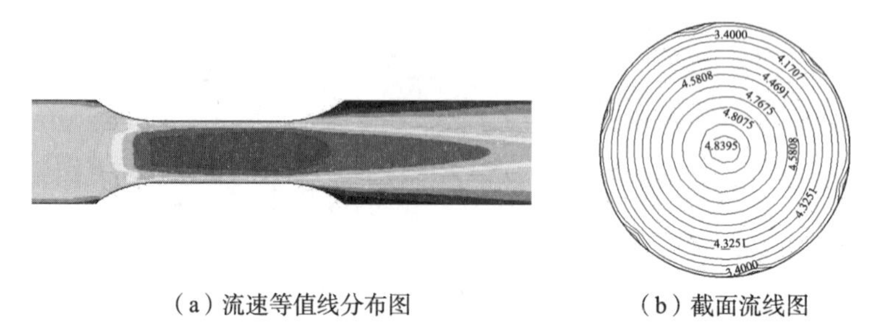

（a）流速等值线分布图　　（b）截面流线图

图 8－42　测量管道内流速等值线分布图和截面流线图

超声水表在实际使用环境下，测量管道内的流场干扰和影响主要有以下三种常见的工况，现分别对它们做出模拟和分析：

1）测量管道前安装有平面弯管时

仿真条件：测量段上游阻流件为 90°平面单弯管，其中进口管段直径 $D=100\text{mm}$，测量段管道直径 $d=60\text{mm}$，弯管弯曲半径 $R=1.5D$，L 为弯管出口与超声水表进口之间的直管段长度（$L=10D$），试验流量为 $Q=1\text{m}^3/\text{h}$。超声水表进口处有平面单弯管时的几何模型见图 8－43。

图 8－44 为超声水表进口处有平面单弯管时的流速等值线分布图和截面流线图。从图 8－44 中可以看到，超声水表测量管道内的流场分布已经发生显著的变化，并有二次流出现。

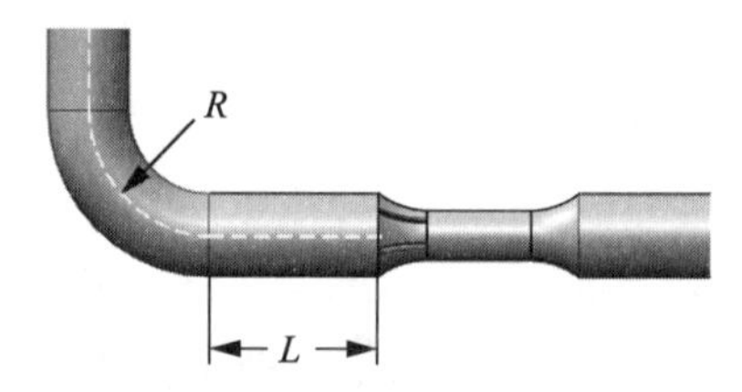

图 8－43　超声水表进口处有平面单弯管时的几何模型图

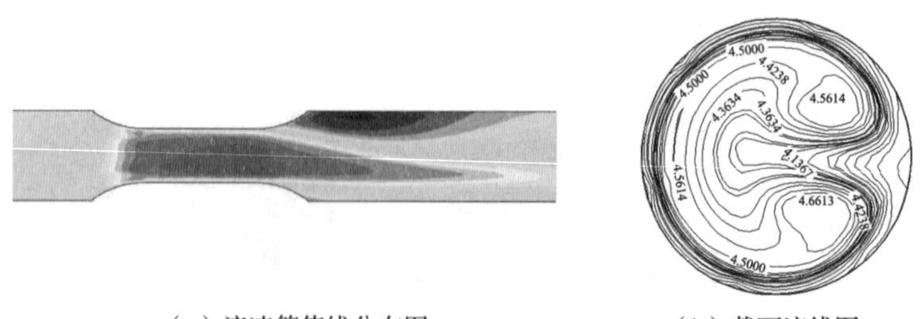

（a）流速等值线分布图　　（b）截面流线图

图 8－44　超声水表进口处有平面单弯管时的流速等值线分布图和截面流线图

2）测量管道前安装有立体弯管时

仿真条件：测量段上游阻流件为90°立体双弯管，其中进口管段直径 $D=100$mm，测量段管道直径 $d=60$mm，弯管弯曲半径 $R_1=R_2=1.5D$，L_1 为弯管出口与超声水表进口之间的直管段距离（$L_1=10D$）、L_2 为两弯管之间距离（$L_2=2D$），试验流量为 $Q=1\text{m}^3/\text{h}$。超声水表进口处有立体双弯管时的几何模型见图8—45。

图8—46为超声水表进口处有立体双弯管时的流速等值线分布图和截面流线图。从图8—46中可以看到，此时超声水表测量管道内流场分布变化更为复杂，而且偏流方向也改变了。

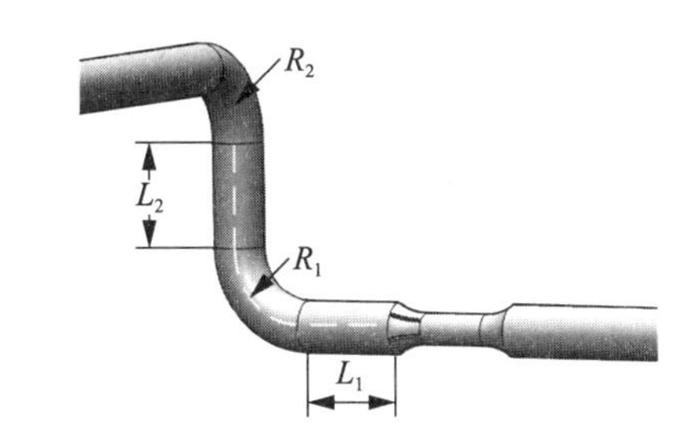

图8—45　进口处有立体双弯管时的几何模型图

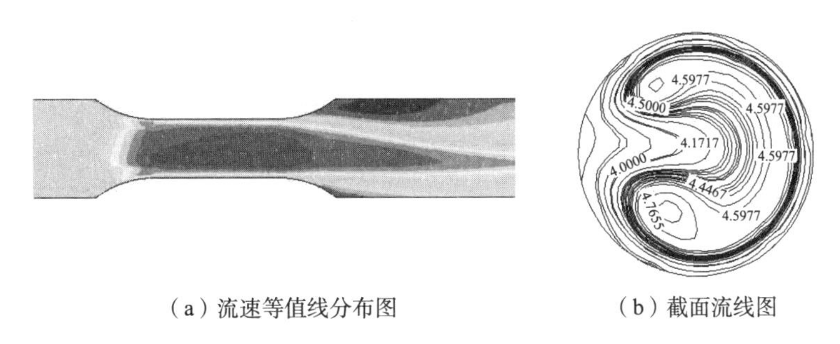

（a）流速等值线分布图　　（b）截面流线图

图8—46　进口处有立体双弯管时的流速等值线分布图和截面流线图

3）测量管道前安装阀门时

仿真条件：测量段上游阻流件为90%开度的阀门，其中进口管段直径 $D=100$mm，测量段管道直径 $d=60$mm，阀门至流动整流器距离为10D，试验流量为 $Q=1\text{m}^3/\text{h}$。超声水表进口处有90%开度的阀门时的几何模型见图8—47。

图8—48为超声水表进口处有90%开度的阀门时的流速等值线分布图和截面流线图。仿真结果表明，阀门开度不足也会导致流场分布发生畸变，但不如平面和立体弯管带来的影响严重。

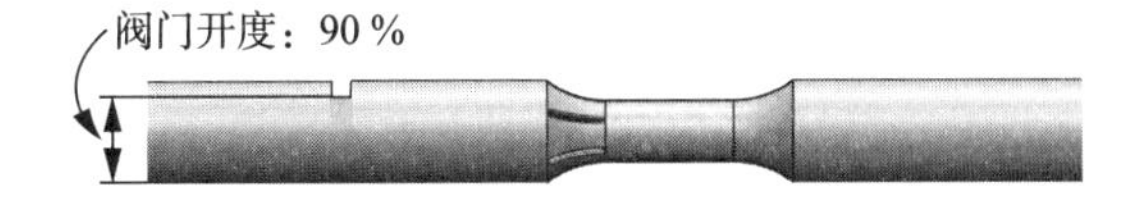

图8—47　超声水表进口处有90%开度的阀门时的几何模型图

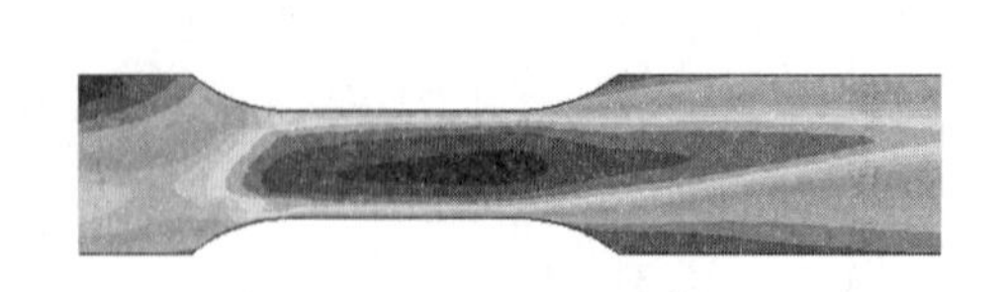

（a）流速等值线分布图

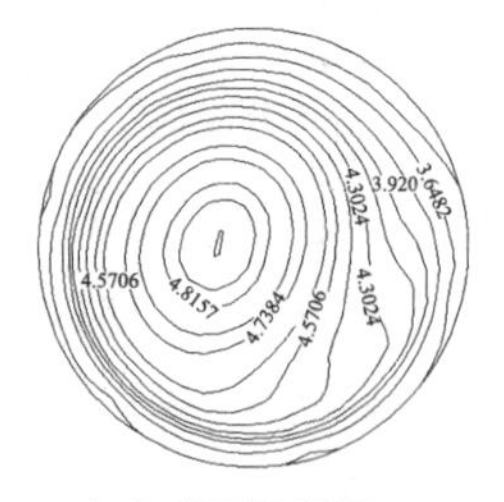

（b）截面流线图

图 8－48　超声水表进口处有 90%开度的阀门时的流速等值线分布图和截面流线图

3. 消除流场畸变对测量影响的方法

流场畸变会导致超声水表实际工况条件下的使用特性与流速对称分布条件下校准的特性发生偏离，引起超声水表测量的不准确。要解决此类问题，通常可以加长超声水表安装时的前后直管段、在表前安装流动整流器、采用多声道技术、正确安装超声水表与前后直管段，具体内容详见 6.4.2 中的消除流速非对称分布影响的主要办法。

4. 结论

超声水表在实际使用环境中不允许安装有很长的前后直管段，因此供水管路中各种影响流场分布的阻流件以及超声水表安装不规范等因素都是造成超声水表附加测量误差增加的主要来源。计算机数值模拟和仿真技术，可以提前获知或预测这些因素对超声水表测量结果的影响，便于大家采用科学的方法和措施将这些影响量予以消除或削弱。

8.8　超声换能器综合性能试验装置的研究

超声换能器除部分综合性能指标（如静态特性指标：超声换能器静态电容、绝缘电阻等）可以在空气中进行测量外，大部分综合性能指标的试验与检测需要在涉水的负载中进行，其试验与检测装置示意图如图 8－49 所示。

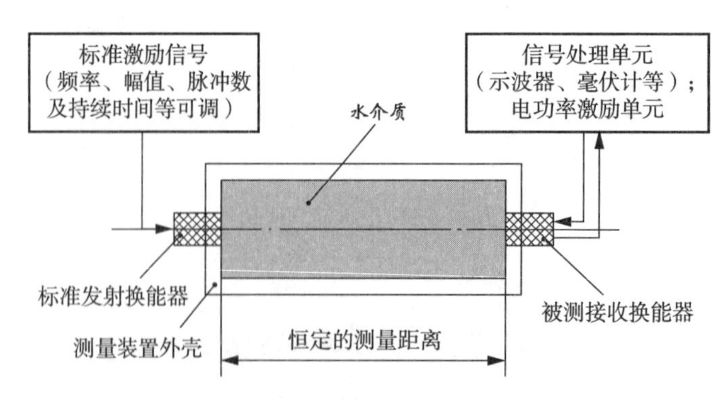

图 8－49　超声换能器试验与检测装置示意图

目前，国内缺乏对超声换能器的性能评价指标、试验方法及其试验装置的研究，导致了此类超声换能器无法开展必要的全性能基础试验和可靠性评价工作，给超声水表的长期稳定工作和可靠使用带来严重隐患。因此，开展超声换能器综合性能评价指标的研究与综合性能试验装置的设计是很有必要的。

1. 超声换能器部分综合性能指标

超声换能器的基本特性是要保证发射换能器在发射脉冲信号激励下能够长期稳定发送超声波，并在匹配层配合下，使超声波能以最大能量通过被测介质抵达接收换能器；接收换能器应将接收到的超声波转化成稳定的电信号送至信号处理电路。简言之，超声换能器主要起到的是“电-机-声”转换的作用，并保证每次转换过程的量值一致和稳定。从实际使用情况看，更应关注超声换能器的某些综合性能指标。

1) 渡越时间的稳定性

在声速恒定(即介质温度不变)、测量管几何尺寸不变条件下，渡越时间及其时间差均为管道内流体线平均流速 $\bar{v}_x$ 的函数，它们能间接反映出管道内平均流速乃至流量、累计流量的数值。因此，在规定时间段内测量一组超声换能器的渡越时间及时间差的变化量就能综合判别出超声换能器实际工作的稳定性及可靠性。

2) 超声换能器输出电压幅值的稳定性

任何由压电元件构成的超声换能器均有自身的谐振(固有)频率，当超声换能器工作于谐振频率时，可以取得最好的发射与接收效果。

当压电元件的几何尺寸和材料确定后，其固有频率就基本恒定了；同时，当超声换能器和测量管的几何尺寸、阻抗匹配材料特性、发射激励信号强度与频率，以及工作环境温度、湿度等条件均为不变时，接收换能器的输出电压幅值也会基本保持不变。

3) 耐环境影响特性

超声换能器工作时会受到环境条件的影响，如气候环境的温度、湿度等变化影响；机械环境的振动、冲击等影响；电磁环境的静电放电、电脉冲群、静磁场、电磁场等影响。尤其是温度和湿度变化非常容易引起压电元件材料、阻抗匹配材料以及金属材料等的特性变化，产生所谓的“温漂”与“湿漂”。因此，超声换能器能否承受环境条件变化的影响，是决定超声换能器长期工作可靠性的重要前提条件。

4) 耐介质影响特性

超声换能器工作时同样会受到被测水介质温度变化和压力变化等的影响。如：被测介质温度变化会导致超声波传播速度变化和超声换能器外壳几何尺寸变化，被测介质压力变化会导致超声换能器中压电元件和匹配层特性和形状发生变化，等等。由此可见，超声换能器耐介质影响的特性也是十分重要的。

2. 综合性能试验装置设计

为满足超声换能器上述综合性能指标要求，超声换能器综合性能试验装置应具有以下主要功能和基本结构。

1）主要功能

超声换能器综合性能试验装置可以对超声换能器的三类主要指标开展测量与试验：

第一，在额定条件下，开展对正、逆向渡越时间及时间差，渡越时间及时间差的时漂与温漂，以及改变被测介质温度与压力的试验；

第二，在环境参数改变条件下开展的试验，主要有气候环境条件下的温度和湿度改变，机械环境条件下的振动和冲击影响等；

第三，超声换能器固有特性的试验，如：谐振频率、输出电压幅值、机械品质因数、静态电容以及指向性等。

根据试验得到的超声换能器固有特性，同时参考额定条件和环境影响条件下的某些指标，对超声换能器进行性能配对。

2）基本结构

超声换能器综合性能试验装置通常设计成台式，便于在室内使用。综合性能试验装置主要由实流模拟单元、环境模拟单元、性能测量单元及保温封闭管路等组成。其中，实流模拟单元由流体驱动及消振部件、流量测控部件、流量稳定部件、压力测控部件、水温测控部件等组成；环境模拟单元由环境温度、湿度，振动量控制部件，环境及时间参数测量部件，环境试验箱体等组成；环境试验箱体由测量台架和角度调整机构等组成；性能测量单元由超声换能器综合特性测量部件组成。超声换能器综合性能试验装置功能示意图见图 8—50。

综合性能试验装置的试验项目可以覆盖与超声水表性能指标相关的全部项目，具有体积小、功能全、试验项目多、影响量试验可以在实流条件下进行等特点。

3. 结语

从满足超声换能器使用要求的角度出发，本节提出了超声换能器的综合评价指标的理念，设计了相应的试验装置和方法，为超声换能器的性能测量、环境和介质影响量试验及超声换能器特性配对等提供了有效的方法和工具，也为超声水表及超声热量表等产品质量的提升和长期稳定工作创造了有利条件。

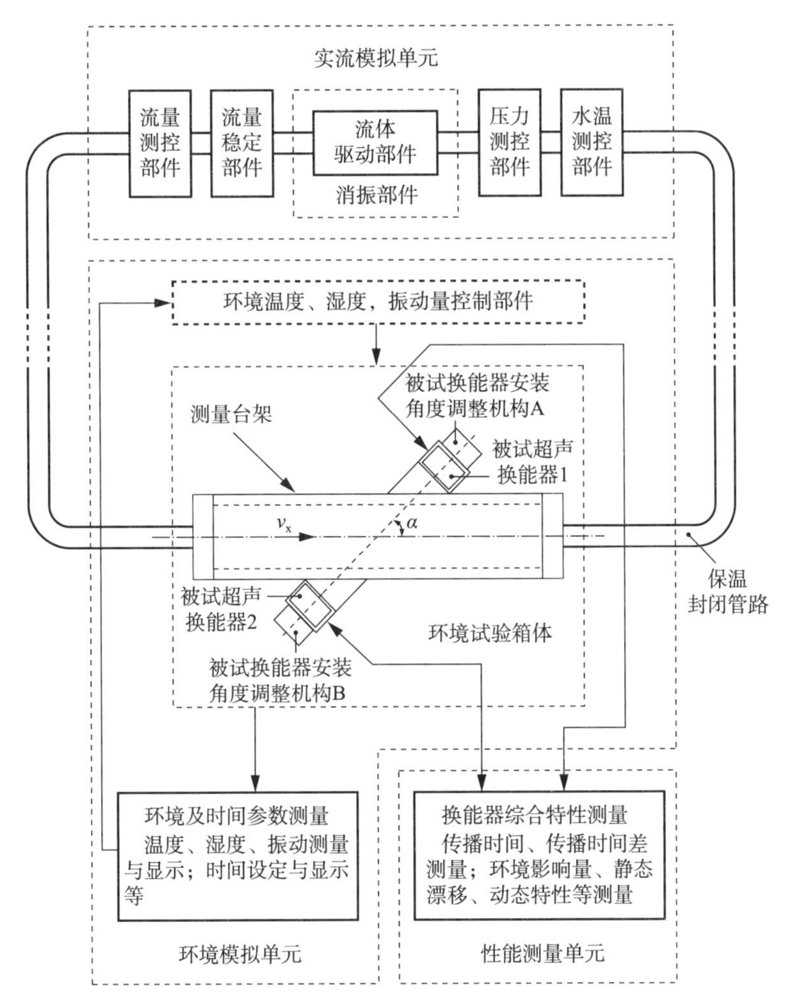

图 8—50　超声换能器综合性能试验装置功能示意图

附录A

封闭管道中水的流动特性

水是诸多液态流体中最为常见的一种介质。作为封闭管道中的被测流体，水的物性参数及其流动特性是水表及水流量传感器等产品设计、试验、使用时应首先考虑的因素。

水在封闭满管道中的流动特性与在开放式明渠环境中的流动特性是显著不同的，本附录讨论的水的流动特性仅适用于封闭满管道中的流动特性。

A.1　水的物性参数

水的物性参数主要有：密度、黏度、压缩性、膨胀性、导电性等。

A.1.1　密度与黏度

1. 密度

水的质量与其体积之比称为水的密度。匀质水中的密度可用下式表示：

$$\rho=\frac{m}{V} \tag{A-1}$$

式中：

ρ——水的密度，kg/m^3；

m——水的质量，kg；

V——水的体积，m^3。

水的密度是温度与压力的函数，随着温度和压力的变化其密度也随之变化，但在低压（小于5MPa）和常温条件下，压力变化对水的密度影响非常小，可忽略不计，并可将其近似视为不可压缩的流体。

当压力为常量时，水的密度计算公式可表示为

$$\rho=\rho_{20}[1-\alpha(t-20)] \tag{A-2}$$

式中：

ρ——温度为t时水的密度，kg/m^3；

ρ_{20}——温度为20℃时水的密度，kg/m^3；

α——水的体积膨胀系数，$℃^{-1}$。

当温度为常量时，水的密度计算公式可表示为

$$\rho=\rho_{20}[1-\beta(p_0-p)] \quad (A-3)$$

式中：

ρ——压力为 p 时水的密度，kg/m^3；

ρ_{20}——压力为 p_0 时水的密度（p_0 为标准压力，$p_0=101\ 325Pa$），kg/m^3；

β——水的体积压缩系数，MPa^{-1}。

2. 黏度

水受外力作用在管道内流动时，其分子之间的内聚力发生作用，形成分子间的运动，产生内摩擦力。水的黏度是表征其内摩擦力大小的一种参数，黏度也是水的温度和压力的函数。通常情况下，温度上升，水的黏度就会下降，这是因为水分子间的空隙增大，吸引力减小所致。反之，黏度就会上升。

在工程应用中，通常仅考虑温度对水的黏度影响，只有在压力较高条件下才会考虑压力对水的影响并做相应校准。

黏度的表征方法有多种，其中常用的有动力黏度和运动黏度两种。

1）动力黏度

水的动力黏度可用牛顿内摩擦力定律来表示，其定义为

$$\tau=\eta\frac{dy}{dv} \quad (A-4)$$

式中：

τ——单位面积上的内摩擦力，Pa；

η——水的动力黏度，Pa·s；

$\frac{dy}{dv}$——流层间的速度梯度，s^{-1}。

内摩擦力符合式（A—4）的流体称为牛顿流体，其他的称为非牛顿流体。常见的牛顿流体有水、空气等，非牛顿流体有泥浆、纸浆、油墨等。

2）运动黏度

水的动力黏度 η 与其密度 ρ 之比，称为水的运动黏度，可用下式表示：

$$\upsilon=\frac{\eta}{\rho} \quad (A-5)$$

式中：

υ——水的运动黏度，m^2/s。

水的运动黏度 υ 与温度 t 的关系可近似地用以下经验公式表示：

$$\upsilon=\frac{0.017\ 75}{1+0.033\ 7t+0.000\ 221t^2}\times10^{-4} \quad (A-6)$$

式中：

υ——水的运动黏度，m^2/s；

t——水的温度，℃。

A.1.2 压缩性与膨胀性

1. 压缩性

工程上通常认为水是不可压缩的。当水的温度在0～20℃、压力在0.1MPa～50MPa时，压力每增加0.1MPa，水的体积值只能减小约0.005%。只有在特殊情况下，例如封闭管道内出现“水锤”现象时，才要考虑水的压缩性。

水在高压条件下，水分子间的间隙减少，分子间的引力增大，水的体积才会缩小，其黏度也会随压力的升高而增大。

当作用在水上的压力增加时，水所占有的体积将缩小，这种特性称为水的压缩性。水的体积压缩系数可用下式表示：

$$\beta=-\frac{1}{V}\frac{\Delta V}{\Delta p} \tag{A-7}$$

式中：

β——水的体积压缩系数，Pa^{-1}；

V——水的原体积，m^3；

ΔV——水的体积变化量，m^3；

Δp——作用在水上的压力变化量，Pa。

2. 膨胀性

水的温度升高时其体积会增加，这种特性称为水的膨胀性。水的体积膨胀系数的定义：当压力不变时，水的体积随温度变化而发生的相对变化率。水的体积膨胀系数可用下式表示：

$$\alpha=\frac{1}{V}\frac{\Delta V}{\Delta T} \tag{A-8}$$

式中：

α——水的体积膨胀系数，K^{-1}；

ΔT——水的温度变化量，K。

A.1.3 导电性

纯水是一种电介质，它是已知液体电介质中相对介电常数最高的($\varepsilon_r \approx 80$)。但普通饮用水和生活用水则是一种电解质，因为它含有很多的杂质和离子，当离子在水中移动时就能形成电流，因此通常含义下的水应该属于导电性物质。水的导电性并不好，但随着其内部离子的增加(特别是含有溶解盐类物质时)导电性能就会随之增加。

水的导电性服从欧姆定律。通常饮用水的电导率约为10^{-2}S/m。

A.2　水的流动特性

A.2.1　层流与湍流

由于水的黏性的存在，水在管道中流动时呈现出两种性质完全不同的流动状态，即层流流动和湍流流动。而介于这两种流动状态之间还存在着流量范围非常狭窄、流速分布不确定的流动，即过渡流。

层流流动的定义：流体的质点作分层运动，且流层之间不发生混杂的流动，即与惯性力相比，黏性力起主要作用的流动。

湍流流动的定义：时间和空间上不规则（随机）的速度波动叠加在平均流上的流动，即与黏性力相比，惯性力起主要作用的流动。

水作层流流动时，当流速增加到某一数值时，层流就会变成湍流。反之，流速降低的湍流也会变成层流。表征管道内水的流动是层流还是湍流的依据是无量纲参数——雷诺数 Re。其实，雷诺数就是水流动时的惯性力和黏性力的比值，可用下式表示：

$$Re=\frac{F_{\mathrm{g}}}{F_{\mathrm{m}}}=\frac{\rho A\bar{v}_{\mathrm{m}}^{2}}{\frac{A}{l}\eta\bar{v}_{\mathrm{m}}}=\frac{\bar{v}_{\mathrm{m}}}{\eta}\rho l=\frac{\bar{v}_{\mathrm{m}}l}{\upsilon} \tag{A-9}$$

式中：

F_{g}——水的惯性力，N；

F_{m}——水的黏性力，N；

ρ——水的密度，$\mathrm{kg/m^3}$；

l——管道的特征长度（对封闭管道，l 就是管道的内径 D），m；

$\bar{v}_{\mathrm{m}}$——水的面平均流速，m/s；

A——流束的面积（对封闭管道，A 就是管道的内横截面积），$\mathrm{m^2}$；

η——水的动力黏度，Pa·s；

υ——水的运动黏度，$\mathrm{m^2/s}$。

雷诺数的大小取决于水的面平均流速、特征长度和运动黏度三个参数，对于封闭管道，特征长度一般取管道内径尺寸 D，此时雷诺数可表示为

$$Re=\frac{\bar{v}_{\mathrm{m}}D}{\upsilon}$$

工程应用中，常常已知的是体积流量 q_V（$\mathrm{m^3/h}$）、质量流量 q_m（kg/h）和管道的内径 D（mm），这时雷诺数可用下式表达：

$$Re=0.354\frac{q_m}{D\eta} \tag{A-10}$$

$$Re=0.354\frac{q_V}{D\upsilon} \tag{A-11}$$

通过雷诺数大小可以判断水的流动状态，一般封闭管道雷诺数与水流动状态的关系为

$Re \leqslant 2\ 000$　　层流

$2\ 000 < Re < 4\ 000$　　过渡流

$Re \geqslant 4\ 000$　　湍流

A.2.2　流速分布与平均流速

在管道横截面上，流速轴向分量的分布模式称为速度分布。管道中水的流动状态不同，其速度分布也不同。

水在封闭管道中作层流流动时，紧靠管壁处的流层速度为零，越靠近管道中心轴线的流层流速越大，轴线处流层的流速最大。封闭管道中水在层流状态下的流速分布是以管道中心线为对称轴的一个抛物面，如图 A—1 所示。

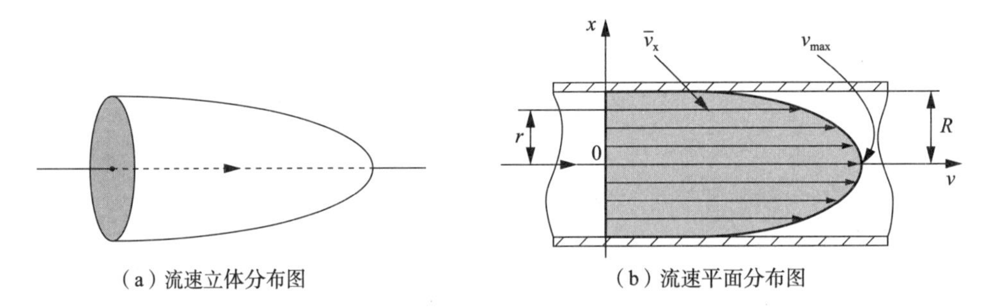

（a）流速立体分布图　　（b）流速平面分布图

图 A—1　封闭管道中水在层流状态下的流速分布

在管道半径方向距中心轴线 r 处的流速 v_r 可用下式表达：

$$v_r = v_{\max}\left[1-\left(\frac{r}{R}\right)^2\right] \tag{A—12}$$

式中：

$v_{\max}$——管道中心轴线上的最大流速；

R——管道内半径。

对流速 v_r 进行面积分，得到管道断面的流量，将该流量除以管道断面的面积，可得管道面平均流速 $\bar{v}_m$：

$$\bar{v}_m = \frac{\int_0^R v_r 2\pi r\,dr}{\pi R^2} = \frac{\pi R^2 v_{\max}/2}{\pi R^2} = \frac{1}{2}v_{\max} \tag{A—13}$$

水在管道中作湍流流动时，质点在沿管道轴线方向运动同时，沿管道直径方向也有脉动，但径向脉动的平均速度为零，如图 A—2 所示。

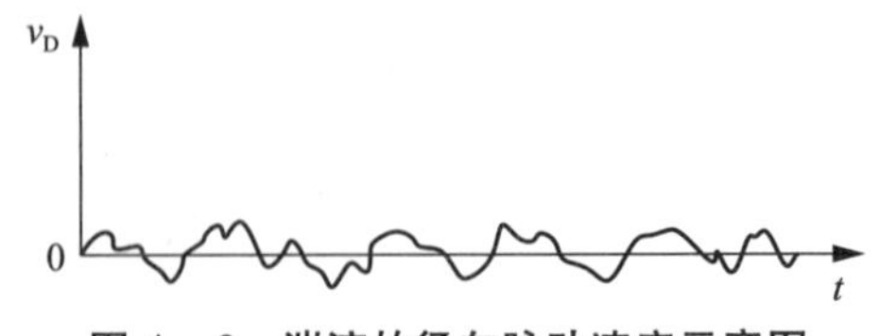

图 A—2　湍流的径向脉动速度示意图

湍流中质点运动的混乱，使管道断面内轴向的速度分布较均匀，封闭管道中水在湍流状态下的流速分布是以管道中心线为对称轴的一个指数曲面，如图 A－3 所示。试验结果表明，水在湍流流动状态时距管道轴线 r 处的流速 v_r 为

$$v_r = v_{\max}\left(1-\frac{r}{R}\right)^{1/n} \tag{A-14}$$

式中：

n——随雷诺数不同而改变的指数，$n=1.661\lg Re$。

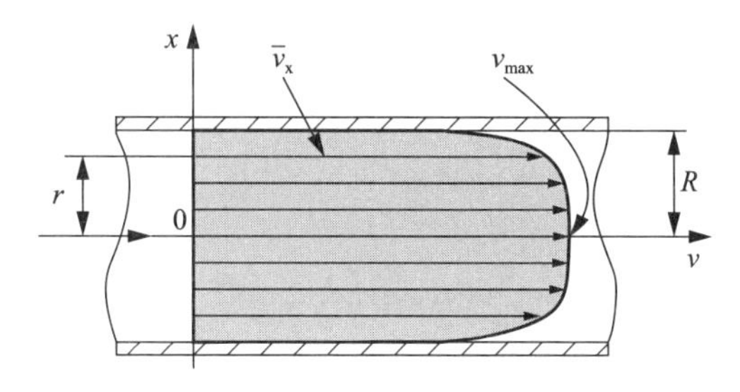

图 A－3　封闭管道中水在湍流状态下的流速分布

与层流类似，可得湍流流动状态的面平均流速：

$$\bar{v}_m = \frac{\int_0^r v_r 2\pi r \mathrm{d}r}{\pi R^2} = \frac{2\pi v_{\max}\int\left(1-\frac{r}{R}\right)^{1/n} r\mathrm{d}r}{\pi R^2} = \frac{2n^2}{(2n+1)(n+1)} v_{\max} \tag{A-15}$$

A.2.3　流体基本方程

1. 质量守恒方程(连续方程)

任何流体都必须符合质量守恒定律。质量守恒定律可表述为：单位时间内流体微元体中质量的增加，等于同一时间间隔内流入该微元体的净质量。按照这一定律可以得出质量守恒方程的微分表达式：

$$\frac{\partial \rho}{\partial t} + \frac{\partial(\rho u)}{\partial x} + \frac{\partial(\rho v)}{\partial y} + \frac{\partial(\rho w)}{\partial z} = 0 \tag{A-16}$$

式(A－16)中，ρ 为密度；t 为时间；u，v 和 w 是速度矢量 $\boldsymbol{u}$ 在 x，y 和 z 方向的分量。引入矢量符号 $\mathrm{div}\,(\boldsymbol{a}) = \partial a_x/\partial x + \partial a_y/\partial y + \partial a_z/\partial z$，则式(A－16)可表示为

$$\frac{\partial \rho}{\partial t} + \mathrm{div}(\rho \boldsymbol{u}) = 0 \tag{A-17}$$

也可用∇算子表示散度，即 $\nabla \cdot \boldsymbol{a} = \mathrm{div}(\boldsymbol{a}) = \partial a_x/\partial x + \partial a_y/\partial y + \partial a_z/\partial z$。此时式(A－16)可表示为

$$\frac{\partial \rho}{\partial t} + \nabla \cdot (\rho \boldsymbol{u}) = 0 \tag{A-18}$$

式(A－16)给出的是瞬态三维可压缩流体的质量守恒方程。若流体不可压缩，密度 ρ 为常数，式(A－16)可改为

$$\frac{\partial u}{\partial x}+\frac{\partial v}{\partial y}+\frac{\partial w}{\partial z}=0 \tag{A—19}$$

流体的质量守恒方程又称连续方程。工程上通常认为流体是连续介质的流动，因为表征其属性的密度、黏度、速度及压力等物理量是连续变化的。流体的连续方程是研究已知流管过流断面的质量平衡问题，其实质就是描述流体流动中的质量守恒定律。

图 A—4 为流管内一维定常流的总流示意图。

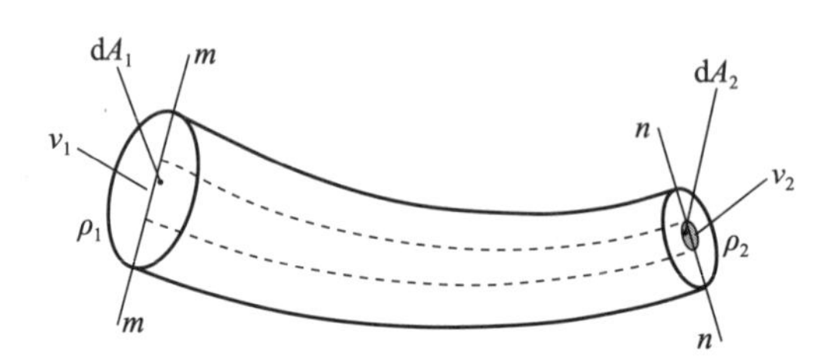

图 A—4　流管内一维定常流的点流示意图

在流管过流断面 m-m 和 n-n 上各取微元体截面 dA_1 和 dA_2 的流束，流体的密度分别为 ρ_1 和 ρ_2，流速分别为 v_1 和 v_2。因为定常流的流线不能相交，所以流体只能从 dA_1 流入，dA_2 流出。因此，单位时间内一维定常流的质量守恒方程的积分普遍表达形式为

$$\int \rho_1 v_1 \mathrm{d}A_1 = \int \rho_2 v_2 \mathrm{d}A_2 \tag{A—20}$$

在工程应用中，可压缩流体在非定常流时的质量守恒方程可表示为

$$\rho_1 v_1 A_1 = \rho_2 v_2 A_2 = q_m(t) \tag{A—21}$$

式中：

ρ_1、ρ_2——流管断面 m-m 和 n-n 的流体密度，kg/m^3；

v_1、v_2——流管断面 m-m 和 n-n 的平均流速，m/s；

A_1、A_2——流管断面 m-m 和 n-n 的截面积，m^2；

$q_m(t)$——质量流量，kg/s。

对可压缩流体在定常流时的质量守恒方程可表示为

$$\rho_1 v_1 A_1 = \rho_2 v_2 A_2 = q_m = C \tag{A—22}$$

式中：

C——常数。

对不可压缩流体在定常流时的质量守恒方程可表示为

$$v_1 A_1 = v_2 A_2 = C \tag{A—23}$$

由此可见，流管上任意位置都满足质量守恒方程。对不可压缩流体而言，流管断面截面积增大时，其面平均流速就会相应减小。

2. 能量守恒方程(伯努利方程)

能量守恒方程又称伯努利方程，是能量守恒定律在流体力学中的应用。不可压缩流体的能量可以分成三种形式：势能、压力能、动能。根据能量守恒定律，流体在不同位置

和不同条件下其能量形式会相互转换，但在理想条件下总能量是保持恒定的，即流体的势能 mgh、压力能 pV 和动能 $mv^2/2$ 之和沿流线是守恒的，用方程表达为

$$mgh_1+p_1V+\frac{mv_1^2}{2}=mgh_2+p_2V+\frac{mv_2^2}{2}=C \qquad \text{(A—24)}$$

将重度 $\gamma=\frac{mg}{V}$ 代入式(A—24)并做简化，可得不可压缩流体理想条件下的伯努利方程：

$$h+\frac{p}{\rho g}+\frac{v^2}{2g}=h+\frac{p}{\gamma}+\frac{v^2}{2g}=C \qquad \text{(A—25)}$$

式中：

m、V、γ——流体的质量(kg)、体积(m^3)和重度(N/m^3)；

h、v、p——流体的高度(m)、平均流速(m/s)和压力(Pa)；

ρ、g——流体的密度(kg/m^3)、重力加速度(m/s^2)。

将能量守恒方程应用于流量测量时，测量仪表内流体的位置高度变化很小或基本不变，所以式(A—25)可简化成

$$\frac{p}{\rho}+\frac{v^2}{2}=C \qquad \text{(A—26)}$$

由式(A—26)可见，不可压缩流体在流动过程中，流速增加必将导致压力减少；反之，流速减少也必将导致压力增加。

实际流体流动时，机械能沿流线并不守恒，因为流动中黏性摩擦力所做的功将转变为热能而损失在流体中。因此，在黏性流体中使用能量守恒方程应考虑由于阻力造成的能量损失，黏性流体能量守恒定律示意图见图 A—5，此时能量守恒方程可表示为

$$h_1+\frac{p_1}{\rho g}+\frac{v_1^2}{2g}=h_2+\frac{p_2}{\rho g}+\frac{v_2^2}{2g}+H \qquad \text{(A—27)}$$

式中：

H——单位质量黏性流体沿流线从 1 点到 2 点流动时克服黏性摩擦力所作的功，见图 A—5。

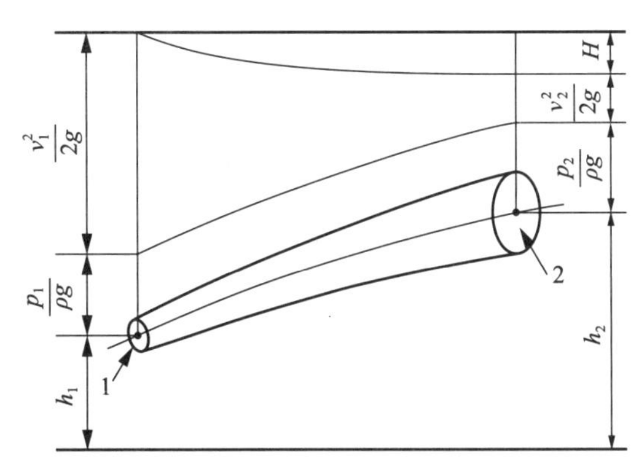

图 A—5　黏性流体能量守恒定律示意图

3. 动量守恒方程(运动方程)

动量守恒定律也是任何流动系统都必须满足的基本定律。根据动量守恒定律,微元体中流体的动量对时间的变化率等于外界作用在该微元体上的各种力之和,其实质是牛顿第二定律,即

$$\sum F=\frac{\mathrm{d}K}{\mathrm{d}t}=m\frac{\mathrm{d}v}{\mathrm{d}t} \tag{A-28}$$

式中:

K——流体的动量($K=mv$;m 为流体质量,v 为流体流速)。

按照这一定律,可导出 x,y 和 z 三个方向的动量守恒方程的微分表达式:

$$\begin{cases}\dfrac{\partial(\rho u)}{\partial t}+\mathrm{div}(\rho u\boldsymbol{u})=\dfrac{\partial p}{\partial x}+\dfrac{\partial\tau_{xx}}{\partial x}+\dfrac{\partial\tau_{yx}}{\partial y}+\dfrac{\partial\tau_{zx}}{\partial z}+F_x\\ \dfrac{\partial(\rho v)}{\partial t}+\mathrm{div}\ (\rho v\boldsymbol{u})=\dfrac{\partial p}{\partial y}+\dfrac{\partial\tau_{xy}}{\partial x}+\dfrac{\partial\tau_{yy}}{\partial y}+\dfrac{\partial\tau_{zy}}{\partial z}+F_y\\ \dfrac{\partial(\rho w)}{\partial t}+\mathrm{div}(\rho w\boldsymbol{u})=\dfrac{\partial p}{\partial z}+\dfrac{\partial\tau_{xz}}{\partial x}+\dfrac{\partial\tau_{yz}}{\partial y}+\dfrac{\partial\tau_{zz}}{\partial z}+F_z\end{cases} \tag{A-29}$$

式中:

p——流体微元体上的压力;

τ_{xx},τ_{xz},τ_{xy}——因分子黏性作用微元体表面上的黏性应力 $\boldsymbol{\tau}$ 的分量;

F_x,F_y,F_z——微元体上的力(若只有重力,且 z 轴竖直向上,则 $F_x=0$,$F_y=0$,$F_z=-\rho g$)。

流体在定常不可压缩的一维流管内流动情况下,动量守恒方程可以简化,并在工程中有着广泛应用。定常不可压缩一维流动流体的动量变化如图 A—6 所示,其总流的动量守恒方程在 x,y,z 三个坐标轴上的投影为

$$\begin{cases}\sum F_x=\rho q(\alpha_{02}v_{2x}-\alpha_{01}v_{1x})\\ \sum F_y=\rho q(\alpha_{02}v_{2y}-\alpha_{01}v_{1y})\\ \sum F_z=\rho q(\alpha_{02}v_{2z}-\alpha_{01}v_{1z})\end{cases} \tag{A-30}$$

式中:

$\sum F_x$,$\sum F_y$,$\sum F_z$——外力总和在 x,y,z 轴上的投影;

ρ——流体密度;

q——流过过流断面的流量;

v_{1x},v_{1y},v_{1z}——断面 1-1 上的流速在 x,y,z 轴上的投影;

v_{2x},v_{2y},v_{2z}——断面 2-2 上的流速在 x,y,z 轴上的投影;

α_{01},α_{02}——断面 1-1、2-2 上的动量校准系数(一般情况下 $\alpha_0=1.0$~1.05,工程上常取 $\alpha_0=1.0$)。

外作用力主要包括:上游水流作用于断面 1-1 上的流体动压力 p_1,下游水流作用于断面 2-2 上的流体动压力 p_2,重力 G 和总流侧壁边界对这段水流的总作用力 R'。其中,

只有重力是质量力，其他都是表面力。

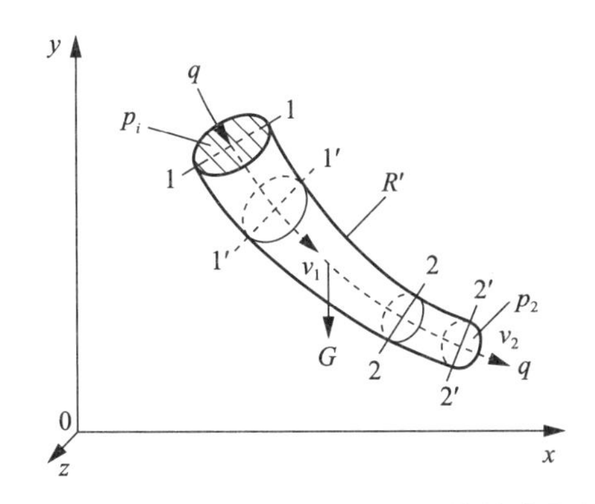

图 A—6　定常不可压缩一维流动流体的动量变化

质量守恒方程和能量守恒方程对于分析恒定总流问题非常有用，但是它们没有反映出流体运动与其边界上作用力之间的关系，动量守恒方程可以弥补这一不足，在分析流动问题时也得到了广泛的应用。

A. 2. 4　流体常用术语

1. 实际流体与理想流体

实际流体都具有黏性。

当研究某些流体的流动问题时，由于流体本身黏度或者所研究区域速度梯度小等原因，黏性力与惯性力、重力等力相比可忽略不计，此时可假设动力黏度 $\eta=0$（即流体无黏性），这种无黏性假想的流体模型称为理想流体。

引入理想流体模型，既可大大简化流体力学问题的分析和计算，同时又能近似反映实际流体流动的某些主要特征。

2. 不可压缩流体

密度为常数的流体称为不可压缩流体。

工程上一般认为水是不可压缩流体，其他液体也与水相似具有不可压缩性。因此，在通常条件下可将液体称为不可压缩流体。

3. 定常流与非定常流

流体的速度、压力和温度基本不随时间变化，且不影响准确度的流动称为定常流，也称稳定流。通常观测到的定常流，实际上其速度、压力和温度等量都在变化范围上下以很小的量在变动，但不影响测量不确定度。

流体的速度、压力和温度中的一个或多个参数随时间波动的流动称为非定常流，也称不稳定流。确定非定常流时，所考虑的时间间隔应足够长，以便排除湍流本身的随机分量。

4. 脉动流与旋涡流

在封闭管道内流动的脉动流是时间的函数，在足够长的时间内它的流量具有恒定的平均值。脉动流是非定常流的一种。工程上产生管道脉动流的主要原因有：如管道系统中有旋转式或往复式原动机的工作、控制阀的频繁动作、管道的自激振动、弯头等工艺管件的使用等。脉动流可分为周期性脉动流和随机性脉动流两种，通常所指的脉动流为周期性脉动流。

脉动流的频率范围从几分之一赫兹到数百赫兹，脉动幅值从平均流量的百分之几到百分之百，甚至更大。当脉动幅值很小时，脉动流和湍流两者比较难以区分。

具有轴向和圆周速度分量的流动称为旋涡流。

5. 流场、流线与迹线

流体流动的整个空间称为流场。流场中的每个空间点都有相应的速度、压力、密度等矢量场和标量场。

流线是某一瞬时流场中一条假想的光滑曲线，在这条曲线上各质点的速度矢量都与此线相切。描绘出同一时刻的许多流线，就可以清晰地描述流体的流动情况。

迹线是流体质点在空间运动的轨迹，它给出某一流体质点在不同时刻的空间位置。如将不易扩散的染料滴到水流中，就可观测到流体质点的运动轨迹。

流线和迹线是两条具有不同内容和意义的曲线，迹线是同一流体质点在不同时刻形成的曲线，它和拉格朗日（Lagrange）的观点相联系；而流线则是同一时刻不同流体质点所组成的曲线，它和欧拉（Euler）的观点相联系。只有流体在定常流时，两者才在形式上一致。

6. 流面、流管与流束

在流场中任取一非流线又不自交的曲线 c，通过曲线 c 上每一点作流线，这些流线组成的曲面称为流面。如果曲线 c 为闭合曲线，流面形成了管状曲面，称为流管，见图 A—7。在非定常流中，流管的形状随时间而变化；在定常流中，流管的形状不随时间而变化。流体质点不能流入或流出流管表面，即没有垂直于管壁的速度分量，与真实管道相似。若形成流管的封闭曲线 c 取无限小时，称此流管为微元流管。

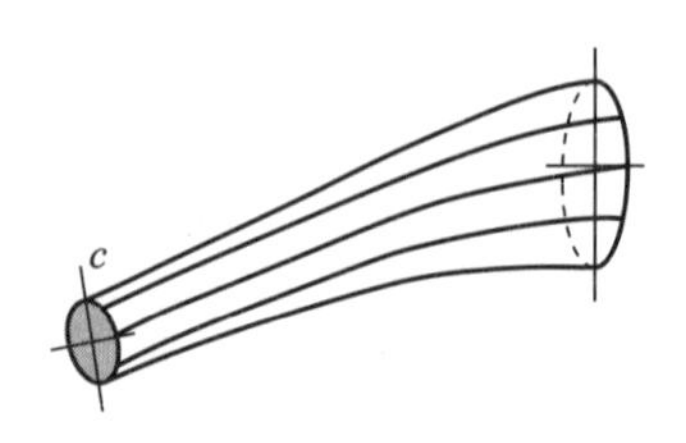

图 A—7 流管示意图

流管内的全部流体称为流束，微元流管内的流束称为微元流束。如果流管的管状曲面部分或全部取在管壁上，这整股流体就称为总流，它是微元流束的总和。提出微元流束概念的目的是要导出总流的规律，因为微元流束截面上各点的运动参数相同，而总流上运动参数的分布是不均匀的，所以先计算微元流束，再将这一简单情况推广到总流上去，便可得到总流的规律。

7. 过流断面、湿周与水力半径

与流束或总流各流线相垂直的横截面称为过流断面，见图 A—8。当流线是平行的直线时，过流断面是平面，否则它是不同形式的曲面。流体同管道边界接触部分的周长称为湿周，用符号 χ 表示。计算湿周的断面必须是过流断面，见图 A—9。

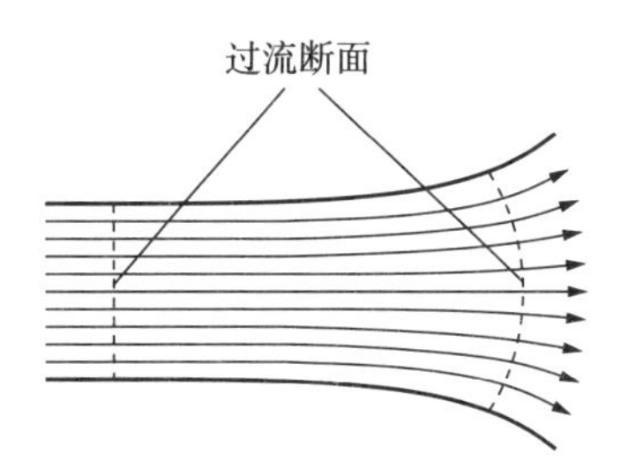

图 A—8　过流断面示意图

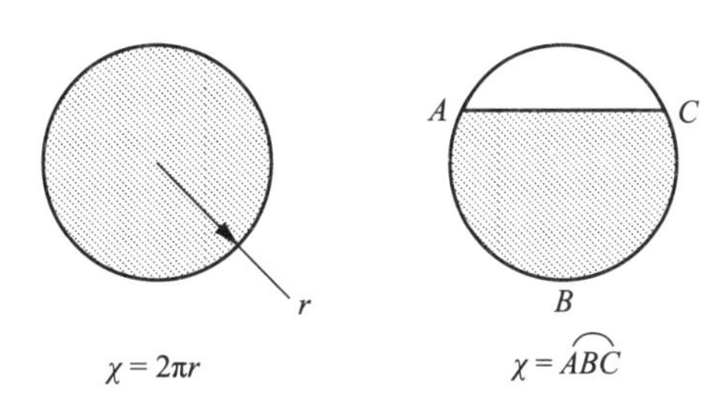

图 A—9　封闭管道过流断面的湿周

总流的过流断面面积 A 与湿周 χ 之比，称为水力半径，用 R 表示：

$$R=\frac{A}{\chi} \tag{A—31}$$

8. 流量与断面平均流速

单位时间内流过某控制面的流体量称为流量。流量可以用体积、质量表示，其相应的流量分别称为体积流量 q_V、质量流量 q_m（如不加区分，常用符号 q 来表示体积流量 q_V）。如果控制面不是过流断面，流量通常可用速度矢量 $\boldsymbol{v}$ 与控制面上的微元面积 $\mathrm{d}A$ 的标量积来表达，微元流管的流量示意图见图A—10。通过微元流管的流量 $\mathrm{d}q_V$ 为

$$\mathrm{d}q_V=\boldsymbol{v}\cdot\mathrm{d}\boldsymbol{A}=\boldsymbol{v}\cdot\boldsymbol{n}\mathrm{d}A \tag{A—32}$$

式中：

$\boldsymbol{n}$——微元面积外法线方向的单位矢量。

整个截面上的流量为

$$q_V=\int_A \boldsymbol{vn}\mathrm{d}A \tag{A—33}$$

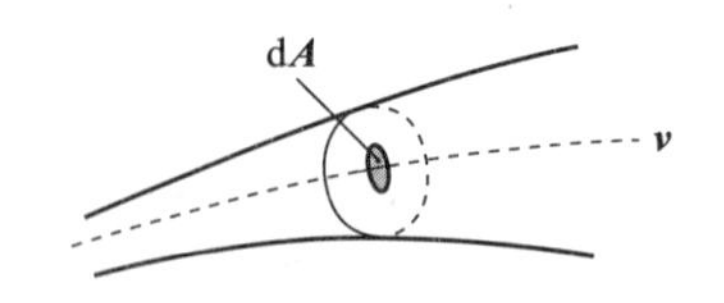

图 A—10　微元流管的流量示意图

如果控制面是过流断面，速度矢量与控制面上的微元面积矢量相垂直，则微元流量为

$$dq_V = v dA \tag{A—34}$$

整个过流断面上的流量为

$$q_V = \int_A v dA \tag{A—35}$$

面平均流速 $\bar{v}_m$ 是过流断面上的一个假想速度。管道过流断面的面平均流速见图 A—11。面平均流速表示为体积流量与过流断面面积 A 之比，见式(A—36)。

$$\bar{v}_m = \frac{q_V}{A} = \frac{\int_A v dA}{a} \tag{A—36}$$

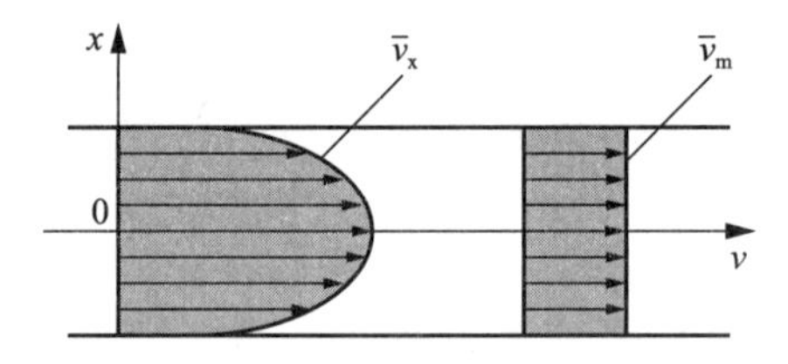

图 A—11　管道过流断面平均流速

9. 一维、二维与三维流动

流体运动的物理量分别依赖于一个、二个及三个空间坐标的，则称这种流动为一维流动、二维流动及三维流动。

1) 一维流动

所谓一维流动，就是流体中各质点的速度方向相同，而且在不可压缩条件下速度大小也相同。对于一维流动，过流断面有以下三个特点：

(1) 过流断面与管道边界正交；

(2) 其形状与流量无关；

(3) 过流断面上的速度是常数，即等于流过过流断面的流量除以过流断面的面积。将许多过流断面的几何中心点光滑连接起来就可得到流道中心线，其方向与流道的伸展方向相同，理想流体的一维流动示意图见图 A—12。

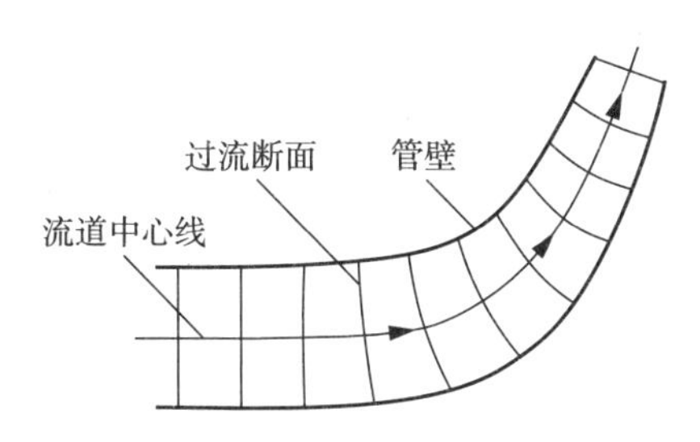

图 A—12　理想流体的一维流动示意图

假设流体在过流断面上的流速和压力为均匀分布，利用过流断面的概念可将复杂的三维黏性流动简化为沿流道中心线的一维流动。由于一维流动简化了很多内容，因此需要有大量试验数据作为补充。在现代设计方法中，一维流动设计常作为优化设计的基础，在工程上被广泛地使用。

2）二维流动

如果流场中的所有流线都是平面曲线，而且在一系列平行平面中这些曲线都相同，则称这种流动为二维流动，理想流体的二维流动示意图见图 A—13。在直角坐标系中，沿 z 轴的速度分量为零，并且所有物理量对 z 的偏导数为零（满足 $v_z=0, \partial/\partial z=0$）的流动称为平面流动。常用的数值求解方法有有限元法（FEM）、有限差分法（FDM）或边界元法（BEM）等。

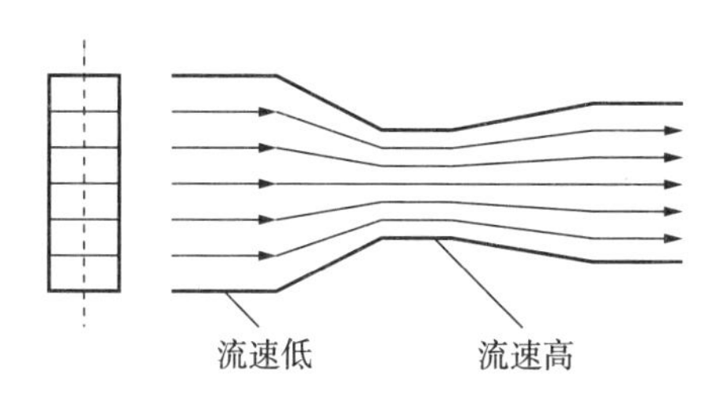

图 A—13　理想流体的二维流动示意图

3）三维流动

图 A—14 是在理想情况下（轴对称流动）的三维流动示意图。实际情况下的三维流动要复杂得多，分析起来也很困难。因此常将这种三维流动用二维流动或轴对称流动来作近似处理，以使问题简化，方便流场描绘，数学处理也更简单易行。

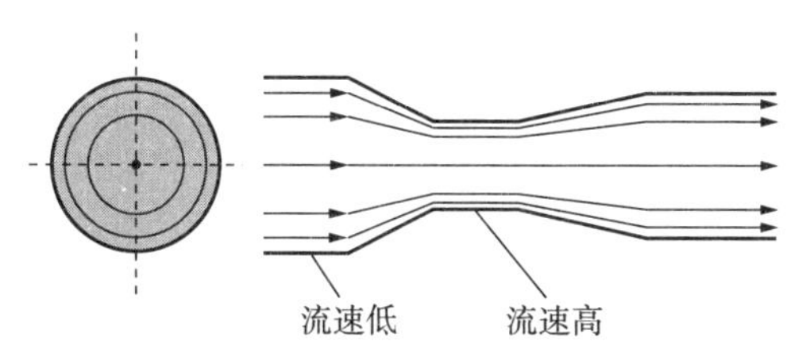

图 A—14　理想流体的三维流动示意图

三维流动理论又可分为准三维流动理论和全三维流动理论。

准三维流动理论一般考虑有旋效应和三维效应，当它与边界层理论结合时可粗略计算流体的黏性损失及机械效率。20 世纪下半叶，该方法获得了广泛的应用。

对于有分离、漩涡等情况的复杂三维流动，更理想的方法就是不作任何假设对全三维“纳维-斯托克斯”方程（即 N-S 方程，是牛顿流体的运动方程）进行求解。该理论经过不断的发展、完善，现已成为流体内部流动数值模拟计算的主要方法。

虽然随着计算技术和计算机的快速发展和应用，一些复杂流体的力学问题的求解已经成为可能，但运动参数随空间三个坐标方向变化的大多数流体力学工程问题研究分析起来通常仍十分复杂和困难，几乎不可能有精确的解。

10. 充分发展的速度分布

在流动过程中，流体沿着流向从一个横截面到另一个横截面不会发生速度分布变化的情况称为充分发展的速度分布，它通常是在足够长的直管段末端形成的。

典型的管道内流速分布指充分发展的管内流动所具有的流速分布，也就是说充分发展的速度分布是管道内流体只有通过足够长的直管段以后才能形成的速度分布，见图 A—15。当流体经过阻流件（如弯头、阀门、三通等）时，流速分布就会发生畸变或漩涡，这种情况称为非充分发展的速度分布。

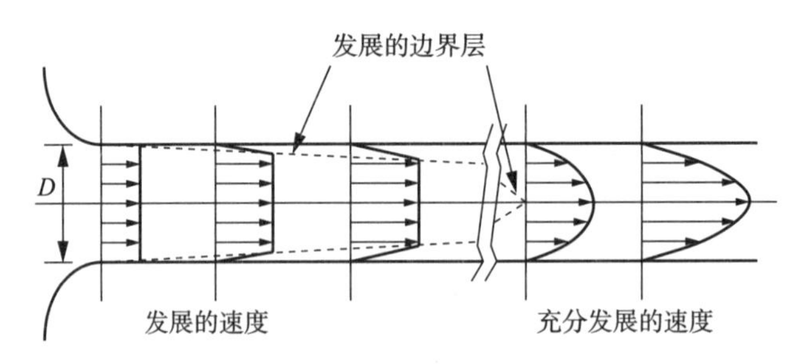

图 A—15　充分发展的速度分布

A. 2. 5　研究流体运动的基本方法

流体力学是以连续介质假设为研究基础，认为流体是由无数多个流体质点所组成的。流体的流动是由充满整个流场空间的无数多个质点的运动构成的，称该充满运动流体的空间为流场。由于流体质点的物理量（如压力、速度、密度等）在流场中会发生变化，因此研究流体的流动就是研究这些物理量在流场中的变化。

1. 拉格朗日法与欧拉法

根据着眼点的不同，流体运动的研究方法可以分为：拉格朗日法和欧拉法两种。拉格朗日法着眼于研究各个流体质点的运动及其物理量随时间的变化，欧拉法着眼于研究流动空间点上的物理量变化。

1）拉格朗日法

该方法注重于单一流体质点的研究，当综合所有流体质点的运动时便可得到整个流体的运动规律。与质点动力学一样，这种方法通过建立流体质点的运动方程来描述所有流体质点的运动特性，如流体质点的运动轨迹、速度和加速度等，又称轨迹法。为了区分不同的流体质点，拉格朗日法以初始时刻 $t=t_0$ 时每个流体质点的空间坐标 (a,b,c) 来作为标记，不同的流体质点在初始时刻只有唯一确定的空间坐标 (a,b,c)，即 a,b,c,t 是各自独立的变量，而流体质点 (a,b,c) 的空间位置 (x,y,z) 随时间 t 变化。采用质点初始坐标 (a,b,c) 与时间变量 t 共同表达流体运动规律的方法称为拉格朗日法，(a,b,c,t) 称为拉格朗日变数。因此，任一流体质点在 t 时刻的坐标可以表示为

$$\begin{cases} x=x(a,b,c,t) \\ y=y(a,b,c,t) \\ z=z(a,b,c,t) \end{cases} \tag{A—37}$$

即

$$r=r(a,b,c,t) \tag{A—38}$$

式(A—38)是流体质点的运动方程，表示了流体质点的运动规律。当 a,b,c 为已知时，式(A—38)代表了流体质点的运动轨迹；当 t 给定时，式(A—39)代表了 t 时刻各流体质点所处的空间位置。流体质点速度的拉格朗日方程为

$$\begin{cases} v_x(a,b,c,t)=\dfrac{\partial x(a,b,c,t)}{\partial t} \\ v_y(a,b,c,t)=\dfrac{\partial y(a,b,c,t)}{\partial t} \\ v_z(a,b,c,t)=\dfrac{\partial z(a,b,c,t)}{\partial t} \end{cases} \tag{A—39}$$

流体质点加速度的拉格朗日方程为

$$\begin{cases} a_x(a,b,c,t)=\dfrac{\partial^2 x(a,b,c,t)}{\partial t^2} \\ a_y(a,b,c,t)=\dfrac{\partial^2 y(a,b,c,t)}{\partial t^2} \\ a_z(a,b,c,t)=\dfrac{\partial^2 z(a,b,c,t)}{\partial t^2} \end{cases} \tag{A—40}$$

流体质点的密度、压强、温度也是拉格朗日变数 (a,b,c,t) 的函数：

$$\begin{cases} \rho=\rho(a,b,c,t) \\ p=p(a,b,c,t) \\ T=T(a,b,c,t) \end{cases} \tag{A—41}$$

2）欧拉法

该方法注重的是流场中的空间点，认为流体的物理量随空间点及时间而变化，即研究表征流场内部流体流动特性的各种物理量的矢量场和标量场，例如速度场、压强场和

密度场等，并将这些物理量表示为坐标(x,y,z)和时间t的函数，即

$$\begin{cases} v_x = v_x(x,y,z,t) \\ v_y = v_y(x,y,z,t) \\ v_z = v_z(x,y,z,t) \end{cases} \tag{A—42}$$

和

$$\begin{cases} \rho = \rho(x,y,z,t) \\ p = p(x,y,z,t) \\ T = T(x,y,z,t) \end{cases} \tag{A—43}$$

采用欧拉法研究流体的运动可以利用场论这个有用的数学工具。其中x,y,z,t称为欧拉变量。欧拉法注重于不同瞬时物理量在空间的分布，而不关注个别质点的运动。

2. 系统和控制体

用理论分析方法研究流体运动规律时，经常会用到系统和控制体这两个非常重要的概念，见图 A—16。

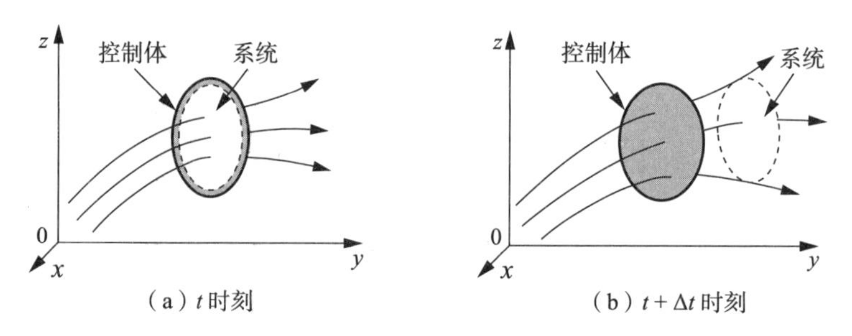

图 A—16　系统与控制体

由确定的流体质点组成的集合称为系统。系统在运动过程中，其空间位置、体积、形状都会随时间变化，但与外界无质量交换，这就是系统的质量守恒。

有流体流过的固定不变的空间区域称为控制体，其边界称为控制面。不同时间的控制体将被不同的系统所占据。

站在系统的角度观察和描述流体的运动及物理量的变化是拉格朗日法的特征；而站在控制体的角度观察和描述流体的运动及物理量的变化是欧拉法的特征。

A.3　水流量测量

A.3.1　水流量概念

1. 体积流量与质量流量

水在封闭管道内流动时具有一定内横截面积，如果其流动不随时间而变化，即流动

具有恒定性，则把流过该截面的体积 V 或质量 m 与时间 T 的比值称为流量。用流过管道的水的体积与时间的比值来表示流量时，称为体积流量 q_V，见式(A—44)；用流过管道的水的质量与时间的比值来表示流量时，称为质量流量 q_m，见式(A—45)。

$$q_V=\frac{V}{T} \tag{A—44}$$

$$q_m=\frac{m}{T} \tag{A—45}$$

如果管道内水的流动随时间而变化，在这种情况下水的流动具有非恒定性。此时可假设在某一小段时间 Δt 内的流动是恒定的，并用该时间段内流过的体积 ΔV 或质量 Δm 来表示管道内水的体积流量或质量流量，见下式：

$$q_V=\frac{\Delta V}{\Delta t} \tag{A—46}$$

$$q_m=\frac{\Delta m}{\Delta t} \tag{A—47}$$

通常情况下，管道内水的流量在任何时间段内都是变化的，只是因为变化很小而被假定为恒定条件。因此，流量的概念应该是瞬时的概念，通常说的流量是瞬时流量的简称。

若遍及整个管道截面的流速不均匀，可按截面中的某一微小截面 $\mathrm{d}A$ 来讨论。设通过 $\mathrm{d}A$ 的流速为 v，则该截面的体积流量为

$$\mathrm{d}q_V=v\mathrm{d}A \tag{A—48}$$

通过对 $\mathrm{d}q_V$ 的积分可求得流过整个管道截面 A 的体积流量：

$$q_V=\int_A v\mathrm{d}A \tag{A—49}$$

如果整个管道截面上各点流速都相同，为平均流速 $\overline{v}_\mathrm{m}$ 时，从式(A—49)可导出体积流量为

$$q_V=\overline{v}_\mathrm{m}A \tag{A—50}$$

质量流量可以用体积流量和水的密度之积来表示：

$$q_m=\rho q_V=\rho\overline{v}_\mathrm{m}A \tag{A—51}$$

2. 累积流量

管道内水的累积流量又称总量或用水量，它表示在一段时间内流过封闭管道截面上的流体量，在数值上它等于流量对时间的积分：

$$V=\int_{t_1}^{t_2}q_V\mathrm{d}t \tag{A—52}$$

$$m=\int_{t_1}^{t_2}q_m\mathrm{d}t \tag{A—53}$$

如果管道内水的流动为恒定流，而且水的密度为常数，则累积流量可表示为

$$V=q_VT \tag{A—54}$$

$$m=q_mT \tag{A—55}$$

A.3.2 水流量测量仪器

封闭圆管道中水流量(累积流量)测量除了采用流量计外,用的最多的还是各类水表,因此水表是水流量(累积流量)测量仪表中最为常见的一种仪表。在城市地下管网供水及居民用水的计量及贸易结算等方面,水表所起的作用目前是其他液体流量仪表所无法替代的。

选用水表或流量计对管道水流量测量时应关注以下情况:

(1) 根据供水设施的工作条件和环境等级要求确定水流量测量仪表的类型、计量特性和口径,同时应重点考虑:供水压力、水的理化特性、允许压力损失、预期工作流量、仪表安装条件、溶解物质在仪表中沉淀的可能性、仪表供电电池的持续运行能力等。

(2) 确定水流量测量仪表上下游直管段的长度,了解安装在仪表上下游的阻流件(如:三通、弯头、阀门等)及整流装置等。

(3) 考虑是否有必要采用过滤装置。

(4) 为使水流量测量仪表能长期正常工作,仪表内应始终充满水。同时应防止安装场所周围环境的冲击或振动,以及腐蚀等因素导致仪表的损坏;应避免仪表承受由管道和管件造成的过度应力;应考虑极端水温或环境温度损坏仪表;应采取措施防止不利的水利条件,如:空化、浪涌、水锤等。

(5) 仪表安装时还应考虑:水温、水压、水质、水流扰动、管道振动传播、环境温度、环境相对湿度、静电放电、静磁场、电磁干扰及其他相关的机械、化学、气候、电磁或水利等环境条件的影响。

A.3.3 流量单位

流量单位在国内选用我国法定计量单位。因此,体积流量单位为 m^3/s,质量流量单位为 kg/s。

工程中通常使用的流量单位主要有,体积流量:m^3/h 和 L/h,质量流量:kg/h 和 t/h。

附录B

测量误差基本概念

由于测量方法和测量设备的不完善、周围环境对测量可能带来的影响和干扰，以及人们认识水平的局限性，因此测量和实验所得数据与被测量真值之间会有一定的差异，这些差异在数值上的表现就是误差。由于测量误差的随机性和复杂性，要确定测量误差的准确值是困难的，因此测量结果具有不确定性。

测量过程中，误差存在的必然性和普遍性已被大量实践所证明。因此，学习和掌握误差基础知识是为了正确认识误差性质，分析误差产生原因，最终设法消除或减少误差的影响。

B.1 误差形式

根据表示形式的不同，测量误差可以用绝对误差、相对误差，以及引用误差来表示。

1. 绝对误差

测量得到的值与被测量真值之差称为绝对误差，简称为误差，即：绝对误差＝测得值－被测量真值。绝对误差有正、负之分。

有时为了消除系统误差，会用到修正值的概念。所谓修正值，即与系统误差大小相等，符号相反的值。

所谓真值指特定物理量在一定条件下所具有的客观值，又称为理论值或定义值。实际计算中常使用约定真值，约定真值是对于给定目标具有适当不确定度、赋予特定量的值。与约定真值具有相同含义的还有最佳估计值、约定值和参考值。

2. 相对误差

相对误差定义为绝对误差与被测量真值（或测得值）之比，即：相对误差＝绝对误差÷被测量真值（或测得值）。相对误差也有正、负之分，一般用百分数表示。

对于相同的被测量，绝对误差可以评定其测量准确度的高低，但对于不同的被测量以及不同的物理量，采用相对误差评定则较为客观、准确。

3. 引用误差

对于有一定测量范围的测量仪器或器具，其绝对误差和相对误差都会随着测量点的改变而改变。这时可采用测量范围内的最大误差来表示该仪器仪表的误差，这就是引用误差的概念。引用误差定义为：在一个量程内的最大绝对误差（或示值误差）与测量范围上限或满量程之比，即：引用误差＝量程范围内最大绝对误差（或示值误差）÷测量范围上限。

我国仪器仪表准确度等级在很多情况下是按引用误差分级的。

4. 误差来源

误差产生原因主要有以下几方面：

(1) 测量装置误差：如标准计量器具误差、仪器误差、附件误差等。

(2) 环境误差：由于各种环境因素与规定的标准状态不一致而引起测量装置和被测量本身变化所造成的误差，如：温度、湿度、气压、振动、加速度、电磁场等引起的误差。通常，仪器仪表或传感器在规定的标准工作条件（即参比条件）下所具有的误差称为“基本误差”，而超出此条件时所增加的误差称为“附加误差”。

(3) 方法误差：由测量方法不完善所引起的误差。

(4)人员误差：受测量器具分辨力限制及工作疲劳等因素引起操作人员的视觉偏差、固有读数习惯引起的误差，以及操作员的疏忽等引起的误差。

B.2 误差分类

按照误差的特点与性质，可以将误差分为系统误差、随机误差和粗大误差等三类。

B.2.1 系统误差

根据系统误差在测量过程中所具有的不同变化特性，可将其分为恒定系统误差和可变系统误差两种。

1) 恒定系统误差

测量过程中，误差大小和符号均固定不变的系统误差称为恒定系统误差。

2) 可变系统误差

测量过程中，误差大小和符号随测量时间或位置变化而发生有规律变化的系统误差称为可变系统误差。根据变化规律不同，可变系统误差又可分为：

(1) 线性变化的系统误差：测量过程中，随着测量时间或位置的变化，误差按比例地增大或减小的系统误差。

(2) 周期性变化的系统误差：测量过程中，随着测量时间或位置的变化，误差按周期性规律变化的系统误差。

(3) 复杂规律变化的系统误差：测量过程中，随着测量时间或位置的变化，误差按确定的复杂规律变化的系统误差。

(4) 非线性变化的系统误差：测量过程中，随着测量位置或时间的变化，误差值不按比例地增大或减小的系统误差。

图 B—1 是各类系统误差曲线的示意图。

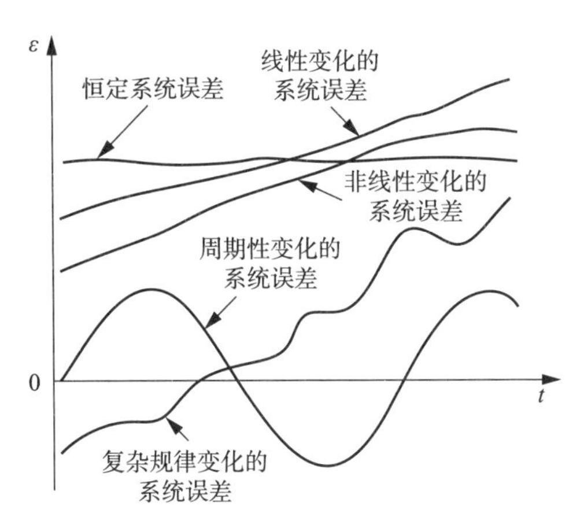

图 B—1 各类系统误差曲线的示意图

B. 2. 2 随机误差

在测量过程中，随机误差既不可避免，也不可能完全消除，它将在不同程度上影响被测量值的一致性。

1. 随机误差基本特性

1）随机误差

某一测量结果 x_i 与被测量的真值 x_0 之差，或 x_i 与在重复性条件下对同一被测量进行无限多次测量所得结果的平均值 $\overline{x}$ 之差，称为随机误差 δ_i：

$$\delta_i = x_i - x_0 \approx x_i - \overline{x} \tag{B—1}$$

重复性条件指在尽量相同的条件(包括：测量程序、人员、仪器、环境等)，以及尽量短的时间间隔内完成重复测量任务。从数理统计角度看，在这段时间间隔内测量应处于统计控制状态，即符合统计规律的随机状态。

2）随机误差特性

随机误差的出现没有确定规律，即前一个误差出现后，不能预测后一个误差的大小和符号，但就这些误差总体而言，却遵循某种统计规律。

随机误差具有随机变量所固有的统计分布规律。不同的随机误差具有不同分布统计特征，如正态分布具有对称性、单峰性、有界性和抵偿性，而有些分布却不具有对称性，实际测量中还可能出现多峰性的分布等。

只有抵偿性才是各种随机误差所共有的本质特征。当测量次数 n 充分大时，随机误差呈现出抵偿性，即

$$\sum_{i=1}^{n} \delta_i \rightarrow 0 \tag{B—2}$$

分析随机误差产生的原因，应当从影响测量值变化的要素中去寻找，它们通常来自测量装置、测量方法、测量人员以及测量环境等。

2. 算术平均值的概念

1）算术平均值

在等权测量条件下，对某一被测量进行多次重复测量，得到系列测量值 $x_1, x_2, \cdots, x_n$，算术平均值 $\overline{x}$ 为

$$\overline{x} = \frac{1}{n}\sum_{i=1}^{n} x_i \tag{B—3}$$

算术平均值可以作为测量结果的最佳估计值。

式(B—3)和式(B—1)求和得

$$\sum_{i=1}^{n}\delta_i = \sum_{i=1}^{n} x_i - n x_0 \tag{B—4}$$

根据随机误差抵偿性，即式(B—3)中当 n 充分大时，有

$$\overline{x} = \frac{1}{n}\sum_{i=1}^{n} x_i \rightarrow x_0 \tag{B—5}$$

2）算术平均值的标准差

在多次测量的测量列中，通常以算术平均值作为测量结果，因此需要研究算术平均值的可靠性。如果在相同条件下对同一量值作多组重复的系列测量，每一测量列都有一个算术平均值。由于随机误差的存在，各个测量列的算术平均值也不相同，但它们围绕着被测量的真值有一定的分散性。此分散说明了算术平均值的不可靠，而算术平均值的标准差 $\sigma_{\overline{x}}$ 则是表征同一被测量的各个独立测量列算术平均值分散性的评定参数，见下式：

$$\sigma_{\overline{x}} = \frac{1}{\sqrt{n}}\sigma \tag{B—6}$$

可见，用增加测量次数取其算术平均值表示测量结果，可以提高测量准确度。

图 B—2 表示算术平均值标准差 $\sigma_{\overline{x}}$ 与单次测量标准差 σ 的分布关系，两者的分布类型和峰值位置未发生变化，只是分散性不同。图 B—3 表示 $\sigma_{\overline{x}}/\sigma$ 与测量次数 n 的关系，当 σ 一定时，$n>10$ 以后，$\sigma_{\overline{x}}/\sigma$ 已趋于平缓。因此，过多的测量次数不但会增加测量工作量，同时也难保测量条件的稳定。通常情况下，取 $10 \leqslant n \leqslant 15$ 较合适。

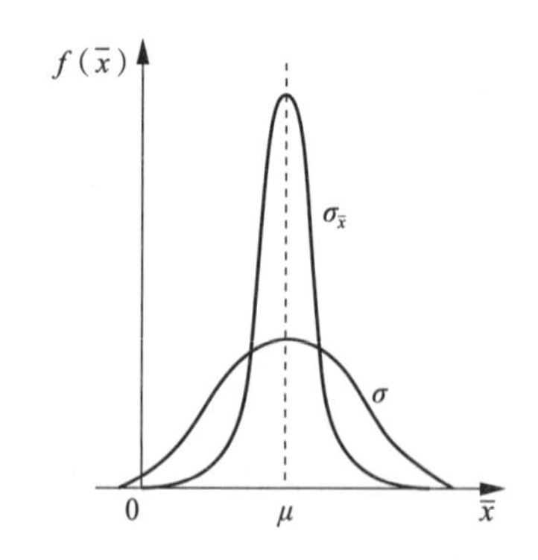

图 B—2　$\sigma_{\overline{x}}$ 与 σ 的分布关系图

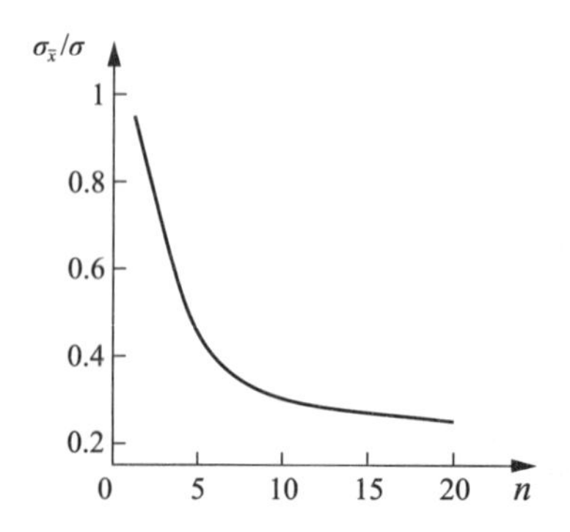

图 B—3　$\sigma_{\overline{x}}/\sigma$ 与测量次数 n 的关系

3. 实验标准偏差

1）贝塞尔公式

对于一组测量数据，通常用实验标准偏差的数值大小来表达其分散程度。用来估计实验标准偏差的统计公式称为贝塞尔公式：

$$s=\sqrt{\frac{1}{n-1}\sum_{i=1}^{n}(x_i-\overline{x})^2}=\sqrt{\frac{1}{n-1}\sum_{i=1}^{n}v_i^2} \tag{B—7}$$

式中：

s——实验标准偏差；

$x_i-\overline{x}$——残余误差 v_i，简称残差。

2）极差法

对被测量进行 n 次独立观测，从得到的数据 $x_1,x_2,\cdots,x_n$ 中选出最大值 $x_{\max}$ 和最小值 $x_{\min}$，它们的差值为极差 R：

$$R=x_{\max}-x_{\min} \tag{B—8}$$

假设被测量具有正态分布特性，单次测量结果 x_i 的实验标准偏差 s 可按式(B—9)作近似评定。

$$s=\frac{R}{d_n} \tag{B—9}$$

式中：

d_n——极差系数，其值见第 1 章表 1—2。

通常在测量次数较少时可采用极差法，n 取值以 4～9 为宜。

4. 常见随机误差的概率分布及其数字特征

正态分布是随机误差最普遍的一种分布规律，但不是唯一的。随着误差理论研究与应用的深入发展，发现不少随机误差并不符合正态分布。

几种常见的随机误差分布规律如下：

1）均匀分布

均匀分布见图 B—4。其主要特点：误差有一确定范围，在此范围内误差出现的概率各处相等，故又称为矩形分布或等概率分布。数字仪表±1 字的计数量化误差、仪器传动的空程误差、数据计算中的舍入误差等均为均匀分布。

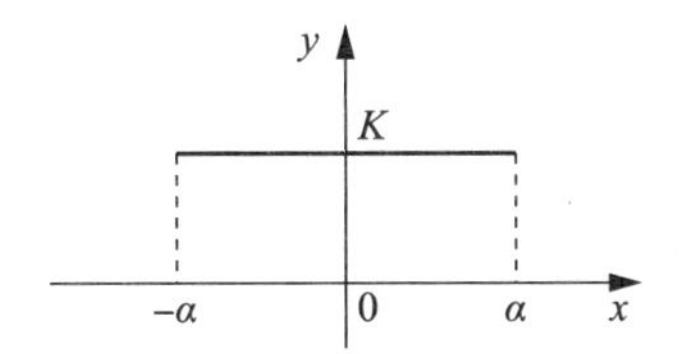

图 B—4　均匀分布示意图

2) 正态分布

若测量列中不包括系统误差和异常值，则该测量列中随机误差具有以下统计特征：

(1) 绝对值相等的正误差与负误差出现的次数相等，称为误差的对称性。

(2) 绝对值小的误差比绝对值大的误差出现的次数多，称为误差的单峰性。

(3) 在一定测量条件下，随机误差绝对值不会超过某一界限，称为误差的有界性。

(4) 随着测量次数增加，随机误差的算术平均值趋向于零，称为误差的抵偿性。

设被测量 X 服从正态分布，见图 B—5，正态分布的概率密度函数为

$$f(x)=\frac{1}{\sigma\cdot\sqrt{2\pi}}\exp\left[-\frac{1}{2}\left(\frac{x-\mu}{\sigma}\right)^2\right]\quad(-\infty<x<+\infty) \tag{B—10}$$

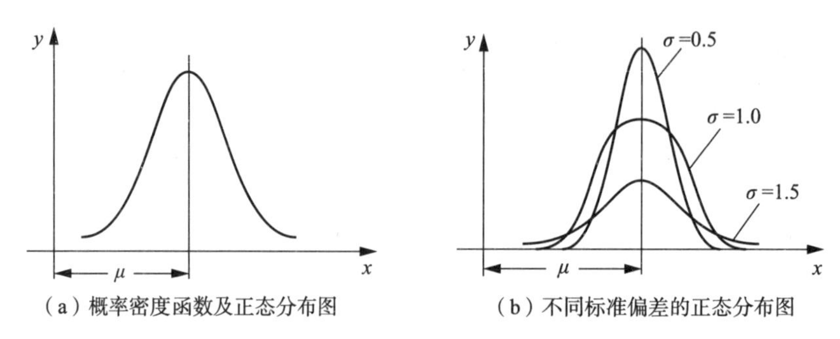

(a) 概率密度函数及正态分布图　　(b) 不同标准偏差的正态分布图

图 B—5　正态分布示意图

3) t 分布

t 分布是一种与正态分布有联系但又有区别的随机变量分布形式，又称“学生氏分布”。通常，只有在测量次数趋于无穷情况下，才能利用正态分布研究测量结果的随机误差。但在现实中测量次数总是有限的，因此正态分布的应用具有局限性。然而 t 分布却不这样，它不仅在测量次数趋于无穷时适用，在测量次数有限时也可适用，因此它是一种更科学、更严密的分布形式。

被测量 $x_i\sim N(\mu,\sigma)$，其 N 次测得值的算术平均值 $\overline{x}_i\sim N\left(\mu,\frac{\sigma}{\sqrt{N}}\right)$。设 N 充分大，则

$$\frac{\overline{x}-\mu}{\sigma/\sqrt{N}}\sim N(0,1) \tag{B—11}$$

若以有限 n 次测量的实验标准偏差 s 代替无穷 N 次测量的标准差 σ，则服从 t 分布的表达式为

$$\frac{\overline{x}-\mu}{s/\sqrt{n}}\sim t(\nu) \tag{B—12}$$

式中，ν 为自由度。当自由度 ν 趋于 ∞ 时，s 趋于 σ，$t(\nu)$ 趋于 $N(0,1)$。[$N(0,1)$ 为标准正态分布，$\mu=0$，$\sigma=1$]

t 分布是一般形式，而正态分布是其特殊形式，$t(\nu)$ 成为标准正态分布的条件是自由

度 ν 趋于∞，t 分布与标准正态分布的示意图见图 B—6。

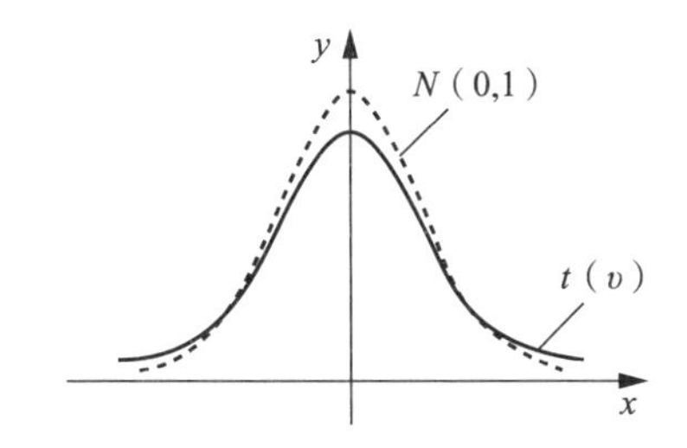

图 B—6 t 分布与标准正态分布示意图

5. 极限误差

测量的极限误差就是极端误差。测量结果(单次测量或测量列的算术平均值)的误差不超过该极端误差的概率为 P，并使差值$(1-P)$可忽略。

1) 单次测量的极限误差

测量列的测量次数足够多且单次测量误差为正态分布时，引入新变量 $t=\delta/\sigma(\delta=t\sigma)$，随机误差在 $\pm\delta$ 范围内的概率为

$$P(\pm\delta)=\frac{2}{\sqrt{2\pi}}\int_0^t e^{-t^2/2}dt=2\Phi(t) \tag{B—13}$$

函数 $\Phi(t)$称为概率积分，不同 t 值的 $\Phi(t)$值可由附表 1 的"正态分布积分表"查得。若某随机误差在 $\pm t\sigma$ 范围内出现的概率为 $2\Phi(t)$，则超出的概率为 $\alpha=1-2\Phi(t)$。表 B—1 给出了几个典型的 t 值及其相应的超出或不超出$|\delta|$的概率。

表 B—1 t 与 $\Phi(t)$的值

t	$\lvert\delta\rvert=t\sigma$	不超出$\lvert\delta\rvert$的概率 $2\Phi(t)$	超出$\lvert\delta\rvert$的概率 $1-2\Phi(t)$	测量次数 n	超出$\lvert\delta\rvert$的测量次数
0.67	0.67σ	0.497 2	0.502 8	2	1
1	1σ	0.682 6	0.317 4	3	1
2	2σ	0.954 4	0.045 6	22	1
3	3σ	0.997 3	0.002 7	370	1
4	4σ	0.999 9	0.000 1	15 626	1

一般测量中，由于测量次数很少超出几十次，因此可以认为绝对值大于 3σ 的误差是不太可能出现的，通常把这个误差称为单次测量的极限误差 $\delta_{\lim x}$，即

$$\delta_{\lim x}=\pm 3\sigma \tag{B—14}$$

单次测量的极限误差示意图见图 B—7。

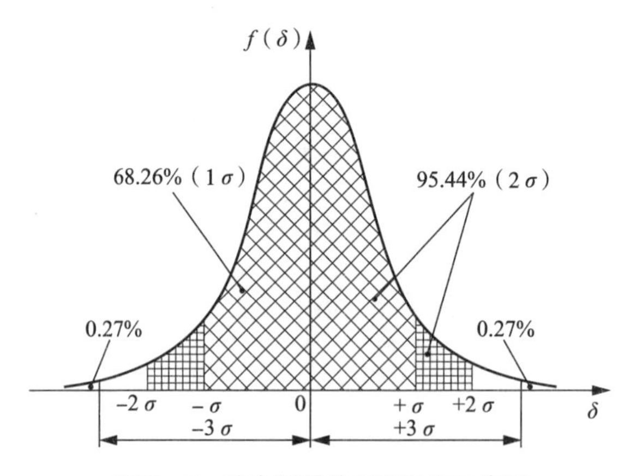

图 B—7 单次测量的极限误差示意图

在实际测量中,有时也可取其他 t 值来表示单次测量的极限误差,如取 $t=2.58$,$P=99\%$;$t=2$,$P=95.44\%$;$t=1.96$,$P=95\%$等。因此一般情况下,测量列单次测量的极限误差可用下式表示:

$$\delta_{\lim x}=\pm t\sigma \tag{B—15}$$

2) 算术平均值的极限误差

测量列的算术平均值 $\overline{x}$ 与被测量的真值 x_0 之差称为算术平均值误差 $\delta_{\overline{x}}$,即

$$\delta_{\overline{x}}=\overline{x}-x_0$$

当多个测量列的算术平均值误差 $\delta_{\overline{x}i}$ $(i=1,2,\cdots,N)$为正态分布时,根据概率论知识,同样可得测量列算术平均值的极限误差表达式:

$$\delta_{\lim x}=\pm t\sigma_{\overline{x}} \tag{B—16}$$

式中:

t——置信系数;

$\sigma_{\overline{x}}$——算术平均值的标准差。

通常取 $t=3$,则

$$\delta_{\lim\overline{x}}=\pm 3\sigma_{\overline{x}} \tag{B—17}$$

实际测量时,有时也取其他 t 值来表示算术平均值的极限误差。但当测量列的测量次数较少时,应按 t 分布来计算测量列算术平均值的极限误差,即

$$\delta_{\lim\overline{x}}=\pm t_{\alpha}\sigma_{\overline{x}} \tag{B—18}$$

式中:

t_{α}——t 分布的置信系数,它由给定的置信概率 $P=1-\alpha$ 和自由度 $\nu=n-1$ 确定(具体数据见附表 2"t 分布表");

α——超出极限误差的概率(称为显著水平),通常 α 取 0.01 或 0.02,0.05;

n——测量次数。

对于同一个测量列,按正态分布和 t 分布分别计算时,即使置信概率的取值相同,但由于置信系数不相同,因而求得的算术平均值极限误差也不相同。

B.2.3　粗大误差与坏值

粗大误差是明显超出规定条件下预期的值，也称粗差。引起粗大误差的主要原因有：错误读取示值、使用有缺陷的测量仪器仪表、测量过程受到外界环境因素干扰等。含有粗大误差的测量值是不能作为测量数据使用的，因为它明显歪曲了测量结果的真实性，导致得出错误结论，故这种测量值称为坏值或异常值。根据随机误差理论，粗大误差出现的概率虽小但不为零，因此必须找出引起粗大误差的坏值并予剔除。

判断粗大误差的准则主要有：

1）3σ 准则

假设数据只含有随机误差，计算得到这组数据的标准差，并按一定的概率确定区间，凡超出这个区间的误差就认定它不是随机误差而是粗大误差，产生该误差的数据应视为坏值予以剔除。这种判别处理粗大误差的原理及方法仅局限于对正态分布或近似正态分布的样本数据。3σ 准则又称为拉依达准则。

在做 3σ 准则判别计算时，先将测得值 x_i 的平均值 $\overline{x}$ 代替真值 x_0，求得残差 $v_i=x_i-\overline{x}$；再用贝塞尔公式计算得到标准差 σ，并以 3σ 为准则与残差作比较，决定数据保留或剔除。对某个可疑数据 x_d，若其残差 v_d 满足式（B—19）的判别准则，则 v_d 为粗大误差，x_d为坏值应予剔除。

$$|v_d|>3\sigma \tag{B—19}$$

每剔除一次粗大误差后，剩下的数据应重新计算 σ 值，再以数值变小的 σ 值为依据进一步判别是否还存在粗大误差，直至无粗大误差为止。应该指出：3σ 准则是以测量次数充分大为前提的，当 $n\leqslant 10$ 时，用 3σ 准则剔除粗大误差是不够可靠的。

2）t 分布检验准则

当测量次数较少时用 t 分布检验准则较为合适。其做法为：先剔除一个可疑的测量值，然后按 t 分布检验被剔除的测量值是否含有粗大误差。

设对某个量作多次等精度独立测量，得 $x_1, x_2, \cdots, x_n$。若认为测得值 x_d为可疑数据，将其预剔除后按式（B—20）计算平均值。

$$\overline{x}=\frac{1}{n-1}\sum_{i=1, i\neq d}^{n} x_i \tag{B—20}$$

并求得测量列的实验标准差估计值（计算时不包括 v_d）：

$$\sigma=\sqrt{\frac{1}{n-2}\sum_{i=1}^{n-1} v_i^2} \tag{B—21}$$

根据测量次数 n 和选取的显著水平值α，可查表 B—2 的 t 分布检验系数$K(n,\alpha)$，若

$$|x_d-\overline{x}|\geqslant\sigma K(n,\alpha)$$

则数据 x_d含有粗大误差应予剔除，否则予以保留。

表 B—2　t 分布的检验系数表

n	K		n	K		n	K	
	$a=0.05$	$a=0.01$		$a=0.05$	$a=0.01$		$a=0.05$	$a=0.01$
4	4.97	11.46	13	2.29	3.23	22	2.14	2.91
5	3.56	6.53	14	2.26	3.17	23	2.13	2.90
6	3.04	5.04	15	2.24	3.12	24	2.12	2.88
7	2.78	4.36	16	2.22	3.08	25	2.11	2.86
8	2.62	3.96	17	2.20	3.04	26	2.10	2.85
9	2.51	3.71	18	2.18	3.01	27	2.10	2.84
10	2.43	3.54	19	2.17	3.00	28	2.09	2.83
11	2.37	3.41	20	2.16	2.95	29	2.09	2.82
12	2.33	3.31	21	2.15	2.93	30	2.08	2.81

B.3　误差合成

B.3.1　函数误差

某些情况下，由于被测对象不能直接测量，或直接测量不能保证其测量准确度，这时需要间接测量。间接测量是通过由直接测量得到的值与被测量之间的函数关系，计算得到被测量的量值。

间接测量误差是各个直接测得值误差的函数，因此称这种误差为函数误差。研究函数误差从本质上说就是研究误差的传递，对于这种具有确定性关系的误差计算，也可称其为误差合成。

间接测量时，测量结果通常为多元函数：

$$y=f(x_1,x_2,\cdots,x_n) \tag{B—22}$$

式中：

$x_1,x_2,\cdots,x_n$——变量的各个直接测量值；

y——间接测量得到的值。

1）函数的系统误差

由数学知识可知，多元函数的增量可用函数的全微分表示，故式(B—22)的函数增量 $\mathrm{d}y$ 可表示为

$$\mathrm{d}y=\frac{\partial f}{\partial x_1}\mathrm{d}x_1+\frac{\partial f}{\partial x_2}\mathrm{d}x_2+\cdots+\frac{\partial f}{\partial x_n}\mathrm{d}x_n \tag{B—23}$$

若已知各直接测量值的系统误差为 $\Delta x_1,\Delta x_2,\cdots,\Delta x_n$，由于这些误差都很小，可以近似等于微分量，因而可近似求得函数的系统误差：

$$\Delta y=\frac{\partial f}{\partial x_1}\Delta x_1+\frac{\partial f}{\partial x_2}\Delta x_2+\cdots+\frac{\partial f}{\partial x_n}\Delta x_n \qquad \text{(B—24)}$$

式中：

$\frac{\partial f}{\partial x_i}$——各直接测量值的误差传递系数($i=1,2,\cdots,n$)。

若函数为线性公式 $y=a_1x_1+a_2x_2+\cdots+a_nx_n$，则函数系统误差为

$$\Delta y=a_1\Delta x_1+a_2\Delta x_2+\cdots+a_n\Delta x_n \qquad \text{(B—25)}$$

式(B—25)中各误差传递函数系数 a_i 为不等于 1 的常数。

若 $a_i=1$，则有

$$\Delta y=\Delta x_1+\Delta x_2+\cdots+\Delta x_n \qquad \text{(B—26)}$$

现以弓高弦长法间接测量大工件直径为例计算函数系统误差(见图 B—8)。设弓高 $h=50\text{mm}$，弦长 $l=500\text{mm}$，用卡尺量得弓高 $h=50.1\text{mm}$，弦长 $l=499\text{mm}$，求该工件的系统误差并指出修正值。

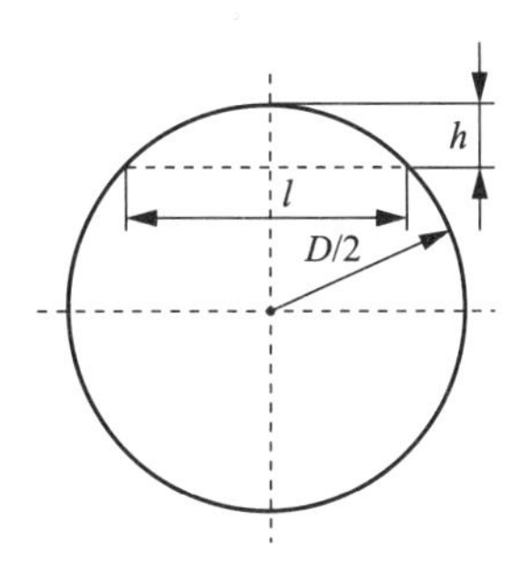

图 B—8　弓高弦长法间接测量大工件直径示意图

由图 B—8 可建立间接测量大工件直径的函数模型为

$$D=\frac{l^2}{4h}+h$$

若不考虑测量值的系统误差，可计算得出 $h=50\text{mm}$，$l=500\text{mm}$ 时的直径理想值为 $D_0=1\ 300\text{mm}$。

假定弓高 h、弦长 l 的系统误差为 $\Delta h=50\text{mm}-50.1\text{mm}=-0.1\text{mm}$，$\Delta l=500\text{mm}-499\text{mm}=1\text{mm}$，则根据式(B—24)可得直径 D 的系统误差为

$$\Delta D=\frac{\partial f}{\partial l}\Delta l+\frac{\partial f}{\partial h}\Delta h$$

式中各项误差的传递系数为

$$\frac{\partial f}{\partial l}=\frac{l}{2h}=\frac{500\text{mm}}{2\times 50\text{mm}}=5$$

$$\frac{\partial f}{\partial h}=-\left(\frac{l^2}{4h^2}-1\right)=-\left[\frac{(500\text{mm})^2}{4\times(50\text{mm})^2}-1\right]=-24$$

故该工件直径在该测量点的系统误差为

$$\Delta D=5\times 1\text{mm}-24\times(-0.1\text{mm})=7.4\text{mm}$$

修正后的测量结果为 $D=D_0-\Delta D=1\ 300\text{mm}-7.4\text{mm}=1\ 292.6\text{mm}$。

2）函数的随机误差

函数的随机误差需要用函数的标准差进行评定，研究函数的随机误差就是研究函数 y 的标准差与各测量值 $x_1,x_2,\cdots,x_n$ 标准差之间的关系。间接测量过程中要对函数的各个变量进行直接测量，为提高测量准确度，这些量可进行等精度的多次测量，求得其随机误差的分布范围。

对 n 个变量各测量 N 次，其函数的随机误差与各变量的随机误差关系经推导为

$$\sum_{i=1}^{N}\delta_{yi}^2=\left(\frac{\partial f}{\partial x_1}\right)^2(\delta_{x11}^2+\delta_{x12}^2+\cdots+\delta_{x1N}^2)+\left(\frac{\partial f}{\partial x_2}\right)^2(\delta_{x21}^2+\delta_{x22}^2+\cdots+\delta_{x2N}^2)+\cdots+\left(\frac{\partial f}{\partial x_n}\right)^2(\delta_{xn1}^2+\delta_{xn2}^2+\cdots+\delta_{xnN}^2)+2\sum_{1\leqslant i<j}^{n}\sum_{m=1}^{N}\left(\frac{\partial f}{\partial x_i}\cdot\frac{\partial f}{\partial x_j}\cdot\delta_{xim}\cdot\delta_{xjm}\right) \tag{B—27}$$

式(B—27)两边同除以 N 得到标准差的表达式为

$$\sigma_y^2=\left(\frac{\partial f}{\partial x_1}\right)^2\sigma_{x1}^2+\left(\frac{\partial f}{\partial x_2}\right)^2\sigma_{x2}^2+\cdots+\left(\frac{\partial f}{\partial x_n}\right)^2\sigma_{xn}^2+2\sum_{1\leqslant i<j}^{n}\left(\frac{\partial f}{\partial x_i}\cdot\frac{\partial f}{\partial x_j}\cdot\frac{1}{N}\sum_{m=1}^{N}\delta_{xm}\delta_{xjm}\right) \tag{B—28}$$

若定义

$$K_{ij}=\frac{1}{N}\sum_{m=1}^{N}\delta_{xim}\delta_{xjm},\rho_{ij}=\frac{K_{ij}}{\sigma_{xi}\sigma_{xj}}\ \text{或}\ K_{ij}=\rho_{ij}\sigma_{xi}\sigma_{xj}$$

则函数随机误差的计算公式为

$$\sigma_y^2=\left(\frac{\partial f}{\partial x_1}\right)^2\sigma_{x1}^2+\left(\frac{\partial f}{\partial x_2}\right)^2\sigma_{x2}^2+\cdots+\left(\frac{\partial f}{\partial x_n}\right)^2\sigma_{xn}^2+2\sum_{1\leqslant i<j}^{n}\left(\frac{\partial f}{\partial x_i}\cdot\frac{\partial f}{\partial x_j}\cdot\rho_{ij}\sigma_{xi}\sigma_{xj}\right) \tag{B—29}$$

式中：

ρ_{ij}——第 i 个测得值和第 j 个测得值之间的误差相关系数；

$\frac{\partial f}{\partial x_i}$——各个测量值的误差传递函数($i=1,2,\cdots,n$)。

若各直接测得值的随机误差是相互独立的，且 N 适当大时，相关系数为零，则有

$$\sigma_y^2=\left(\frac{\partial f}{\partial x_1}\right)^2\sigma_{x1}^2+\left(\frac{\partial f}{\partial x_2}\right)^2\sigma_{x2}^2+\cdots+\left(\frac{\partial f}{\partial x_n}\right)^2\sigma_{xn}^2 \tag{B—30}$$

即

$$\sigma_y=\sqrt{\left(\frac{\partial f}{\partial x_1}\right)^2\sigma_{x1}^2+\left(\frac{\partial f}{\partial x_2}\right)^2\sigma_{x2}^2+\cdots+\left(\frac{\partial f}{\partial x_n}\right)^2\sigma_{xn}^2} \tag{B—31}$$

令 $\frac{\partial f}{\partial x_i}=a_i$，则

$$\sigma_y=\sqrt{a_1^2\sigma_{x1}^2+a_2^2\sigma_{x2}^2+\cdots+a_n^2\sigma_{xn}^2} \tag{B—32}$$

同理，当各测得值随机误差为正态分布时，用极限误差代替式(B—32)中的标准差，则可得极限误差的关系为

$$\delta_{\lim,y}=\pm\sqrt{a_1^2\delta_{\lim,x1}^2+a_2^2\delta_{\lim,x2}^2+\cdots+a_n^2\delta_{\lim,xn}^2} \quad (B-33)$$

若所讨论的函数是系数为1的简单函数 $y=x_1+x_2+\cdots+x_n$，则

$$\sigma_y=\sqrt{\sigma_{x1}^2+\sigma_{x2}^2+\cdots+\sigma_{xn}^2} \quad (B-34)$$

$$\delta_{\lim,y}=\pm\sqrt{\delta_{\lim,x1}^2+\delta_{\lim,x2}^2+\cdots+\delta_{xn}^2} \quad (B-35)$$

同样以弓高弦长法间接测量大工件为例。设弓高 $h=50\text{mm}$，弦长 $l=500\text{mm}$，用卡尺量得弓高 $h=50.1\text{mm}$，弦长 $l=499\text{mm}$。已知：弓高和弦长测量的标准差分别为 $\sigma_h=0.005\text{mm}$ 和 $\sigma_l=0.01\text{mm}$。根据式(B—30)计算得

$$\sigma_D^2=\left(\frac{\partial f}{\partial l}\right)^2\sigma_l^2+\left(\frac{\partial f}{\partial h}\right)^2\sigma_h^2=5^2\times0.01^2\text{mm}^2+24^2\times0.005^2\text{mm}^2=169\times10^{-4}\text{mm}^2$$

故有 $\sigma_D=0.13\text{mm}$。

另外，根据上例的系统误差计算结果可得修正后的测量结果为

$$D=D_0-\Delta D=1\ 292.6\text{mm},\sigma_D=0.13\text{mm}$$

此后可根据置信概率的要求来求置信区间。

在函数误差的合成计算时，各误差间的相关性对计算结果有直接影响，上面的计算过程均忽略了相关系数的影响。虽然多数情况下误差间线性无关或近似线性无关，采用上面的计算方法没有问题，但各误差间线性相关的情况有时也会遇到。因此，在实际测量时应正确处理各误差间的相关系数问题。

B.3.2　随机误差合成

在已知各误差分量的标准差或各误差分量的极限误差时，随机误差可采用标准差合成与极限误差合成两种方法。

1）标准差合成

若有 q 个单项随机误差，它们的标准差分别为 $\sigma_1,\sigma_2,\cdots,\sigma_q$，相应的误差传递系数为 $a_1,a_2,\cdots,a_q$。这些误差传递系数是由间接测量的函数模型求得的。

根据对随机变量函数求方差的运算法则，合成标准差为

$$\sigma=\sqrt{\sum_{i=1}^{q}(a_i\sigma_i)^2+2\sum_{1\leqslant i<j}^{q}\rho_{ij}a_ia_j\sigma_i\sigma_j} \quad (B-36)$$

一般情况下各个误差互不相关，相关系数 $\rho_{ij}=0$，则式(B—36)变为

$$\sigma=\sqrt{\sum_{i=1}^{q}(a_i\sigma_i)^2} \quad (B-37)$$

用标准差合成有明显的优点，不仅简单方便，而且无论各单项随机误差的概率分布如何，只要给出各个标准差，均可按式(B—36)或式(B—37)计算出总的标准差。

特别是当误差传递系数均为1且各相关系数均可视为0时，则有

$$\sigma=\sqrt{\sum_{i=1}^{q}\sigma_i^2} \quad (B-38)$$

2）极限误差合成

设各个单项极限误差为

$$\delta_i = \pm k_i \sigma_i \quad (i=1,2,\cdots,q) \tag{B-39}$$

式中：

σ_i——各单项随机误差的标准差；

k_i——各单项极限误差的置信系数。

记合成极限误差为

$$\delta = \pm k\sigma \tag{B-40}$$

式中：

σ ——合成标准差；

k ——合成极限误差的置信系数。

综合式(B—38)、式(B—39)和式(B—40)，可得

$$\delta = \pm\ k\sqrt{\sum_{i=1}^{q}(a_i\sigma_i)^2 + 2\sum_{1\leqslant i<j}^{q}\rho_{ij}a_ia_j\frac{\delta_i}{k_i}\cdot\frac{\delta_j}{k_i}} \tag{B-41}$$

必须注意，式(B—41)中的置信系数 k_i 不仅与置信概率有关，而且与随机误差的分布有关。当各单项随机误差均服从正态分布，而且单项误差的数目 q 较多，各项误差大小相近且不相关时，合成的总误差接近正态分布，才可以视 $k_1=k_2=\cdots=k_q=k$。此时式(B—41)可简化为

$$\delta = \pm\sqrt{\sum_{i=1}^{q}(a_i\sigma_i)^2 + 2\sum_{1\leqslant i<j}^{q}\rho_{ij}a_ia_j\delta_i\delta_j} \tag{B-42}$$

如果进一步使 $\rho_{ij}=0$ 和 $a_i=1$，则式(B—42)还可简化为

$$\delta = \pm\sqrt{\sum_{i=1}^{q}\delta_i^2} \tag{B-43}$$

式(B—43)具有十分简单的形式。由于各单项误差大多服从正态分布或近似服从正态分布，而且它们之间常是不相关或近似不相关，因此式(B—43)是较为广泛使用的极限误差合成公式。

B.3.3　系统误差合成

系统误差具有确定的变化规律。根据对系统误差的掌握程度，可将其分为已定系统误差和未定系统误差两种。

1. 已定系统误差合成

已定系统误差指误差的大小和符号均为确定的系统误差。在测量过程中，若有 n 个单项已定系统误差，其误差分量分别为 $\Delta_1,\Delta_2,\cdots,\Delta_n$，相应的传递系数分别为 $a_1,a_2,\cdots,a_q$，则总的已定系统误差为

$$\Delta y = a_1\Delta_1 + a_2\Delta_2 + \cdots + a_n\Delta_n = \sum_{i=1}^{n}a_i\Delta_i \tag{B-44}$$

通常应先消除测量过程中的已定系统误差。由于某种原因未予消除的已定系统误差只有少数几项，将其按式(B—44)合成后，也必须从测量结果中加以修正。因为测量结果中不应包含已定系统误差。

2. 未定系统误差合成

由于未定系统误差的取值具有一定的随机性，服从一定的概率分布，因而若干项未定系统误差综合作用时，它们之间就具有一定的抵偿作用。这种抵偿作用与随机误差的抵偿作用相似，因此未定系统误差的合成完全可以采用随机误差的合成公式。当对某一项误差难以严格区分为随机误差还是未定系统误差时，不论做哪种误差处理，误差合成的效果都是相同的。

在已定系统误差得到修正情况下，影响测量结果的总误差只需考虑未定系统误差与随机误差的作用。总误差可用标准差或极限误差来合成。

1）按标准差合成

若测量过程中有 q 个单项随机误差，r 个单项未定系统误差，它们的标准差分别为 $\sigma_1,\sigma_2,\cdots,\sigma_q$ 和 $s_1,s_2,\cdots,s_r$。为计算方便，设各个误差传递系数均为 1，则测量结果的总标准差为

$$\sigma=\sqrt{\sum_{i=1}^{q}\sigma_i^2+\sum_{j=1}^{r}s_j^2+R} \qquad (B-45)$$

式中：

R——各个误差间协方差之和。

当各个误差之间互不相关时，则式(B—45)可简化为

$$\sigma=\sqrt{\sum_{i=1}^{q}\sigma_i^2+\sum_{j=1}^{r}s_j^2} \qquad (B-46)$$

对于单次测量，可直接按式(B—46)求得最后结果的总标准差；而对于 n 次重复测量，测量结果平均值的标准差公式为

$$\sigma=\sqrt{\frac{1}{n}\sum_{i=1}^{q}\sigma_i^2+\sum_{j=1}^{r}s_j^2} \qquad (B-47)$$

2）按极限误差合成

同上条件，它们的极限误差分别为 $\delta_1,\delta_2,\cdots,\delta_q$ 和 $e_1,e_2,\cdots,e_r$。也设误差的传递系数均为 1，则测量结果的总极限误差为

$$\delta_y=\pm k\sqrt{\sum_{j=1}^{q}\left(\frac{\delta_j}{k_j}\right)^2+\sum_{h=1}^{r}\left(\frac{e_h}{k_h}\right)^2+R} \qquad (B-48)$$

当误差均服从正态分布，且各误差间互不相关时，则式(B—48)可简化为

$$\delta_y=\pm\sqrt{\sum_{j=1}^{q}\delta_j^2+\sum_{h=1}^{r}e_h^2} \qquad (B-49)$$

由式(B—49)可以看出，一般情况下已定系统误差经修正后，测量结果的总极限误差就是总未定系统误差与总随机误差的均方根。但须注意，对于单次测量可直接按式(B—49)求得最后结果的总误差；但对于 n 次重复测量，由于随机误差具有抵偿性，而未定系统误差不完全具有抵偿作用，因此总误差合成公式中的随机误差项应除以重复测量次数 n，而未定系统误差则可不除，即

$$\delta_y = \pm\sqrt{\frac{1}{n}\sum_{j=1}^{q}\delta_j^2 + \sum_{h=1}^{r}e_h^2} \tag{B-50}$$

综上所述，在单次测量的误差合成中，无须严格区分各个单项误差是未定系统误差或随机误差；而在多次重复测量的总误差合成中，则必须严格区分各个单项误差的性质。

B.4 误差分配

通过测量掌握各个单项误差以求测量结果的总误差是误差合成，而给定测量结果允许的总误差，去合理确定各个单项误差则是误差分配的问题。

间接测量的函数误差分配的基本原理也适用于一般测量的误差分配。对于函数的已定系统误差，可通过事先修正来消除，故在误差分配时不必考虑已定系统误差的影响，而只需研究随机误差和未定系统误差的分配。根据式(B－46)和式(B－49)，这两种误差在误差合成时可同等看待，因此在误差分配时也可同等看待。设各误差因素均为随机误差，且互不相关，则有

$$\begin{aligned}\sigma_y &= \sqrt{\left(\frac{\partial f}{\partial x_1}\right)^2\sigma_{x1}^2 + \left(\frac{\partial f}{\partial x_2}\right)^2\sigma_{x2}^2 + \cdots + \left(\frac{\partial f}{\partial x_n}\right)^2\sigma_{xn}^2} \\ &= \sqrt{a_1^2\sigma_1^2 + a_2^2\sigma_2^2 + \cdots + a_n^2\sigma_n^2} \\ &= \sqrt{\sigma_{y1}^2 + \sigma_{y2}^2 + \cdots + \sigma_{yn}^2}\end{aligned} \tag{B-51}$$

式中：

σ_{yn}——函数的分项误差($\sigma_{yn} = \frac{\partial f}{\partial x_n}\sigma_{xn} = a_n\sigma_n$)。

误差分配就是对于给定的σ_y，合理确定σ_n或相应的σ_{yn}，并应满足：

$$\sqrt{\sigma_{y1}^2 + \sigma_{y2}^2 + \cdots + \sigma_{yn}^2} \leqslant \sigma_y \tag{B-52}$$

显然，式(B－52)没有唯一解，但总可以用适当的方式找出既合理又适合的一种或几种解，甚至是在一定约束条件下的最优解。

附录C

与超声水表相关的名词术语

C.1　量

C.1.1　体积流量　volume flowrate

q_V

$$q_V=\frac{\mathrm{d}V}{\mathrm{d}t}$$

式中：

V——体积；

t——时间。

C.1.2　测量压力　metering pressure

p

流动条件下，流量计内与指示体积相关的流体压力。

C.1.3　表体内平均流速　mean velocity in the meter body

v

流体流量除以表体截面积。

C.1.4　管道平均流速　mean pipe velocity

v_{p}

流体流量除以上游管道的截面积。

注：若流量计有缩径，则上游管道内的平均流速与表体内的平均流速不同。

C.1.5　声道流速　path velocity

声道上的流体平均流速。

C.1.6　雷诺数　Reynolds number

表示惯性力和黏性力之比的无量纲参数。

C.1.7　管道雷诺数　pipe Reynolds number

Re_D

表示管道内惯性力和黏性力之比的无量纲参数。

$$Re_D=\frac{\rho v_{\mathrm{p}}D}{\mu}=\frac{v_{\mathrm{p}}D}{\nu_{\mathrm{kv}}}$$

式中：

ρ——质量密度；

v_p——管道平均流速；

D——管道内径；

μ——动力黏度；

ν_{kv}——运动黏度。

注：若流量计带有缩径，还可以用表体内平均流速、流量计内径和运动黏度来定义喉部雷诺数。

C.2　流量计的结构

C.2.1　表体　meter body

流量计的承压结构。

C.2.2　声道　ultrasonic path

超声信号在一对超声换能器之间传播的路径。

C.2.3　轴向声道　axial path

超声信号在管道轴线方向或与之平行的方向上传播的路径。

C.2.4　径向声道　diametrical path

超声信号穿越管道中心线或长轴线传播的路径。

C.2.5　弦声道　chordal path

超声信号平行于径向声道传播的路径。

C.2.6　现场安装　field mounted

经实验室校准之后，在现场安装于管道外部。

C.3　热工条件

C.3.1　测量条件　metering conditions

测量点处被测流体的条件。

注：亦称为工作条件或实际条件。

C.3.2　标准条件　standard conditions

测量流体量时使用的规定温度和压力条件。所以标准体积是流体在标准温度和压力条件下所占的体积。

注1：标准条件可由法规或合同规定。

注2：不宜用以下术语替代：参比条件、基准条件、正常条件。

注3：测量条件和标准条件仅与被测或指示的液体体积有关，不应与额定工作条件或参比条件混淆。

C.3.3　规定条件　specified conditions

流量计的性能规范给出的流体条件。

C.4　统计学

C.4.1　误差　error

测得的量值与参比量值之差。

C.4.2　(测量结果的)重复性　repeatability (of results of measurements)

在相同的测量条件下，对同一被测量进行连续多次测量的输出结果之间的一致程度。

注 1:这些条件被称为重复性条件。

注 2:重复性条件包括:

——相同的测量程序;

——相同的观测者;

——在相同的条件下使用相同的测量仪表;

——相同的地点;

——短时间内重复。

注 3:重复性可用测量结果的离散性定量表示。

C.4.3　(测量结果的)再现性　reproducibility (of results of measurements)

在不同的测量条件下,对同一被测量进行多次测量的输出结果之间的一致程度。

注 1:再现性的有效描述需要说明改变的条件。

注 2:改变条件包括:

——测量原理;

——测量方法;

——观测者;

——测量仪表;

——参考标准;

——地点;

——使用条件;

——时间。

注 3:再现性可用测量结果的离散性定量表示。

注 4:这里的测量结果通常理解为经过修正的结果。

C.4.4　分辨力　resolution

流量计示值间可有效辨识的最小差值。

C.4.5　零流量读数　zero flow reading

液体静止状态下,即轴向和非轴向流速分量均为零时的流量计读数。

C.4.6　线性化　linearization

运用修正系数减少流量计非线性的方法。

注:线性化可在流量计的电子单元或连接的流量计算机中进行。修正可以是分段线性化或者多项式线性化等。

C.4.7　(测量)不确定度　uncertainty (of measurement)

与测量结果有关,表征合理地赋予被测量之值的离散度的参数。

注 1:该参数可能是一个标准偏差(或它的规定倍数),或一个规定了置信水平的区间的半幅值宽度。

注 2:通常情况下,测量不确定度包括许多分量。其中一些分量可以根据一系列测量结果的统计分布进行估算,并可用实验标准偏差表征。其他一些分量也可以用标准偏差表征,这些分量根据基于经验或其他信息的假设概率分布进行估算。

注 3:测量结果是被测量之值的最佳估计值,不确定度的所有分量,包括系统影响产生的分量,例如与修正和参比条件有关的分量,都将影响离散度。

C.4.8 标准不确定度 standard uncertaity

u

以标准偏差表示的测量结果的不确定度。

C.4.9 扩展不确定度 expanded uncertainty

U

确定测量结果区间的量,合理赋予被测量之值分布的大部分可望含于此区间。

注 1:大部分通常指 95%,且一般情况下包含因子 $k=2$。

注 2:扩展不确定度经常被称为不确定度。

C.4.10 包含因子 coverage factor

为求得扩展不确定度,作为标准不确定度的乘数的数值因子。

C.5 校准

C.5.1 流量校准 flow calibration

有液体流过流量计的校准。

C.5.2 理论预测法 theoretical prediction procedure

没有液体流过流量计,从理论上预估流量计性能的方法。

C.5.3 性能试验 performance testing

通过对有代表性的流量计样本的测试来确定几何相似流量计的再现性、安装要求等。

附 表 1

正态分布积分表

$$\Phi(t)=\frac{1}{\sqrt{2\pi}}\int_0^t e^{-t^2/2}dt$$

t	$\Phi(t)$	t	$\Phi(t)$	t	$\Phi(t)$	t	$\Phi(t)$
0.00	0.000 0	0.75	0.273 4	1.50	0.433 2	2.50	0.493 8
0.05	0.019 9	0.80	0.288 1	1.55	0.439 4	2.60	0.495 3
0.10	0.039 8	0.85	0.302 3	1.60	0.445 2	2.70	0.496 5
0.15	0.059 6	0.90	0.315 9	1.65	0.450 5	2.80	0.497 4
0.20	0.079 3	0.95	0.328 9	1.70	0.455 4	2.90	0.498 1
0.25	0.098 7	1.00	0.341 3	1.75	0.459 9	3.00	0.498 65
0.30	0.117 9	1.05	0.353 1	1.80	0.464 1	3.20	0.499 31
0.35	0.136 8	1.10	0.364 3	1.85	0.467 8	3.40	0.499 66
0.40	0.155 4	1.15	0.374 0	1.90	0.471 3	3.60	0.499 841
0.45	0.173 6	1.20	0.384 9	1.95	0.474 4	3.80	0.499 928
0.50	0.191 5	1.25	0.394 4	2.00	0.477 2	4.00	0.499 968
0.55	0.208 8	1.30	0.403 2	2.10	0.482 1	4.50	0.499 997
0.60	0.225 7	1.35	0.411 5	2.20	0.486 1	5.00	0.499 999 97
0.65	0.242 2	1.40	0.419 2	2.30	0.489 3		
0.70	0.258 0	1.45	0.426 5	2.40	0.491 8		

附表2

t分布表

$P(|t| \geqslant t_\alpha)=1-\alpha$ 的 t_α 值(ν:自由度,α:显著水平)

ν	α			ν	α		
	0.05	0.01	0.002 7		0.05	0.01	0.002 7
1	12.71	63.66	235.8	20	2.09	2.85	3.42
2	4.30	9.92	19.21	21	2.08	2.83	3.40
3	3.18	5.84	9.21	22	2.07	2.82	3.38
4	2.78	4.60	6.62	23	2.07	2.81	3.36
5	2.57	4.03	5.51	24	2.06	2.80	3.34
6	2.45	3.71	4.90	25	2.06	2.79	3.33
7	2.36	3.50	4.53	26	2.06	2.78	3.32
8	2.31	3.36	4.28	27	2.05	2.77	3.30
9	2.26	3.25	4.09	28	2.05	2.76	3.29
10	2.23	3.17	3.96	29	2.05	2.76	3.38
11	2.20	3.11	3.85	30	2.04	2.75	3.27
12	2.18	3.05	3.76	40	2.02	2.70	3.20
13	2.16	3.01	3.69	50	2.01	2.68	3.18
14	2.14	2.98	3.64	60	2.00	2.66	3.13
15	2.13	2.95	3.59	70	1.99	2.65	3.11
16	2.12	2.92	3.54	80	1.99	2.64	3.10
17	2.11	2.90	3.51	90	1.99	2.63	3.09
18	2.10	2.88	3.48	100	1.98	2.63	3.08
19	2.09	2.86	3.45	∞	1.96	2.58	3.00

参考文献

[1] 樊尚春.传感器技术及应用[M]. 北京:北京航空航天大学出版社,2004.8.

[2] 林玉池,曾周末.现代传感技术及系统[M]. 北京:中国机械工业出版社,2009.7.

[3] 刘君华.智能传感器系统[M]. 西安:西安电子科技大学出版社,1999.3.

[4] 阮德生.自动测试技术与计算机仪器系统设计[M]. 西安:西安电子科技大学出版社,1997.6.

[5] 许陇云.可靠性基础及其应用[M]. 北京:机械工业部仪器仪表工业局,1986.1.

[6] 康瑞清.仪器与系统可靠性[M]. 北京:机械工业出版社,2013.1.

[7] 梁振光.电磁兼容原理、技术及应用[M]. 北京:机械工业出版社,2007.8.

[8] 姚灵.电子水表传感与信号处理技术[M]. 北京:中国质检出版社,2012.3.

[9] 林莉,李喜孟.超声波频谱分析技术及其应用[M]. 北京:机械工业出版社,2011.7.

[10] 郑晖,林树青.超声检测[M]. 北京:中国劳动社会保障出版社,2012.7.

[11] 周舒梅.动态信号分析和仪器[M]. 北京:机械工业出版社,1990.10.

[12] 胡建凯,张谦琳.超声检测原理和方法[M]. 合肥:中国科学技术大学出版社,1993.10.

[13] 杨敬杰.超声波流量计实务[M]. 东营:中国石油大学出版社,2014.2.

[14] 冯诺.超声手册[M]. 南京:南京大学出版社,1999.10.

[15] 万明习.生物医学超声学(上册)[M]. 北京:科学出版社,2010.5.

[16] 张涛,蒲诚,赵宇洋.传播时间法超声流量计信号处理技术进展述评[J]. 化工自动化及仪表,2009,36(4):1-7.

[17] 刘国林,殷贯西.电子测量[M]. 北京:机械工业出版社,2003.1.

[18] 孙月明,唐任仲.机械振动学(测试与分析)[M]. 杭州:浙江大学出版社,1991.11.

[19] 周荫清.概率　随机变量与随机过程[M]. 北京:北京航空航天大学出版社,1989.7.

[20] 胡鹤鸣,王池,孟涛.多声路超声流量计积分方法及其准确度分析[J]. 仪器仪表学报,201031(6):1218-1223.

[21] 鲍敏.影响气体超声波流量计计量精度的主要因素研究[D]. 浙江:浙江大学,2004.10.

[22] 李跃忠.多声道超声气体流量计测量关键技术研究[D]. 武汉:华中科技大学,2009.9.

[23] 李跃忠.多声道超声波气体流量测量技术研究[M]. 哈尔滨:哈尔滨工业大学出版社,2014.12.

[24] 林书玉.超声换能器的原理及设计[M]. 北京:科学出版社,2004.6.

[25] 栾桂冬,张金铎,王仁乾.压电换能器和换能器阵(修订版)[M]. 北京:北京大学出版社,2005.7.

[26] 袁希光.传感器技术手册[M]. 北京:国防工业出版社,1986.12.

[27] 姚灵.智能水表与自动抄表技术[C]//中国城镇供排水协会．第六届水行业流量仪

表选型与应用技术研讨会资料汇编．江西：设备材料工作委员会，2014.9：12-24.
[28] 张佩霖，张仲渊.压电测量[M]. 北京：国防工业出版社，1983. 4.
[29] 陈桂生.超声换能器设计[M]. 北京：海洋出版社，1984. 1.
[30] 李远，秦自楷，周志刚.压电与铁电材料的测量[M]. 北京：科学出版社，1984. 9.
[31] 李玉柱，贺五洲.工程流体力学(上册)[M]. 北京：清华大学出版社出版，2006.
[32] [美]E. 约翰芬纳莫尔.流体力学及其工程应用[M]. 钱翼稷，译．北京：机械工业出版社，2006.
[33] 罗惕乾.流体力学(第三版)[M]. 北京：机械工业出版社，2007.
[34] 蔡武昌，马中元.电磁流量计[M]. 北京：中国石化出版社，2004.
[35] 梁国伟，蔡武昌.流量测量技术及仪表[M]. 北京：机械工业出版社，2005.
[36] 周庆，R. Haag.实用流量仪表的原理及其应用(第 2 版)[M]. 北京：国防工业出版社，2008.
[37] 纪纲.流量测量仪表应用技巧[M]. 北京：化学工业出版社，2003.
[38] [日]川田裕郎.流量测量手册[M]. 北京：中国计量出版社，1982.
[39] 费业泰.误差理论与数据处理(第 5 版)[M]. 北京：机械工业出版社，2010.
[40] 钱政，王中宇，刘桂礼.测试误差分析与数据处理[M]. 北京：北京航空航天大学出版社，2008.
[41] 李孟源.计量技术基础[M]. 西安：西安电子科技大学出版社，2007.
[42] 李慎安，李兴仁.测量不确定度与检测词典[M]. 北京：中国计量出版社，1996.
[43] 庞剑.汽车车身噪声与振动控制[M]. 北京：中国机械工业出版社，2017. 1.
[44] 陆秋海，李德葆.工程振动试验分析(第 2 版)[M]. 北京：清华大学出版社，2015. 7.
[45] 梅宏斌.滚动轴承振动监测与诊断理论・方法・系统[M]. 北京：机械工业出版社，1995. 11.
[46] 王福军.计算流体动力学分析[M]. 北京：清华大学出版社，2007. 4.
[47] 吴玉林，刘树红，钱忠东.水力机械计算流体动力学[M]. 北京：中国水利水电出版社，2007. 10.
[48] [美]R. W. 米勒编著.流量测量工程手册[M]. 孙延祚，译．北京：机械工业出版社，1990. 5.
[49] 姚灵.超声水表零流量特性的检测与控制[J]. 仪表技术，2016(9)：4-6，38.
[50] 姚灵，王欣欣.路面振动与冲击对超声水表测量影响的分析[J]. 仪表技术，2019(08)：9-12.
[51] 姚灵，王欣欣.超声水表换能器工作频率的选用与分析[J]. 仪表技术，2019(05)：1-5.
[52] 姚灵.超声水表测量误差分析及处理[J]. 仪表技术，2015(05)：1-4，23.
[53] 姚灵.超声水表流场仿真与性能改进策略研究[J]. 仪表技术，2015(06)：10-13.
[54] 姚灵，王欣欣等.超声水表换能器时间与温度影响试验研究[J]. 仪表技术，2017(10)：1-4，35.

[55] 姚灵.我国智能水表技术标准体系的研究与构建[J]. 中国标准化,2013(07):66-70.

[56] 姚灵,王让定,左富强等.单声道超声水表测量特性分段校正方法的研究[J]. 计量学报,2013,34(5):441-445.

[57] 姚灵,王让定,左富强等.超声水流量检测换能器使用特性及评价指标研究[J]. 计量学报,2014,35(2):151-156.

[58] 王欣欣,姚灵.超声水表换能器性能试验方法的探索[J]. 仪表技术,2019(06):14-17.

[59] 姚灵,左富强,王欣欣.超声水表换能器综合性能指标的建立[J]. 测试技术学报,2016,30(03):260-266.

[60] 姚灵,王让定,左富强等.超声水流量检测换能器性能指标及试验装置研究[J]. 仪表技术,2013,(08):1-3.

[61] 姚灵.一种自动校正的大口径超声水表及其校正方法:ZL201510942110.4[P].2019-03-01.

[62] 姚灵,王让定等.单声道超声水表流量测量特性校正方法:ZL201110441265.1[P].2014-06-18.

[63] 姚灵,王让定等.一种超声水流量换能器综合性能实验装置及其使用方法:ZL201210573562.6[P].2015-03-18.

[64] 姚灵.一种基于拟合方程的水表误差校正方法:ZL201210349075.1[P].2014-10-15.

[65] 姚灵,左富强,王欣欣.一种超声水流量检测换能器的筛选检测方法:ZL201310149963.3[P].2015-10-28.

[66] ISO/TR 12765:1998 Measurement of fluid flow in closed conduits—Methods using Transit-time ultrasonic flowmeters[S].

[67] ISO 12242:2012(E) Measurement of fluid flow in closed conduits—Ultrasonic transit-time meters for liquid[S].

[68] GB/T 35138—2017 封闭管道中流体流量的测量　渡越时间法液体超声流量计[S].

[69] GB/T 778.1～778.5—2018 饮用冷水水表和热水水表[S].

[70] JJF 1094—2002　测量仪器特性评定[S].

[71] JJF 1358—2012　非实流校准 DN1000～DN15 000 液体超声流量计校准规范[S].

[72] GB/T 27759—2011　流体流量测量　不确定度评定程序[S].